設計技術シリーズ

はじめて学ぶ電磁波工学と実践設計法

マイクロ波加熱応用の基礎・設計

京都大学
三谷 友彦 著

科学情報出版株式会社

目　　次

序文

第1章　はじめに …………………………………………………… 1

第2章　電磁気学の基礎

 2-1　クーロンの法則 ……………………………………… 9
 2-2　電界 …………………………………………………… 10
 2-3　電位 …………………………………………………… 11
 2-4　磁界 …………………………………………………… 18
 2-5　電流とアンペールの法則 …………………………… 21
 2-6　ビオ・サバールの法則 ……………………………… 24
 2-7　電荷の連続式 ………………………………………… 26

第3章　媒質の電気定数

 3-1　透磁率 ………………………………………………… 31
 3-2　誘電率 ………………………………………………… 33
 3-3　導電率 ………………………………………………… 35
 3-4　正弦波と三角関数 …………………………………… 37
 3-5　正弦波の複素数表現 ………………………………… 40
 3-6　誘電率・透磁率の複素数表現 ……………………… 42
 3-7　誘電正接 ……………………………………………… 45
 3-8　デバイの式と緩和時間 ……………………………… 46
 3-9　コール－コールの円弧則 …………………………… 49
 3-10　デビッドソン－コールの経験則 …………………… 52

第4章　電磁波伝搬の基礎

- 4-1　ガウスの法則 ……………………………………………… 57
- 4-2　ファラデーの電磁誘導の法則 …………………………… 61
- 4-3　変位電流 …………………………………………………… 63
- 4-4　マクスウェル方程式 ……………………………………… 64
- 4-5　ヘルムホルツ方程式 ……………………………………… 66
- 4-6　直交座標系でのマクスウェル方程式・ヘルムホルツ方程式 …… 67
- 4-7　平面波 ……………………………………………………… 68
- 4-8　偏波 ………………………………………………………… 75
- 4-9　ポインティングベクトル ………………………………… 79
- 4-10　異なる媒質の境界面における電磁界の境界条件 ……… 82
- 4-11　平面波の反射・透過・屈折 ……………………………… 87
- 4-12　表皮深さ …………………………………………………… 93
- 4-13　媒質内における吸収電力と浸透深さ …………………… 95

第5章　電気回路の基礎

- 5-1　抵抗・インダクタ・キャパシタ ………………………… 103
- 5-2　インピーダンス・アドミタンス ………………………… 108
- 5-3　キルヒホッフの法則 ……………………………………… 110
- 5-4　直列接続と並列接続 ……………………………………… 112
- 5-5　瞬時電力と平均電力 ……………………………………… 114
- 5-6　変圧器（トランス）・理想変成器 ………………………… 117
- 5-7　4端子回路の行列表現 …………………………………… 120
- 5-8　インピーダンス行列・アドミタンス行列 ……………… 125
- 5-9　入力インピーダンス・出力インピーダンス …………… 130

第6章　分布定数線路の基礎

- 6-1　分布定数回路 …………………………………… 135
- 6-2　伝搬定数・位相速度・群速度・波長 …………… 138
- 6-3　前進波・後進波と特性インピーダンス ………… 141
- 6-4　分布定数線路の4端子回路表現 ………………… 143
- 6-5　分布定数線路を含む回路の入力インピーダンス … 146

第7章　スミス図表とインピーダンス整合

- 7-1　集中定数回路における最大電力供給条件 ……… 153
- 7-2　電圧反射係数 …………………………………… 155
- 7-3　定在波と電圧定在波比 ………………………… 160
- 7-4　スミス図表 ……………………………………… 164
- 7-5　スミス図表の使用方法 ………………………… 170
- 7-6　インピーダンス整合 …………………………… 175
- 7-7　単一スタブによるインピーダンス整合 ………… 178
- 7-8　二重スタブによるインピーダンス整合 ………… 180
- 7-9　三重スタブによるインピーダンス整合 ………… 182
- 7-10　$\lambda/4$ 変成器 …………………………………… 183

第8章　導波路

- 8-1　波数 ……………………………………………… 187
- 8-2　電磁波の伝搬モード …………………………… 190
- 8-3　同軸線路 ………………………………………… 195
- 8-4　方形導波管のTEモード伝搬 …………………… 199
- 8-5　方形導波管のTMモード伝搬 …………………… 202
- 8-6　方形導波管の遮断周波数・位相速度・管内波長 … 204
- 8-7　方形導波管の基本モード（TE_{10}モード） …… 207
- 8-8　円形導波管のTEモード伝搬・TMモード伝搬 … 211

第9章 共振器

9-1 電気回路における共振現象およびQ値 ················· 221
9-2 内部Q値と外部Q値 ································· 226
9-3 分布定数線路共振器 ································· 228
9-4 方形導波管を用いた短絡板共振器 ····················· 230
9-5 直方体空洞共振器 ··································· 237

第10章 Sパラメータ

10-1 デシベル（dB）···································· 245
10-2 Sパラメータ ······································ 248
10-3 Sパラメータの物理的意味 ·························· 251

第11章 電磁界解析ソフトウェアを用いた設計例

11-1 誘電体挿入による方形導波管での$\lambda/4$変成器の設計 ········· 255
11-2 直方体空洞共振器を模擬したマイクロ波加熱容器の設計 ······ 264
11-3 誘電率変化による直方体空洞共振器の共振周波数のずれ ······ 274

付録A

A-1 指数関数・対数関数 ································· 279
A-2 複素数 ··· 281
A-3 三角関数 ··· 282
A-4 2×2行列··· 284
A-5 ベクトルおよびベクトルの内積・外積 ················· 286
A-6 微分・積分 ··· 288
A-7 2階の微分方程式 ··································· 289
A-8 直交座標系と円柱座標系 ····························· 291

A-9　スカラの勾配とベクトルの発散・回転 ･･････････････････292
A-10　ストークスの定理とガウスの発散定理 ･･･････････････････293

第1章 はじめに

本書は、電磁波工学の中でも「『加熱応用』としてのマイクロ波の使い道」に主眼を置き、マイクロ波加熱応用の基礎と設計についてまとめたものである。特に「初めて電磁波工学を学ぶ読者」を対象とし、電磁波工学・マイクロ波工学の骨格を形成する電磁気学や電気回路の基礎理論から実際のマイクロ波加熱装置の設計例までをカバーする。

　マイクロ波とは電磁波の周波数分類の一つであり、一般的には周波数3GHz～30GHzの電磁波のことを示す。一方、マイクロ波加熱で世界中に普及している電子レンジの周波数は2.45 GHz帯であるため、1GHz～3GHzを「準マイクロ波」と称する場合がある。さらに欧米では915MHz帯の周波数を用いた食肉の解凍装置等が存在し、これらは電子レンジと同じ加熱原理であることから、やはり「マイクロ波加熱」と呼ばれる。このように、周波数の観点において「マイクロ波」という言葉は現状では極めて曖昧に使用されている。本書では「準マイクロ波」という用語は用いず、周波数2.45GHzであっても「マイクロ波」で統一する。

　マイクロ波の人工的な発生は、1920年にドイツのバルクハウゼンとクルツが三極真空管を用いて発生させたことが最初とされる[1]。この後、1921年にアメリカのハルが三極管の格子による電子制御の代わりに磁界による電子制御を用いた「マグネトロン」を考案し、さらに1927年に日本の岡部金治郎がマグネトロンの陽極を分割することでマイクロ波の発生に成功した[1]。この岡部金治郎の発見により、マイクロ波の実用化が飛躍的に前進したと言っても過言ではない。

　1920年代以降、マイクロ波は当時の世界情勢もあり軍用レーダー用途や通信用途として実用された。加熱用途としてのマイクロ波利用は、1945年のアメリカ・レイセオン社のスペンサーによるポップコーン加熱が始まりとされる[1]。以降、マイクロ波加熱は電子レンジという形で世界中に普及している。ちなみに、先に記したマグネトロンは市販電子レンジに搭載されているマイクロ波発振管である。他方、トランジスタの発明によりマイクロ波は情報通信分野においても飛躍的に進歩を遂げることとなった。現在では、携帯電話・スマートフォン、無線LAN、高速道路の料金自動支払い（ETC: Electronic Toll Collection）、衛星放送等、

▷第1章　はじめに

マイクロ波を用いた情報通信は我々の生活に深く浸透している。

　マイクロ波加熱応用の歴史としては、20世紀後半においては電子レンジに代表される食品加熱用途に加えて、ゴムの加硫やセラミック焼結、木材乾燥等の工業用途、あるいはプラズマ発生装置等の学術用途が主なマイクロ波加熱事例であった[2]。20世紀終わりから現在に至っては、「マイクロ波化学プロセス」に代表されるような新たなマイクロ波加熱応用研究が大いに注目されている。マイクロ波化学プロセスとはマイクロ波をあたかも触媒のように使用して化学反応の促進を狙う加熱用途の一種であり、有機化学・無機化学を問わずマイクロ波を用いた高速かつ有用な化学反応事例が多数発見されている[3-5]。さらに1999年には金属粉末もマイクロ波で加熱できることが発見され[6]、金属・製鉄分野へのマイクロ波加熱応用も盛んに研究され始めている。これらの研究と近年の省エネルギー対策やグリーンケミストリーの流れが相乗効果となり、高速・高効率・省エネルギーな化学反応プロセスとしてのマイクロ波に対する期待は非常に高まっている。

　マイクロ波化学プロセスを含むマイクロ波加熱応用技術は、電磁波工学分野と化学分野、材料分野、生物・植物分野、医学・薬学分野等との異分野融合研究領域である。電磁波工学分野出身である筆者も、農学分野の研究者とともに木質バイオマスからのバイオエタノール生産[7]や化成品精製の研究に携わっている。このような背景から、電磁波工学分野以外の研究者・技術者がマイクロ波を直接取り扱うユーザとなる事例は今後益々増えてくるであろう。本書で想定する「初めて電磁波工学を学ぶ読者」とは、このような電磁波工学分野以外の研究者・技術者を主に想定している。

　本書の構成を以下に記す。第2章〜第4章では、電磁波工学の基礎ともいうべき電磁気学、媒質の電気定数、電磁波伝搬の基礎について述べる。第5章と第6章は電磁波の振る舞いを理解する上で極めて重要な「等価回路」の概念の基盤となる、電気回路および分布定数線路の基礎について述べる。第7章以降は主にマイクロ波工学の基礎部分であり、スミス図表、インピーダンス整合、導波路、共振器、Sパラメータについて

述べる。最終の第 11 章ではこれまでの基礎理論を踏まえ、電磁界解析ソフトウェアを用いたマイクロ波加熱応用に関連する設計例について記す。なお本書では、調べたい項目に関するページを開けば重要な図や数式が直ちに判別できるように、各節においてポイントとなる図や数式を節の冒頭に配置する。

　初めて電磁波工学を学ぶ読者は電気電子工学分野の出身ではない可能性が高いため、電気電子工学分野で扱われる数学（複素数、ベクトル、行列、微分積分、微分方程式等）に不慣れであると予想される。よって本書では数学に関する内容をできる限り丁寧に説明するよう心掛け、本書で使用する基礎的な数学内容および諸公式を付録 A に記した。ただしマイクロ波加熱応用における数学は、あくまで物理現象を把握し表現するための「道具」であるため、本書のみならず様々な参考書等を通じて道具の使い方には是非慣れて頂きたい。

　またマイクロ波を含めて「電磁波は目に見えないモノ」であるため、数式だけで電磁波をイメージすることは非常に困難である。よって本書においては、特に電磁界の振る舞いをイメージするためのインターフェースとして 3 次元電磁界シミュレータ Femtet（ムラタソフトウェア株式会社製）を利用した電磁界分布を要所に挿入した。Femtet を用いたシミュレーション結果を本書に掲載するにあたり、ムラタソフトウェア株式会社の関係者には掲載のご快諾を頂いた。心より感謝申し上げる。

参考文献

[1] 日本電子機械工業会電子管史研究会編、電子管の歴史－エレクトロニクスの生い立ち－、オーム社、1987

[2] 越島哲夫（編）、普及版マイクロ波加熱技術集成、NTS、1994

[3] 株式会社エヌ・ティー・エス（編）、マイクロ波の新しい工業利用技術　－ナノ・微粒子製造から殺菌・環境修復まで－、NTS、2003

[4] H. M. (Skip) Kingston (Ed.) and Stephen J. Hasewell (Ed.), Microwave-Enhanced Chemistry－Fundamentals, Sample Preparation, and Applications－, American Chemical Society, 2010

[5] 堀越智、谷正彦、佐々木政子、図解よくわかる電磁波化学　－マイクロ波化学・テラヘルツ波化学・光化学・メタマテリアル－、日刊工業新聞社、2012

[6] R. Roy, D. Agrawal, J. Cheng, and S. Gedevanshvili, "Full sintering of powdered-metal bodies in a microwave field", Nature, vol.399, pp.668-670, 1999

[7] T. Mitani, M. Oyadomari, H. Suzuki, K. Yano, N. Shinohara, T. Tsumiya, H. Sego and T. Watanabe, "A Feasibility Study on a Continuous-Flow-Type Microwave Pretreatment System for Bioethanol Production from Woody Biomass", 日本エネルギー学会誌, vol.90, no.9, pp.881-885, 2011

第2章　電磁気学の基礎

本章では、電磁波を理解する上で基礎となる電磁気学の諸法則について記す。ここで述べられる電磁気学の内容は、あくまで電磁波を理解するための最小限の内容に留めているため、より深い内容を得るためには一般的な電磁気学の教科書（例えば[1]）等を参照されたい。

2-1 クーロンの法則

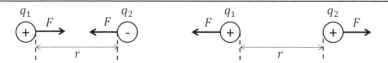

電荷量の符号が異なる場合　　　　　電荷量の符号が同じ場合

〔図 2.1〕点電荷（電荷量 q_1、q_2）とクーロン力 F の関係
（電荷の寸法は考えないものとする）

クーロンの法則（k は比例定数、r は距離）

$$F = k\frac{q_1 q_2}{r^2} \quad\cdots\cdots\cdots\cdots\cdots\cdots\cdots\cdots\cdots\cdots \quad (2.1)$$

国際単位系（SI 単位系）では、真空の誘電率 ε_0 を用いて

$$F = \frac{q_1 q_2}{4\pi\varepsilon_0 r^2} \quad\cdots\cdots\cdots\cdots\cdots\cdots\cdots\cdots\cdots\cdots \quad (2.2)$$

【変数および単位系】
　F：力（単位：N（ニュートン））
　q：電荷量（単位：C（クーロン））
　ε_0：真空の誘電率（$\varepsilon_0 \approx 8.854 \times 10^{-12}$ F/m）（F はファラッド）
　r：距離（単位：m）

　クーロン（Coulomb）の法則は実験的に発見された電磁気学の基本法則の一つであり、文章で記述すれば「電荷量（電荷とも呼ぶ）q_1 および q_2 をもつ 2 個の点電荷が距離 r 離れた位置に置かれたとき、両方の点電荷に働く力の大きさ（クーロン力）F は各々の点電荷の電荷量の積に比例し距離の 2 乗に反比例する。」となる。数式では、式（2.1）のように表

すことができる。電荷量は正負両方の値をとり得るため、q_1 と q_2 の符号が異なる場合において F は引力となり、符号が同じ場合において F は反発力（斥力）となる。点電荷とクーロン力の関係は図2.1のようになり、クーロン力は各々の点電荷に同じ大きさの力を及ぼす。

式 (2.1) の係数 k は、両方の点電荷が真空中に置かれかれた場合は真空の誘電率 ε_0 を用いて $k=1/(4\pi\varepsilon_0)$ と表すことができる。このとき、クーロン力は式 (2.2) で表される。ここで、式 (2.2) において円周率 π を含んだ係数 4π が出現する。これは国際単位系（SI 単位系）の基本単位である「時間（単位は s）」、「長さ（単位は m）」、「質量（単位は kg）」、「電流（単位は A）」を用いて電荷量や真空の誘電率を定義する際に人為的に選択された係数である。SI 単位系以前の CGS 単位系においては、係数 4π の代わりに別の係数が選択されたこともあった[1]が、現在では SI 単位系を用いるため式 (2.2) の形で表現される。

2-2 電界

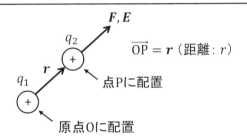

〔図 2.2〕電界 E とクーロン力 F との関係

電荷量 q の点電荷に働く力 F と電界 E との関係式（F と E はベクトル）

$$F \equiv qE \quad\quad\quad\quad\quad\quad\quad\quad\quad\quad\quad\quad\quad (2.3)$$

真空中において、電荷量 q_1 をもつ点電荷が電荷量 q_2 をもつ点電荷に及ぼすクーロン力 F および電界 E

$$F = \frac{q_1 q_2}{4\pi\varepsilon_0 r^3} r \quad \cdots\cdots\cdots\cdots\cdots\cdots\cdots\cdots\cdots\cdots\cdots\cdots \quad (2.4)$$

$$E = \frac{F}{q_2} = \frac{q_1}{4\pi\varepsilon_0 r^3} r \quad \cdots\cdots\cdots\cdots\cdots\cdots\cdots\cdots\cdots \quad (2.5)$$

【変数および単位系】
 E：電界（単位：N/C=V/m）（V はボルト）

　電界（電場とも呼ぶ）E は、ある場所に置かれた電荷量 q に働く力を F とすると、式 (2.3) で定義される。F と E は共にベクトルであり、大きさと方向をもつ。また式 (2.3) より、F と E は平行であり、q が正のとき F と E は同方向、q が負のとき F と E は逆方向を向く。

　電界の一例として、図 2.2 に示す 2 個の点電荷を考える。電荷量 q_1 をもつ点電荷を原点 O に配置し、電荷量 q_2（q_1 と q_2 は同符号）をもつ点電荷を点 P に配置する。原点 O から点 P に向かうベクトル r（距離：r）を導入すると、真空中において電荷量 q_2 に働くクーロン力は式 (2.2) より導かれて式 (2.4) となる。また電荷量 q_2 に印加される電界 E は、式 (2.3) および式 (2.4) より式 (2.5) となる。

2-3 電位

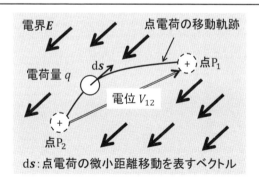

〔図 2.3〕電界中において点電荷の移動により発生する電位

電界 $\boldsymbol{E}$ 中において電荷量 q の点電荷を点 P_2 から点 P_1 まで移動させたときの仕事 W_{12}

$$W_{12} = \int_{\mathrm{P}_2}^{\mathrm{P}_1} \boldsymbol{F} \cdot \mathrm{d}\boldsymbol{s} = -\int_{\mathrm{P}_2}^{\mathrm{P}_1} q\boldsymbol{E} \cdot \mathrm{d}\boldsymbol{s} \quad \cdots\cdots (2.6)$$

点 P_2 に対する点 P_1 の電位 V_{12}

$$V_{12} \equiv \frac{W_{12}}{q} = -\int_{\mathrm{P}_2}^{\mathrm{P}_1} \boldsymbol{E} \cdot \mathrm{d}\boldsymbol{s} \quad \cdots\cdots (2.7)$$

点 P_2 を無限遠においたとき、任意の位置 P における電位 V

$$V = -\int_{\infty}^{\mathrm{P}} \boldsymbol{E} \cdot \mathrm{d}\boldsymbol{s} \quad \cdots\cdots (2.8)$$

電荷量 q をもつ点電荷から距離 r 離れた位置における電位 V

$$V = -\int_{\infty}^{\mathrm{P}} \boldsymbol{E} \cdot \mathrm{d}\boldsymbol{s} = -\frac{q}{4\pi\varepsilon_0}\int_{\infty}^{r}\frac{\boldsymbol{r}\cdot \mathrm{d}\boldsymbol{s}}{r^3} = -\frac{q}{4\pi\varepsilon_0}\int_{\infty}^{r}\frac{\mathrm{d}r}{r^2} = \frac{q}{4\pi\varepsilon_0 r} \quad (2.9)$$

電位を用いた電界の微分式 ("grad" は「gradient（勾配）」を表す)

$$\boldsymbol{E} = -\boldsymbol{\nabla} V = -\mathrm{grad}\, V \quad \cdots\cdots (2.10)$$

三次元直交座標系 (x, y, z) におけるベクトル微分演算子 $\boldsymbol{\nabla}$（$\boldsymbol{x}$、$\boldsymbol{y}$、$\boldsymbol{z}$ は x 軸、y 軸、z 軸に対応する基本単位ベクトル）

$$\boldsymbol{\nabla} = \frac{\partial}{\partial x}\boldsymbol{x} + \frac{\partial}{\partial y}\boldsymbol{y} + \frac{\partial}{\partial z}\boldsymbol{z} \quad \cdots\cdots (2.11)$$

三次元直交座標系 (x, y, z) における電位を用いた電界の微分式

$$\boldsymbol{E} = -\left(\frac{\partial V}{\partial x}\boldsymbol{x} + \frac{\partial V}{\partial y}\boldsymbol{y} + \frac{\partial V}{\partial z}\boldsymbol{z}\right) \quad \cdots\cdots (2.12)$$

【変数および単位系】
　V：電位、電位差、電圧（単位：V）

図 2.3 に示すように、$\boldsymbol{E}$ 中において電荷量 q の点電荷を移動させることを考える。点電荷には式 (2.3) で表される力 $\boldsymbol{F}=q\boldsymbol{E}$ が働いているため、この点電荷を移動させるためには $\boldsymbol{F}$ に逆らった力 $\boldsymbol{F}'=-\boldsymbol{F}$ を用いて仕事をする必要がある。このとき、微小距離 $\mathrm{d}\boldsymbol{s}$ の移動に必要な仕事 $\mathrm{d}W$ は

$$\mathrm{d}W = \boldsymbol{F}' \cdot \mathrm{d}\boldsymbol{s} = -q\boldsymbol{E} \cdot \mathrm{d}\boldsymbol{s}$$

となる。よって、点電荷を点 P_2 から点 P_1 まで移動させたときの仕事 W_{12} は、微小距離を $\mathrm{P}_1\mathrm{P}_2$ 区間で積分することで式 (2.6) のように求められる。

ここで、点 P_2 に対する点 P_1 の電位 (点 $\mathrm{P}_1\mathrm{P}_2$ 間の電位差とも呼ぶ) を式 (2.7) で定義する。電位はスカラであり、大きさのみをもつ。電位の定義を文章で記述すれば「電位 V_{12} は電界 $\boldsymbol{E}$ に逆らって点電荷を点 P_2 から点 P_1 まで運ぶときに、外部の力が単位電荷あたりになすべき仕事」となる。

一般的には電位の基準点を無限遠にとり、また無限遠での電位を 0V と定義する。この場合、任意の点 P における電位 V は式 (2.8) のように表すことができる。さらに、電荷量 q をもつ点電荷から距離 r 離れた位置における電位 V は式 (2.5) を式 (2.8) に代入して積分することにより、式 (2.9) となる。第 5 章に記す電気回路では 0V に対する電位のことを電圧と呼ぶ。

電界と電位の関係式を表すときは、式 (2.7) の電位の定義式ではなく、微分形式の式 (2.10) で表すことがほとんどである。ここで式 (2.10) の ∇ はベクトル微分演算を表す演算子であり、「ナブラ」と読む。三次元直交座標系 (x,y,z) において ∇ は式 (2.11) で与えられる。$\boldsymbol{x}$、$\boldsymbol{y}$、$\boldsymbol{z}$ はそれぞれ x 軸、y 軸、z 軸に対応する基本単位ベクトルである。また "grad" は「gradient (勾配)」と呼ばれる。式 (2.10) を言葉で記述するなら「電位 V の空間中の勾配 (1 階微分) が電界 $\boldsymbol{E}$」となり、式 (2.10) を三次元直交座標系において表現すれば式 (2.12) となる。

ここで、式 (2.11) で用いる微分記号 ∂ で表す微分を偏微分と呼ぶ。例えば、直交座標系における座標 (x,y,z) 上の電位を $V(x,y,z)$ と表すと、

▷第2章　電磁気学の基礎

$\partial V/\partial x$ は $V(x,y,z)$ の x 成分のみを微分したことに等しい。つまり、∇V とは $V(x,y,z)$ の x 成分、y 成分、z 成分を個々に微分し、各々の微分係数に基本単位ベクトルをかけたものである。偏微分に対して、微分記号 d で表す微分を全微分と呼ぶ。本書では、変数が一つしかない関数を扱う場合にのみ全微分を用いる。例えば、時間 t で変化する関数 $f(t)$ に対する全微分は $df(t)/dt$ である。

　電界と電位の関係式において重要なことは、電位 V はスカラで表現されることに対し、電界 E はベクトルで表現される点である。すなわち、V は大きさのみをもつことに対し、E は大きさと方向をもつ。これは、式 (2.10) において ∇ というベクトルの性質をもつ演算子でスカラを微分することに起因する。つまり、演算子 ∇ はスカラをベクトルに変換する作用を持ち、任意の点における空間中の勾配を表現するときに「勾配の大きさ」だけではなく「勾配の方向」も性質として持たせることができる。

　なお、電界の単位は式 (2.3) の関係式からは N/C、式 (2.10) の関係式からは V/m と導かれる。同じ電界であるから当然 1N/C=1V/m であるが、電界の単位としては通常 V/m を用いる。これは、力と電荷の単位を用いるよりも電位と距離の単位を用いた方が、設計を行う際に直感的にわかりやすいからである。ちなみに電位 V の単位は、式 (2.7) の定義式より 1V=1J/C（J はジュール）となる。

　電界および電位をイメージするために、半径 1mm の 2 個の導体球に電位 1V および -1V を与え、距離 10mm 離して設置したときの電位分布および電界分布を図 2.4 および図 2.5 に示す。これらの分布は電磁界解析ソフトウェア Femtet を用いて計算したシミュレーション結果である。電位分布に関しては、-0.5V から 0.5V までの等電位線（電位が同じ値となる線）を 0.05V 間隔で示している。図 2.5 より、電界の矢印は等電位線と直交する方向に向くことがわかる。この矢印の向きは式 (2.10) に起因しており、電位を微分したときに現れる勾配の方向が電界の方向であることを示している。

　また具体的な数値計算例として、半径 1mm の導体球に 1V の電位を

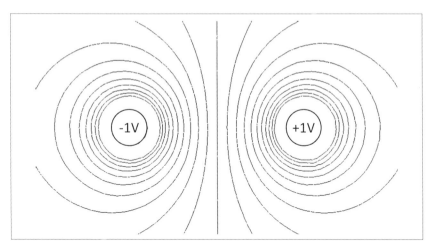

〔図2.4〕2個の導体球に1Vおよび−1Vを与えたときの電位分布のシミュレーション結果

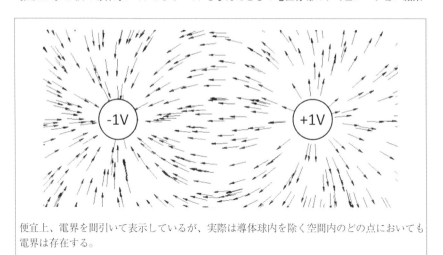

便宜上、電界を間引いて表示しているが、実際は導体球内を除く空間内のどの点においても電界は存在する。

〔図2.5〕2個の導体球に1Vおよび−1Vを与えたときの電界分布のシミュレーション結果

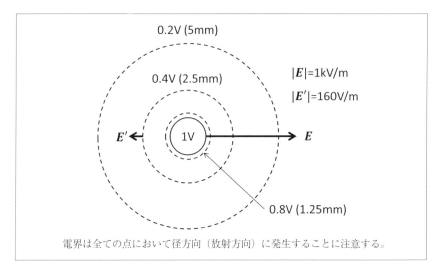

〔図 2.6〕半径 1mm の導体球に 1V の電位を与えたときの等電位線（点線）
　　　　および電界の概略図

与えたときの等電位線および電界ベクトルの概略図を図 2.6 に示す。式 (2.9) において、半径 1mm の位置の電位を 1V、無限遠点を 0V とすると、径方向の距離 r の位置における電位 $V(r)$ は

$$V(r) = 1\text{V} \times \frac{1\text{mm}}{r} \quad (r \geq 1\text{mm})$$

となる。また、式 (2.5) より電界 $\boldsymbol{E}(r)$ および電界の大きさ $|\boldsymbol{E}(r)|$ は

$$\boldsymbol{E}(r) = \frac{1\text{V} \times 1\text{mm}}{r^3}\boldsymbol{r}, \quad |\boldsymbol{E}(r)| = \frac{1\text{V} \times 1\text{mm}}{r^2}$$

となる。よって r の値を具体的に代入すれば、その位置での電界および電位を求めることができる。

　もう一つの具体的かつ簡単な電界と電位の計算例として、平行平板電極を例示する。無限の面積をもつ 2 枚の電極が間隔 d で平行に設置され、位置 0 に置かれた一方の電極が電位 0V をもち、位置 d に置かれた他方

の電極が電位 V をもつとする。このとき、電界の大きさ E は位置に依らず一定の値 $E=V/d$ をとり、電極間の位置 r における電位は $V(r)=Vr/d$ となる。具体例として、間隔 1mm、電位差 1V の平行平板電極における等電位線および電界分布のシミュレーション結果を図 2.7 および図 2.8 に示す。この場合、電界の大きさは E=1V/1mm=1kV/m となる。

等電位線は 0.1V 間隔で描画している。

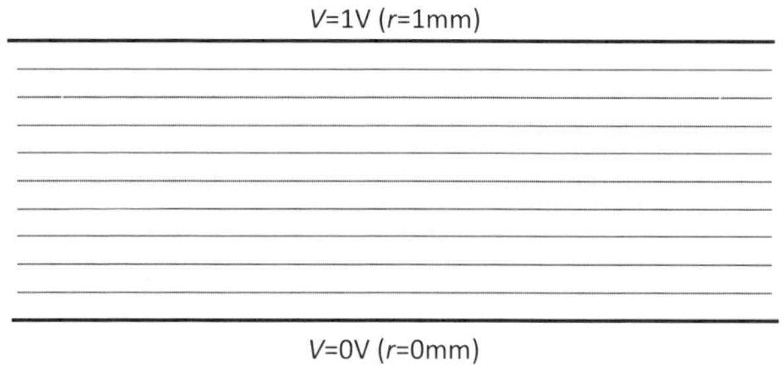

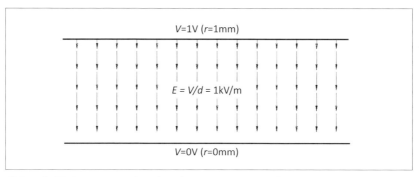

〔図 2.7〕間隔 1mm の平行平板電極における等電位線のシミュレーション結果

〔図 2.8〕間隔 1mm の平行平板電極における電界分布のシミュレーション結果

2-4 磁界

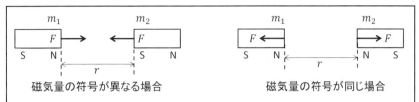

〔図2.9〕2個の微小な磁石(対向する磁極の磁気量 m_1、m_2)とクーロン力 F の関係
（磁石の寸法は考えないものとする）

クーロンの法則（k' は比例定数、r は距離）

$$F = k' \frac{m_1 m_2}{r^2} \quad \cdots\cdots\cdots\cdots\cdots\cdots\cdots\cdots\cdots\cdots\cdots\cdots (2.13)$$

国際単位系（SI単位系）では、真空の透磁率 μ_0 を用いて

$$F = \frac{m_1 m_2}{4\pi\mu_0 r^2} \quad \cdots\cdots\cdots\cdots\cdots\cdots\cdots\cdots\cdots\cdots\cdots (2.14)$$

【変数および単位系】
　　m：磁気量（単位：Wb（ウェーバ））
　　μ_0：真空の透磁率（$\mu_0 \equiv 4\pi \times 10^{-7}$ H/m）（H はヘンリ）

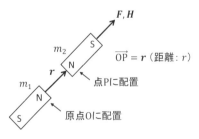

〔図2.10〕磁界 H とクーロン力 F との関係

磁気量 m の磁極に働く力 F と磁界 H との関係式（F と H はベクトル）

$$\boldsymbol{F} \equiv m\boldsymbol{H} \quad \cdots\cdots\cdots\cdots\cdots\cdots\cdots\cdots\cdots\cdots\cdots\cdots (2.15)$$

> 真空中において、磁気量 m_1 をもつ磁極が磁気量 m_2 をもつ磁極に及ぼすクーロン力 F および磁界 H
>
> $$F = \frac{m_1 m_2}{4\pi\mu_0 r^3} r \quad \cdots\cdots\cdots\cdots\cdots\cdots\cdots\cdots\cdots\cdots (2.16)$$
>
> $$H = \frac{F}{m_2} = \frac{m_1}{4\pi\mu_0 r^3} r \quad \cdots\cdots\cdots\cdots\cdots\cdots\cdots\cdots (2.17)$$
>
> 磁位 U
>
> $$H = -\nabla U = -\mathrm{grad}\, U \quad \cdots\cdots\cdots\cdots\cdots\cdots\cdots\cdots (2.18)$$
>
> 【変数および単位系】
> H：磁界（単位：N/Wb=A/m）（A はアンペア）
> U：磁位（単位：A）

　磁界についても電界と同様にクーロンの法則を出発点として説明することができる。電荷量に対応する量として磁気量（磁荷とも呼ぶ）を導入してクーロンの法則を記述すると、「磁気量 m_1 および m_2 の磁極をもつ2個の微小な磁石が距離 r 離れた位置に対向して置かれたとき、両磁極に働く力の大きさ F は各々の磁極の磁気量の積に比例し距離の2乗に反比例する。」となる。これを数式で表すと、式 (2.13) となる。磁気量も電荷量と同様に正負両方の値を持ちうるため、m_1 と m_2 の符号が異なる場合において F は引力となり、符号が同じ場合において F は反発力（斥力）となる。微小な磁石とクーロン力の関係は図 2.9 のようになり、クーロン力は各々の磁極に同じ大きさの力を及ぼす。

　磁気量が電荷量と本質的に異なる点は、点電荷は正または負の電荷量を単体で持つことができるが、磁石はN極あるいはS極単体では存在し得ない点である。磁石は図 2.9 に示すように常にN極とS極が一対となった形となる。両磁極が真空中に対向して置かれた場合、係数 k' は真空の透磁率 μ_0 を用いて式 (2.14) で表される。

　磁界（磁場とも呼ぶ）H も電界と同様に定義され、ある場所に置かれた磁

気量 m に働く力を F とすると、式(2.15)で定義される。F と H は共にベクトルであり、大きさと方向をもつ。また式(2.15)より、F と H は平行であり、m が正のとき F と H は同方向、m が負のとき F と H は逆方向を向く。

　磁界の一例として、図2.10に示す2個の微小な磁石を考える。磁気量 m_1 をもつ磁極を原点 O に配置し、磁気量 m_2 (m_1 と m_2 は同符号)をもつ磁極を点 P に配置する。原点 O から点 P に向かうベクトル r(距離：r)を導入すると、真空中において磁気量 m_2 に働くクーロン力は式(2.14)より導かれて式(2.16)となる。また磁気量 m_2 に印加される磁界 H は、式(2.15)および式(2.16)より式(2.17)となる。

　また、電位 V と同様に磁位 U も定義でき、式(2.18)で表すことができる。ただし、電位と比較すると磁位はあまり多用されない。

　磁界をイメージするために、断面10mm角、長さ50mmの磁石に発生する磁界分布のシミュレーション結果を図2.11に示す。磁界はN極からS極の向きに発生する。

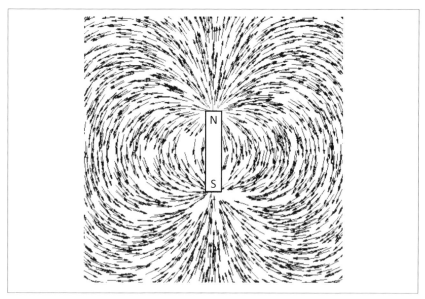

〔図2.11〕断面10mm角、長さ50mmの磁石に発生する磁界分布の
　　　　　シミュレーション結果

2-5 電流とアンペールの法則

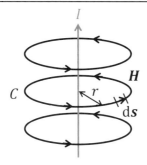

〔図 2.12〕電流 I とアンペールの法則により発生する磁界 H との関係

電流
$$I \equiv \frac{dq}{dt} \quad \cdots\cdots\cdots\cdots\cdots\cdots\cdots\cdots\cdots\cdots\cdots\cdots (2.19)$$

アンペールの法則
$$\oint_C \boldsymbol{H} \cdot d\boldsymbol{s} = I \quad \cdots\cdots\cdots\cdots\cdots\cdots\cdots\cdots\cdots (2.20)$$

無限長直線電流により発生する磁界の大きさ
$$H = \frac{I}{2\pi r} \quad \cdots\cdots\cdots\cdots\cdots\cdots\cdots\cdots\cdots\cdots (2.21)$$

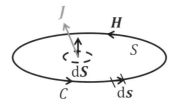

〔図 2.13〕任意の面 S に対する閉路 C と電流密度 J および磁界 H の関係

電流と電流密度の関係

$$I = \int_S \boldsymbol{J} \cdot \mathrm{d}\boldsymbol{S} \quad \cdots\cdots\cdots\cdots\cdots\cdots\cdots\cdots\cdots\cdots\cdots\cdots\cdots\cdots \quad (2.22)$$

アンペールの法則の微分系 ("rot" は「rotation (回転)」を表す)

$$\nabla \times \boldsymbol{H} = \mathrm{rot}\,\boldsymbol{H} = \boldsymbol{J} \quad \cdots\cdots\cdots\cdots\cdots\cdots\cdots\cdots\cdots\cdots \quad (2.23)$$

【変数および単位系】
　I：電流（単位：A）
　J：電流密度（単位：A/m^2）

　電流は式 (2.19) で定義されるように電荷の時間変化で表される量のことである。電線に電流を流すとその周辺に磁界が発生することは、エルステッド（Oersted）が実験により 1820 年に発見した。またアンペール（Ampere）は、電流 I が流れる方向と発生する磁界 $\boldsymbol{H}$ の方向について、「右ねじを磁界の方向に回すとき、そのねじの進む方向が電流の進む方向になる」ことを実験により発見した。これをアンペールの右ねじの法則と呼ぶ。

　アンペールは、電流周辺の任意の位置を出発してから電流のまわりを一周して元の位置に戻るとき、磁位が I だけ増加することも実験的に発見した。この発見を数式で表記すると、微小区間 d$\boldsymbol{s}$ に対して式 (2.20) に示す周回積分（閉路積分とも呼ぶ）の形で表すことができる。これをアンペールの周回積分の法則、あるいは単にアンペールの法則と呼ぶ。周回積分とは任意の閉曲線に沿った積分のことである。

　アンペールの法則を用いた最も単純な磁界の計算例として、図 2.12 に示す無限長直線電流周辺の磁界がある。無限長直線電流を I とすると、直線電流からの距離 r の位置における磁界の大きさ H は、式 (2.20) の周回積分をそのまま適用すれば、式 (2.21) のように導くことができる。またアンペールの右ねじの法則により、電流方向と磁界の発生方向には図 2.12 に示す関係がある。ここで図 2.12 における周回積分の閉曲線とは、

閉路 C で示した半径 r の円周のことである。その円周上において磁界 H は一定となるため、円周の長さ $2\pi r$ に H をかけたものが周回積分となる。このように、周回積分における閉曲線のとり方は任意であるが、通常は計算が容易となる閉曲線をとる。

　ここで、ある面 S を通って流れる電流を考える。面 S 上の微小面積の法線ベクトルを $d\boldsymbol{S}$ とし、$d\boldsymbol{S}$ を通って流れる電流密度を $\boldsymbol{J}$ とする。このとき、面 S を通って流れる電流 I は式 (2.22) となる。よって、式 (2.20) に任意のベクトル $\boldsymbol{A}$ に対するストークスの定理（付録 A の式 (A.46)）

$$\oint_C \boldsymbol{A} \cdot d\boldsymbol{s} = \int_S \boldsymbol{\nabla} \times \boldsymbol{A} \cdot d\boldsymbol{S}$$

を適応し、これらの式を比較すると、アンペールの法則の微分系である式 (2.23) が得られる。ここで、ベクトル演算子 $\boldsymbol{\nabla}$ とベクトル $\boldsymbol{A}$ の外積をベクトル $\boldsymbol{A}$ の「rotation（回転）」と呼ぶ。$\boldsymbol{\nabla} \times \boldsymbol{A}$ は rot $\boldsymbol{A}$ あるいは curl $\boldsymbol{A}$ と記述することもある。ベクトルの外積であるから、ベクトルの回転はベクトルである。

2-6 ビオ・サバールの法則

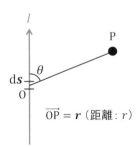

〔図 2.14〕ビオ・サバールの法則

ビオ・サバールの法則

$$dH = \frac{Ids \times r}{4\pi r^3} = \frac{Ids \sin\theta}{4\pi r^2} \quad \cdots\cdots\cdots\cdots\cdots\cdots\cdots (2.24)$$

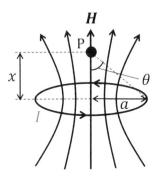

〔図 2.15〕円形電流により発生する磁界

円形電流の中心軸上に発生する円の中心からの距離 x における磁界の大きさ

$$H = \frac{Ia^2}{2(a^2+x^2)\sqrt{a^2+x^2}} \quad \cdots\cdots\cdots\cdots\cdots\cdots\cdots (2.25)$$

ビオ (Biot) およびサバール (Savart) は、電流によって発生する磁界を計算するための手法として、微小区間を流れる電流要素を導入し、各電流要素が発生する磁界の計算式を導いた。これがビオ・サバールの法則である。図 2.14 に示す無限長直線電流について、原点 O の位置での微小区間 d*s* を電流要素とする。このとき、原点 O から点 P に向かうベクトル *r* (距離:r) を導入すると、点 P における磁界は式 (2.24) により計算される。右辺の分母にある 4π は、SI 単位を用いたときに生じる定数である。ビオ・サバールの法則を用いると、電流方向が複雑に変化するような場合でも電流要素ごとに計算すれば、任意の位置での磁界を求めることができる。

　ビオ・サバールの法則を用いた磁界の計算例として、図 2.15 に示す円形電流 I により発生する中心軸上の磁界の大きさ H を求める。円形電流の半径を a とし、円形電流の中心軸上の点 P から円の中心までの距離を x とすると、円形電流上の微小区間 d*s* でつくられる電流要素 Id*s* によって発生する磁界 d*H* は、式 (2.24) のビオ・サバールの法則より

$$\mathrm{d}\boldsymbol{H} = \frac{I\mathrm{d}\boldsymbol{s}}{4\pi r^2} = \frac{I\mathrm{d}\boldsymbol{s}}{4\pi(a^2+x^2)}$$

となる。ここで円形電流の対称性より、中心軸上においては円形電流の半径方向の磁界は発生せず、中心軸方向のみに磁界が発生する。よって、円形電流の一周分である 0 から $2\pi a$ までの電流要素により発生する磁界の大きさ H は

$$H = \frac{I\sin\theta}{4\pi r^2}\int_0^{2\pi a}\mathrm{d}s = \frac{Ia^2}{2(a^2+x^2)\sqrt{a^2+x^2}}$$

と計算され、式 (2.25) が導かれる。また、ビオ・サバールの法則を用いれば、中心軸上以外の任意の点であっても磁界を計算できる。図 2.16 は、半径 10mm の円形電流に 1A の電流を流したときの磁界分布のシミュレーション結果である。図 2.16 のように、円形電流によって発生する磁界は、電流を回り込むような形で発生することがわかる。また、電流の向きに対する磁界方向は、アンペールの右ねじの法則を常に満たす。

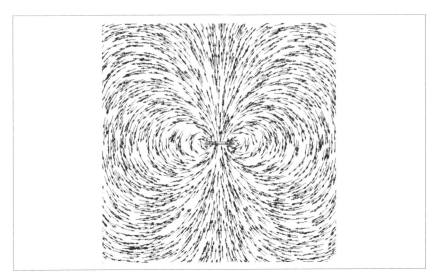

〔図2.16〕半径10mmの円形電流に1Aの電流を流したときの磁界分布のシミュレーション結果

2-7 電荷の連続式

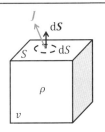

〔図2.17〕任意の体積 v 中の体積電荷密度 ρ と電流密度 J の関係

電荷の連続式 ("div" は「divergence（発散）」を表す)

$$\nabla \cdot J + \frac{\partial \rho}{\partial t} = \mathrm{div}\, J + \frac{\partial \rho}{\partial t} = 0 \quad \cdots\cdots\cdots\cdots\cdots (2.26)$$

【変数および単位系】
　ρ：体積電荷密度（単位：C/m³）

図 2.17 に示すように、体積電荷密度 ρ で表される電荷分布で満たされた体積 v の任意空間について考える。この空間内の全電荷 Q は

$$Q = \int_v \rho \mathrm{d}v$$

と計算される。一方、この空間の表面 S を通って単位時間に空間から外へ流れる電流 I は、電流密度 $\boldsymbol{J}$ を用いて式 (2.22) となる。ここで、外へ流れる電流は電荷が単位時間で減少する割合に等しいから、式 (2.19) を用いると

$$I = \int_S \boldsymbol{J} \cdot \mathrm{d}\boldsymbol{S} = -\frac{\partial Q}{\partial t} = -\int_v \frac{\partial \rho}{\partial t} \mathrm{d}v$$

が成立する。ただし、ここでの Q は時間に対してだけではなく空間に対しても変化するため、偏微分を用いる。ここで、任意のベクトル $\boldsymbol{A}$ に対するガウスの発散定理（付録 A の式 (A.47)）

$$\int_S \boldsymbol{A} \cdot \mathrm{d}\boldsymbol{S} = \int_v \boldsymbol{\nabla} \cdot \boldsymbol{A} \mathrm{d}v$$

を用いて上式の左辺の面積積分を体積積分に変換すると、

$$\int_S \boldsymbol{J} \cdot \mathrm{d}\boldsymbol{S} = \int_v \boldsymbol{\nabla} \cdot \boldsymbol{J} \mathrm{d}v = -\int_v \frac{\partial \rho}{\partial t} \mathrm{d}v$$

となる。この式は任意の体積 v に対する恒等式であるから、最終的に式 (2.26) を得ることができる。ここで、ベクトル演算子 $\boldsymbol{\nabla}$ とベクトル $\boldsymbol{A}$ の内積をベクトル $\boldsymbol{A}$ の「divergence（発散）」と呼ぶ。$\boldsymbol{\nabla} \cdot \boldsymbol{A}$ は div $\boldsymbol{A}$ と記述することもある。ベクトルの内積であるから、ベクトルの発散はスカラとなる。式 (2.26) は電荷の連続式、あるいは連続の式と呼ばれ、系における電荷保存の法則を表している。また、空間内の Q の変化によって表面から電流が流れ出すことから、電荷の連続式は電流源を表す式でもある。

参考文献
[1] 卯本重郎、電磁気学、昭晃堂、1975

第 3 章　媒質の電気定数

本章では、媒質の電気定数である透磁率、誘電率、導電率について記す。また、透磁率および誘電率に関しては複素数で表現されるため、その前提となる正弦波の複素数表現について触れ、透磁率・誘電率の複素数表現および誘電正接について述べる。さらに、マイクロ波加熱の主な原理は誘電加熱で説明されるため、誘電率の周波数特性は極めて重要である。本章の最後では誘電率の周波数特性の理論について述べる。

3-1 透磁率

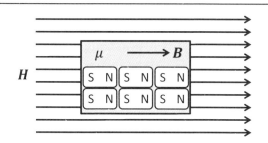

〔図3.1〕印加磁界 H により透磁率 μ の媒質に発生する磁束密度 B

磁束密度 B と透磁率 μ および磁界 H の関係

$$B \equiv \mu H \quad \cdots\cdots\cdots\cdots\cdots\cdots\cdots\cdots\cdots\cdots\cdots\cdots\cdots\cdots \quad (3.1)$$

直交座標系 (x,y,z) における透磁率のテンソル表現

$$\begin{bmatrix} B_x \\ B_y \\ B_z \end{bmatrix} = \begin{bmatrix} \mu_{xx} & \mu_{xy} & \mu_{xz} \\ \mu_{yx} & \mu_{yy} & \mu_{yz} \\ \mu_{zx} & \mu_{zy} & \mu_{zz} \end{bmatrix} \begin{bmatrix} H_x \\ H_y \\ H_z \end{bmatrix} \quad \cdots\cdots\cdots\cdots\cdots \quad (3.2)$$

等方性媒質における透磁率

$$\begin{bmatrix} B_x \\ B_y \\ B_z \end{bmatrix} = \begin{bmatrix} \mu & 0 & 0 \\ 0 & \mu & 0 \\ 0 & 0 & \mu \end{bmatrix} \begin{bmatrix} H_x \\ H_y \\ H_z \end{bmatrix} \quad \cdots\cdots\cdots\cdots\cdots \quad (3.3)$$

比透磁率

$$\mu \equiv \mu_0 \mu_r \quad \cdots\cdots\cdots\cdots\cdots\cdots\cdots\cdots\cdots\cdots\cdots\cdots\cdots \quad (3.4)$$

▷第3章　媒質の電気定数

【変数および単位系】
　B：磁束密度（単位：T あるいは Wb/m^2）（T はテスラ）
　μ：透磁率（単位：H/m）
　μ_0：真空の透磁率（$\mu_0 \equiv 4\pi \times 10^{-7}$H/m）
　μ_r：比透磁率（単位：無次元）

　透磁率 μ は媒質の電気定数の一つである。図3.1に示すように、媒質に磁界 H が印加されたときに媒質が磁化される（N極とS極が現れる）ことによって磁束密度 B が発生する。この H と B の関係性が μ を用いて式 (3.1) で定義される。すなわち、透磁率は「媒質に磁界を印加した際に媒質に発生する磁束密度の度合いを表す係数」である。

　ここで注意すべき点は H も B もベクトルであり、かつ式 (3.1) の段階では H を印加したときに発生する B の方向までは定めていない点である。つまり、磁界をある方向に印加した際に磁束密度がどの方向にどの程度の大きさで発生するかは媒質に依存し、それを表現するための係数が透磁率である。よって、透磁率はテンソルとして表現されなければならない。

　テンソル表現の一例として、直交座標系 (x,y,z) において式 (3.1) を書き換えたものを式 (3.2) に示す。式 (3.2) の意味するところは、例えば x 方向のみに磁界 H_x を印加した際に、x 方向に磁束密度 $B_x = \mu_{xx} H_x$ が発生し、y 方向に磁束密度 $B_y = \mu_{yx} H_x$ が発生し、z 方向に磁束密度 $B_z = \mu_{zx} H_x$ が発生することを表している。

　ここで、どの方向から磁界を印加しても磁束密度は必ず磁界と平行方向に発生し、かつ磁界と磁束密度の比が一定の値をもつ媒質を考える。このような媒質を等方性媒質と呼ぶ。等方性媒質であれば、式 (3.2) の行列式は式 (3.3) のように書き換えられる。すなわち、式 (3.2) において $\mu_{xx} = \mu_{yy} = \mu_{zz} = \mu$ および $\mu_{xy} = \mu_{xz} = \mu_{yx} = \mu_{yz} = \mu_{zx} = \mu_{zy} = 0$ を満たす媒質が等方性媒質である。逆に、式 (3.3) の関係が満たされない場合、その媒質は異方性媒質と呼ぶ。媒質が等方性媒質であるとき、改めて式 (3.1) を見直すと式 (3.1) の μ をスカラとして扱っても差し支えないことが

わかる。以降、特に断りのない限りは媒質を等方性媒質とし、μ をスカラとして扱うこととする。

媒質の透磁率は真空の透磁率との比で表すことが多い。この比のことを比透磁率と呼び、比透磁率 μ_r は式(3.4)の関係で定義される。ここで、真空の誘電率は $\mu_0 \equiv 4\pi \times 10^{-7}$ H/m という定義値である。この定義はSI単位系のアンペア（A）の定義に由来し、アンペアの定義は「真空中に1mの間隔で平行に置かれた、無限に小さい円形断面積を有する、無限に長い2本の直線状導体のそれぞれに流し続けたときに、これらの導体の長さ1mごとに 2×10^{-7} N の力を及ぼし合う一定の電流である。」とされる[1]。この力 F は、2-6節で述べたビオ・サバールの法則から以下のように求められる[2]。

$$F = \frac{\mu_0 I_1 I_2}{2\pi d}$$

ただし、I_1 および I_2 は2本の無限直線状導体に流れるそれぞれの電流であり、d は導体間の距離である。よって、$F = 2 \times 10^{-7}$ N、$I_1 = 1$A、$I_2 = 1$A、$d = 1$m を代入すると $\mu_0 = 4\pi \times 10^{-7}$ H/m が導かれる。

3-2 誘電率

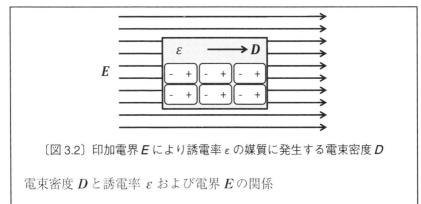

〔図3.2〕印加電界 E により誘電率 ε の媒質に発生する電束密度 D

電束密度 D と誘電率 ε および電界 E の関係

$$D \equiv \varepsilon E \quad \cdots\cdots\cdots\cdots\cdots\cdots\cdots\cdots\cdots\cdots\cdots\cdots \quad (3.5)$$

直交座標系 (x,y,z) における誘電率のテンソル表現

$$\begin{bmatrix} D_x \\ D_y \\ D_z \end{bmatrix} = \begin{bmatrix} \varepsilon_{xx} & \varepsilon_{xy} & \varepsilon_{xz} \\ \varepsilon_{yx} & \varepsilon_{yy} & \varepsilon_{yz} \\ \varepsilon_{zx} & \varepsilon_{zy} & \varepsilon_{zz} \end{bmatrix} \begin{bmatrix} E_x \\ E_y \\ E_z \end{bmatrix} \quad \cdots \cdots (3.6)$$

等方性媒質における誘電率

$$\begin{bmatrix} D_x \\ D_y \\ D_z \end{bmatrix} = \begin{bmatrix} \varepsilon & 0 & 0 \\ 0 & \varepsilon & 0 \\ 0 & 0 & \varepsilon \end{bmatrix} \begin{bmatrix} E_x \\ E_y \\ E_z \end{bmatrix} \quad \cdots \cdots (3.7)$$

比誘電率

$$\varepsilon \equiv \varepsilon_0 \varepsilon_r \quad \cdots \cdots (3.8)$$

真空の誘電率と真空の透磁率と光速の関係

$$\varepsilon_0 \mu_0 c^2 = 1 \quad \cdots \cdots (3.9)$$

【変数および単位系】
　D：電束密度（単位：C/m^2）
　ε：誘電率（単位：F/m）
　ε_0：真空の誘電率（$\varepsilon_0 \approx 8.854 \times 10^{-12}$F/m）
　ε_r：比誘電率（単位：無次元）
　c：光速（$c \equiv 299,792,458$m/s）

　誘電率 ε は媒質の電気定数の一つである。図3.2に示すように、電界 E が印加されたときに媒質に分極（正と負の偏りが生じること）が現れることにより電束密度 D が発生する。この E と D の関係性が ε を用いて式 (3.5) で定義される。すなわち、誘電率は「媒質に電界を印加した際に媒質に発生する電束密度の度合いを表す係数」である。

　透磁率と同様の理由により誘電率もテンソルで表現すべき量であり、直交座標系においては式 (3.6) で表される。また、透磁率のときと同様に $\varepsilon_{xx} = \varepsilon_{yy} = \varepsilon_{zz} = \varepsilon$ および $\varepsilon_{xy} = \varepsilon_{xz} = \varepsilon_{yx} = \varepsilon_{yz} = \varepsilon_{zx} = \varepsilon_{zy} = 0$ を満たす媒質のことを等方性媒質と呼び、等方性媒質において式 (3.6) は式 (3.7) となる。

等方性媒質であれば、式 (3.5) の ε をスカラとして扱っても差し支えない。以降、誘電率に関しても特に断りのない限りは媒質を等方性媒質として扱う。

媒質の誘電率は真空の誘電率との比で表すことが多い。この比のことを比誘電率と呼び、比誘電率 ε_r は式 (3.8) で定義される。

真空の透磁率と真空の誘電率との関係を表す極めて重要な式が式 (3.9) である。すなわち、真空の誘電率は真空の透磁率と光速を用いて表すことができる。ここで、真空の誘電率および光速はいずれも定義値であるから、真空の誘電率の値に関しても不確かさがない値とみなすことができる。しかし、π が無理数であるため、実際には適当な桁数で丸めて数値計算することになる。

3-3 導電率

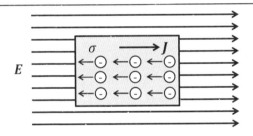

〔図 3.3〕印加電界 E により導電率 σ の媒質に発生する電流密度 J

電流密度 J と導電率 σ および電界 E の関係

$$J \equiv \sigma E \quad \cdots\cdots\cdots\cdots\cdots\cdots\cdots\cdots (3.10)$$

直交座標系 (x, y, z) における導電率のテンソル表現

$$\begin{bmatrix} J_x \\ J_y \\ J_z \end{bmatrix} = \begin{bmatrix} \sigma_{xx} & \sigma_{xy} & \sigma_{xz} \\ \sigma_{yx} & \sigma_{yy} & \sigma_{yz} \\ \sigma_{zx} & \sigma_{zy} & \sigma_{zz} \end{bmatrix} \begin{bmatrix} E_x \\ E_y \\ E_z \end{bmatrix} \quad \cdots\cdots\cdots\cdots (3.11)$$

> 第3章　媒質の電気定数

等方性媒質における導電率

$$\begin{bmatrix} J_x \\ J_y \\ J_z \end{bmatrix} = \begin{bmatrix} \sigma & 0 & 0 \\ 0 & \sigma & 0 \\ 0 & 0 & \sigma \end{bmatrix} \begin{bmatrix} E_x \\ E_y \\ E_z \end{bmatrix} \quad \cdots\cdots\cdots\cdots\cdots\cdots\cdots (3.12)$$

【変数および単位系】
　σ：導電率（単位：S/m あるいは $\Omega^{-1}\mathrm{m}^{-1}$）
　　（Sはジーメンス、Ω はオーム）

　導電率 σ は媒質の電気定数の一つである。図3.3に示すように、電界 E が媒質に印加されたときに媒質中の自由電子が移動することによって電流密度 J が発生する。この E と J の関係性が σ を用いて式(3.10)で定義される。すなわち、導電率は「媒質に電界を印加した際に媒質に発生する電流密度の度合いを表す係数」である。これは、第5章で述べる電気回路におけるオームの法則に該当する。

　透磁率や誘電率と同様の理由により導電率もテンソルで表現すべき量であり、直交座標系においては式(3.11)で表される。また、$\sigma_{xx} = \sigma_{yy} = \sigma_{zz} = \sigma$ および $\sigma_{xy} = \sigma_{xz} = \sigma_{yx} = \sigma_{yz} = \sigma_{zx} = \sigma_{zy} = 0$ を満たす媒質のことを等方性媒質と呼び、式(3.11)は式(3.12)となる。等方性媒質であれば、式(3.10)の σ をスカラとして扱うことができる。以降、導電率に関しても特に断りのない限りは媒質を等方性媒質として扱う。また、導電率は原則として周波数特性をもたない実数の定数とする。

3-4 正弦波と三角関数

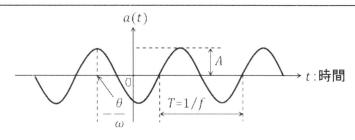

〔図 3.4〕正弦波

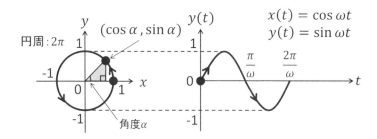

〔図 3.5〕角周波数 ω と正弦波の関係

正弦波

$$a(t) = A\cos(2\pi ft + \theta) = A\cos(2\pi t/T + \theta) = A\cos(\omega t + \theta) \quad (3.13)$$

【変数および単位系】

A：振幅（単位は正弦波として扱う対象に依存）

f：周波数（単位：Hz（ヘルツ））

ω：角周波数（単位：rad/s（rad はラジアン、$180° = \pi$ rad））

T：周期（単位：s）

θ：位相（単位：rad）

▷第3章　媒質の電気定数

　電磁波工学はもとより、電磁気学や電気回路を含む電気電子工学分野においては物理現象を波の時間変化で表すことが多く、特に正弦波と呼ばれる三角関数を用いた波の表現が多用される。この理由は、三角関数で波を表現すると波の大きさ（振幅）や波の振動数（周波数）が数式の中で容易に明示できるからである。身近な例として、商用交流電源の周波数は50/60Hz（関東/関西）で表記されるが、これは商用交流電源が正弦波であるという前提での表記である。ここでは、電磁波工学の基礎となる正弦波の表現方法について述べる。

　図3.4は時間 t を横軸とした一般的な正弦波 $a(t)$ の波形である。$a(t)$ の一般的な数式表現は、式（3.13）に示すように三角関数を用いて表される。式（3.13）において A は振幅と呼ばれ、図3.4の正弦波における波高値（波の大きさの最大値）を表す。任意の実数 x に対して $-1 \leq \cos x \leq 1$ となることから、$-A \leq a(t) \leq A$ である。f は周波数と呼ばれ、波が1秒間あたりに振動する回数を表す。例えば周波数50Hzなら1秒間に波が50回振動する。T は周期と呼ばれ、波が1回振動するのにかかる時間を表す。周期は周波数の逆数となる関係があり、$f=1/T$ となる。式（3.13）中の定数 2π は角度変換のための係数であり、正弦波が1周期を迎えたときに角度が $2\pi \mathrm{rad}=360°$ となるために必要となる係数である。この係数は $\cos x$ が 2π の周期性をもつ性質、すなわち $\cos(x+2\pi)=\cos x$ となることに起因する。ω は角周波数と呼ばれ、本来は円運動をする物体の回転速度を表す。周波数 f は1秒間の振動数を表すという点において直感的にわかりやすいが、正弦波の周波数表現としては f ではなく ω を用いて表すことが多い。以下、ω に関して詳しく説明する。

　図3.5に示すように、x-y 平面上に原点を中心とした半径1の単位円をおく。この単位円の円周上を反時計回りに等速運動する物体について考える。物体が時刻 $t=0$ において座標 $(1,0)$ を出発し、反時計回りに一周して再び座標 $(1,0)$ に戻るとき、この物体の移動距離は単位円の円周の長さ 2π に等しい。よって、この一周にかかる時間を t' とし、物体の回転速度（移動速度）を ω と定義すれば $\omega t'=2\pi$ となる。一方、この物体の (x, y) 座標に着目すると、図3.5の灰色で示すように物体と原点

− 38 −

とを結ぶ直線を斜辺とする直角三角形が常に構成される。x軸と斜辺とのなす角度を α（単位は rad）とすると、斜辺の長さが1であることから、物体の座標は三角関数の定義より $(\cos\alpha, \sin\alpha)$ と表すことができる。ここで、時刻 t において物体が座標 $(\cos\alpha, \sin\alpha)$ にあるとき、座標 $(1,0)$ から座標 $(\cos\alpha, \sin\alpha)$ までの円周の長さは $2\pi \times (\alpha/2\pi) = \alpha$ となるから、α と t の関係は $\omega t = \alpha$ と表すことができる。最終的に、単位円上を反時計回りに回転する物体の座標の時間変化 $(x(t), y(t))$ は、$x(t)=\cos\omega t$ および $y(t)=\sin\omega t$ と表すこすとができ、回転速度 ω が式 (3.13) の角周波数 ω に対応することがわかる。以上より、単位円の回転速度 ω を用いて正弦波を表現することができる。このとき、ω 自身に角度の単位が含まれているため、ω を用いて正弦波を表す場合には角度変換の係数 2π が不要となり正弦波の数式が見やすくなる。

　式 (3.13) 中の位相 θ は、図 3.4 においては時刻 $t=0$ における正弦波の時間的なずれを表し、図 3.5 においては時刻 $t=0$ における物体の位置を表す。電磁波や電気回路においては、位相そのものよりも対象となる正弦波と基準となる正弦波との位相の差が重要となることが多く、これを位相差と呼ぶ。例えば、電気回路においては電流が電圧に対して位相差をもつことがある。これは電圧が正弦波上で0になる時刻と電流が正弦波上で0になる時刻にずれが生じることを表している。なお、式 (3.13) に示すように位相 θ は角度の単位をもつため、位相のずれを図 3.4 に示した正弦波における時間のずれとして示す場合は、位相 θ を角周波数 ω で割った値となる。

3-5 正弦波の複素数表現

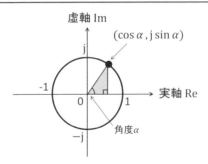

〔図 3.6〕複素平面と複素平面上の単位円

オイラーの式

$$e^{j\alpha} = \cos\alpha + j\sin\alpha, \quad \cos\alpha = \text{Re}\{e^{j\alpha}\}, \quad \sin\alpha = \text{Im}\{e^{j\alpha}\} \quad (3.14)$$

正弦波の複素数表現

$$a(t) = A\cos(\omega t + \theta) = A\text{Re}\{e^{j(\omega t+\theta)}\} = \frac{\tilde{A}}{\sqrt{2}}e^{j\omega t} + \frac{\tilde{A}^*}{\sqrt{2}}e^{-j\omega t} \quad (3.15)$$

複素振幅

$$\tilde{A} = \frac{A}{\sqrt{2}}e^{j\theta}, \quad \tilde{A}^* = \frac{A}{\sqrt{2}}e^{-j\theta} \quad \cdots\cdots\cdots\cdots (3.16)$$

一般的な正弦波の複素数表現

$$z(t) = \tilde{z}e^{j\omega t} = \tilde{z}(\cos\omega t + j\sin\omega t) \quad \cdots\cdots\cdots\cdots (3.17)$$

【変数および単位系】
　　j：虚数単位（$j^2 \equiv -1$）
　　e：自然対数の底（e=2.718…、e は無理数）
　　$\tilde{A}$、$\tilde{z}$：複素振幅（単位は正弦波として扱う対象に依存）

複素数とは、実数 a、b と虚数単位 j を用いて $z=a+\mathrm{j}b$ と表すことができる数 z のことである。虚数単位 j の定義は「2 乗すると -1 となる数」である。ここで、虚数単位の記号は一般的には i を用いられることがほとんどであるが、電気電子工学分野では i は電流の変数として利用されるため、混同を避けるために虚数単位の記号として i の代わりに j を用いる。複素数 $z=a+\mathrm{j}b$ において a を実部、b を虚部と呼び、$a=\mathrm{Re}\{z\}$ および $b=\mathrm{Im}\{z\}$ と表す。図 3.6 は複素平面と呼ばれる座標系であり、横軸が実部、縦軸が虚部に対応する。複素平面の横軸は実軸、縦軸は虚軸と呼ぶ。

　複素数は電磁波の物理現象を表すための極めて重要な数学表現である。なぜなら、式 (3.14) に示すオイラーの式を用いると、べき乗の指数に複素数をもつ指数関数と三角関数との相互変換が容易だからである。式 (3.14) の数学的証明は省略するが、電磁波工学や電気回路の場合には電界や磁界あるいは電圧や電流を正弦波で表すことが多い。このとき、正弦波を三角関数で表すよりも複素数を含む指数関数で表現した方が扱いやすく、また微分積分が容易になることから、複素数を用いた正弦波表現が好んで用いられる。

　ここで、式 (3.14) の α に $-\alpha$ を代入すると、オイラーの式は

$$\mathrm{e}^{\mathrm{j}(-\alpha)} = \mathrm{e}^{-\mathrm{j}\alpha} = \cos(-\alpha) + \mathrm{j}\sin(-\alpha) = \cos\alpha - \mathrm{j}\sin\alpha$$

となる。よって、上式と式 (3.14) の連立方程式を解くと

$$\cos\alpha = \frac{\mathrm{e}^{\mathrm{j}\alpha} + \mathrm{e}^{-\mathrm{j}\alpha}}{2}, \quad \sin\alpha = \frac{\mathrm{e}^{\mathrm{j}\alpha} - \mathrm{e}^{-\mathrm{j}\alpha}}{2\mathrm{j}}$$

となり、三角関数は複素数を含む指数関数に変換することができる。したがって、式 (3.13) の正弦波を複素数で表現すると式 (3.15) が得られる。つまり、複素振幅 $\tilde{A}$ および $\tilde{A}^*$ を式 (3.16) で定義すれば、式 (3.15) の正弦波は $\mathrm{e}^{\mathrm{j}\omega t}$ の項および $\mathrm{e}^{-\mathrm{j}\omega t}$ の項で記載することができる。ここで $\tilde{A}$ や $\tilde{A}^*$ の絶対値 $|\tilde{A}|$ および $|\tilde{A}^*|$ のことを正弦波における実効値と呼ぶが、実効値については 5-5 節で詳述する。また、式 (3.15) の右辺第 1 項

と第2項の関係をみると、虚数単位 j を −j で置き換えれば互いの値に交換されることがわかる。このような関係のことを複素共役と呼ぶ。

以上が正弦波の複素数表現であるが、一般的に正弦波を複素数で表現する場合には、式 (3.15) の表現式の他に式 (3.17) の表現式を用いることがある。式 (3.15) は $A\cos(\omega t+\theta)$ という実数を複素数で表現したものであるから、正弦波を実数で扱えるという利点がある半面、複素数で表現したときの式が複雑になる。一方、式 (3.17) は最初から正弦波を複素数で表現しており、実数としては扱えないが複素数表現としては極めて簡便である。本書では、それぞれの利点を鑑みて式 (3.15) と式 (3.17) を使いわけることとする。

3-6 誘電率・透磁率の複素数表現

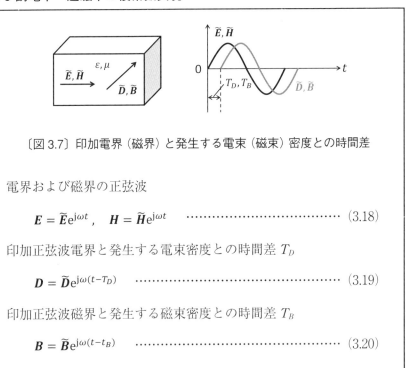

〔図3.7〕印加電界（磁界）と発生する電束（磁束）密度との時間差

電界および磁界の正弦波

$$\bm{E} = \widetilde{\bm{E}} e^{j\omega t}, \quad \bm{H} = \widetilde{\bm{H}} e^{j\omega t} \quad \cdots\cdots\cdots\cdots\cdots\cdots\cdots (3.18)$$

印加正弦波電界と発生する電束密度との時間差 T_D

$$\bm{D} = \widetilde{\bm{D}} e^{j\omega(t-T_D)} \quad \cdots\cdots\cdots\cdots\cdots\cdots\cdots\cdots\cdots\cdots (3.19)$$

印加正弦波磁界と発生する磁束密度との時間差 T_B

$$\bm{B} = \widetilde{\bm{B}} e^{j\omega(t-t_B)} \quad \cdots\cdots\cdots\cdots\cdots\cdots\cdots\cdots\cdots\cdots (3.20)$$

正弦波電界を印加したときの媒質の誘電率

$$\varepsilon = \frac{D}{E} = \frac{\tilde{D}e^{j\omega(t-T_D)}}{\tilde{E}e^{j\omega t}} = \frac{\tilde{D}}{\tilde{E}}e^{j\omega T_D} = \frac{\tilde{D}}{\tilde{E}}(\cos\omega T_D - j\sin\omega T_D) \quad (3.21)$$

正弦波磁界を印加したときの媒質の透磁率

$$\mu = \frac{B}{H} = \frac{\tilde{B}e^{j\omega(t-T_B)}}{\tilde{H}e^{j\omega t}} = \frac{\tilde{B}}{\tilde{H}}e^{j\omega T_B} = \frac{\tilde{B}}{\tilde{H}}(\cos\omega T_B - j\sin\omega T_B) \quad (3.22)$$

複素誘電率

$$\varepsilon = \varepsilon' - j\varepsilon'' = \varepsilon_0(\varepsilon'_r - j\varepsilon''_r) \quad \cdots\cdots\cdots\cdots\cdots\cdots\cdots (3.23)$$

複素透磁率

$$\mu = \mu' - j\mu'' = \mu_0(\mu'_r - j\mu''_r) \quad \cdots\cdots\cdots\cdots\cdots\cdots\cdots (3.24)$$

　一般的に、媒質の誘電率および透磁率は周波数依存性をもつことが知られている。誘電率の場合、電界が印加されるときに媒質に発生する電束密度の度合いが誘電率を決定するが、この電束密度の発生は誘電分極と呼ばれる分極現象に起因する。このとき、電界の印加から誘電分極が平衡状態に至るまでには相応の時間がかかる[3]。また透磁率の場合、媒質がヒステリシス曲線を持つような磁性材料[4]であれば、交流印加磁界に対する磁束密度があたかも時間差をもつように発生する。いずれの場合においても媒質を巨視的な視点でみると、印加電界や印加磁界に対して発生する電束密度や磁束密度は、何らかの時間遅れに相当する要素があるとみなすことができる。本節では、この時間遅れに相当する要素から誘電率および透磁率の周波数依存性について検討する[5]。

　交流電界 E あるいは交流磁界 H が、式 (3.18) に示すもつ正弦波である場合を考える。ここで $\tilde{E}$ および $\tilde{H}$ は電界および磁界の複素振幅であり、正弦波の角周波数を ω とする。このとき、E および H の印加に対して媒質に発生する電束密度 D および磁束密度 B が図 3.7 に示すように時

間遅れ T_D および T_B をもって発生したと仮定する。このとき、$\boldsymbol{D}$ および $\boldsymbol{B}$ はそれぞれ式（3.19）および式（3.20）のように表すことができる。ここで、誘電率および透磁率の定義式である式（3.5）および式（3.1）に $\boldsymbol{E}$ と $\boldsymbol{D}$ および $\boldsymbol{H}$ と $\boldsymbol{B}$ を代入すると、誘電率 ε および透磁率 μ はそれぞれ式（3.21）および式（3.22）のように複素数の形で表されることになる。つまり、誘電率や透磁率が有する時間遅れにより、これらの電気定数が複素数で表現されるべきであることを意味する。

　ここで、ε と μ を改めて式（3.23）および式（3.24）の複素数の形で表現する。式（3.23）と式（3.21）および式（3.22）と式（3.24）を比較すると、それぞれ

$$\varepsilon' = \frac{\widetilde{D}}{\widetilde{E}}\cos\omega T_D, \quad \varepsilon'' = \frac{\widetilde{D}}{\widetilde{E}}\sin\omega T_D, \quad \mu' = \frac{\widetilde{B}}{\widetilde{H}}\cos\omega T_B, \quad \mu'' = \frac{\widetilde{B}}{\widetilde{H}}\sin\omega T_B$$

とおいたことに等しい。式（3.23）や式（3.24）は ε と μ を複素数で表現し直しただけであるから、ε や μ はスカラでもテンソルでも複素数表現そのものは変わらない。また式（3.23）や式（3.24）の右辺に示すように比誘電率および比透磁率の形でも同様に複素数で表すことができる。この場合の比誘電率および比透磁率のことを、それぞれ複素比誘電率および複素比透磁率と呼ぶ。

　なお導電率に関しては、原則として周波数依存性を持たない値として扱うこととする。すなわち、印加電界に対して電流密度は瞬時に発生するものとみなす。これにより、導電率は実数の定数として扱う。実際には、印加電界に対して発生する電流密度にも時間差を与えることは可能であるが、この時間差については変位電流として考えることで導電率は実数の定数とみなすことができる。変位電流については、4-3節で詳述する。

3-7 誘電正接

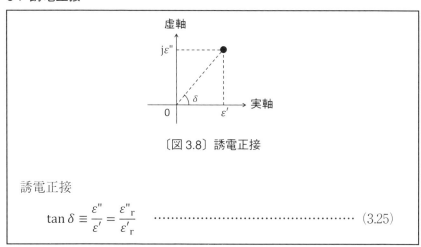

〔図 3.8〕誘電正接

誘電正接

$$\tan \delta \equiv \frac{\varepsilon''}{\varepsilon'} = \frac{\varepsilon''_r}{\varepsilon'_r} \quad \cdots\cdots\cdots\cdots\cdots\cdots\cdots\cdots\cdots\cdots\cdots (3.25)$$

　媒質の誘電特性を表す指標の一つに誘電正接がある。誘電正接は $\tan \delta$ として表現され、式 (3.25) に示すように複素誘電率（または複素比誘電率）の実部と虚部の比で定義される。これは図 3.8 に示す複素平面上において、複素誘電率を表示したときの座標 (ε', $j\varepsilon''$) と原点とを結ぶ線分と実軸とのなす角を δ としたことに等しい。

　ここで、3-6 節で示した式 (3.21) と式 (3.23) より

$$\frac{\varepsilon''}{\varepsilon'} = \left(\frac{\widetilde{D}}{\widetilde{E}} \sin \omega T_D \right) \Big/ \left(\frac{\widetilde{D}}{\widetilde{E}} \cos \omega T_D \right) = \tan \omega T_D$$

となることから、$\delta = \omega T_D$ の関係性を見出すことができる。

3-8 デバイの式と緩和時間

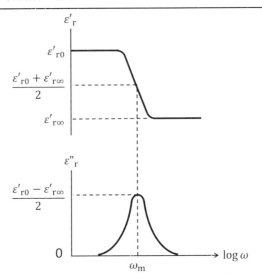

〔図 3.9〕デバイの理論による複素誘電率の周波数特性

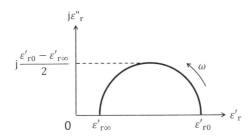

〔図 3.10〕複素平面上におけるデバイの式のプロット

デバイの式

$$\varepsilon_r = \varepsilon'_{r\infty} + \frac{\varepsilon'_{r0} - \varepsilon'_{r\infty}}{1 + j\omega\tau_0} \quad \cdots\cdots\cdots\cdots\cdots\cdots\cdots\cdots\cdots\cdots \quad (3.26)$$

デバイの式から求まる複素比誘電率の実部および虚部

$$\varepsilon'_r = \varepsilon'_{r\infty} + \frac{\varepsilon'_{r0} - \varepsilon'_{r\infty}}{1 + \omega^2 \tau_0^2}, \qquad \varepsilon''_r = \frac{(\varepsilon'_{r0} - \varepsilon'_{r\infty})\omega\tau_0}{1 + \omega^2 \tau_0^2} \quad \cdots (3.27)$$

複素比誘電率の虚部 ε''_r が極大となる角周波数 ω_m

$$\omega_m = \frac{1}{\tau_0} \quad \cdots\cdots\cdots\cdots\cdots\cdots\cdots\cdots\cdots (3.28)$$

角周波数 ω_m における複素比誘電率 ε_{rm}

$$\varepsilon_{rm} = \varepsilon'_{rm} + j\varepsilon''_{rm} = \frac{\varepsilon'_{r0} + \varepsilon'_{r\infty}}{2} + j\frac{\varepsilon'_{r0} - \varepsilon'_{r\infty}}{2} \quad \cdots\cdots (3.29)$$

緩和時間

$$\tau = \frac{\varepsilon'_{r\infty} + 2}{\varepsilon'_{r0} + 2}\tau_0 \quad \cdots\cdots\cdots\cdots\cdots\cdots\cdots\cdots (3.30)$$

3-7節で示した $\delta = \omega T_D$ という関係性において、時間差 T_D を媒質固有の定数とみなせば、誘電正接は周波数特性をもつことが予想される。しかし、現実の媒質において $\delta = \omega T_D$ という関係性のみで議論することは乱暴である。ここでは、マイクロ波帯において誘電率を決定する物理要因である双極子分極（配向分極）と呼ばれる誘電分極に対してデバイ（Debye）が提唱した理論[3]に基づく複素誘電率について説明する。

電気的に極性を持つ分子（有極性分子）が分散している媒質に対して電界が印加されると分極が発生するが、例えば液体や気体等の比較的分子が自由に運動できる媒質であれば、分子の回転によって分極が形成される。このとき、分子の運動には衝突等の何らかの抵抗があるため、印加電界に対する分極の発生には時間遅れが存在する。また、分子の運動に制約のある固体媒質であっても、平衡状態からの遷移には何らかの抵抗があるため、やはり時間遅れをもって分極が発生する。デバイの理論

は、このような前提をもとにして時間的に変化する電界が印加されるときの誘電分極現象を定式化したものである。

式 (3.26) はデバイが提唱した誘電率の周波数特性の式であり、デバイの式と呼ばれる。ここで ε'_{r0} は $\omega=0$ のときの比誘電率、$\varepsilon'_{r\infty}$ は $\omega \to \infty$ のときの比誘電率であり、この2つの周波数では式 (3.26) より比誘電率が実数となることから ε'_{r0} および $\varepsilon'_{r\infty}$ として表示する。また、τ_0 は時間に相当する定数である。ここで式 (3.26) を整理すると、複素比誘電率の実部 ε'_r および虚部 ε''_r は式 (3.27) で表される。ここで、ε''_r が極大となるのは $\omega\tau_0=1$ のときであり、このときの角周波数を ω_m とすると式 (3.28) に示すように ω_m は τ_0 の逆数となる。また上式に $\omega_m\tau_0=1$ を代入することで、角周波数 ω_m のときの複素比誘電率 ε_{rm} が式 (3.29) で得られる。図3.9は横軸を ω の対数、縦軸を ε'_r および ε''_r としたときのデバイの式における比誘電率の周波数特性である。ε'_r は十分低い角周波数では ε'_{r0} をもち、$\omega=\omega_m$ の手前から急激に減少する。$\omega=\omega_m$ を過ぎると ε'_r の減少度合いが緩くなり、角周波数が十分高くなると ε'_r は $\varepsilon'_{r\infty}$ に収束する。一方、ε''_r は十分低い角周波数では 0 であり、$\omega=\omega_m$ の手前から急激に増加し、$\omega=\omega_m$ で ε''_r は極大値をとる。$\omega=\omega_m$ を過ぎると ε''_r は再び減少し、角周波数が十分高くなると 0 に収束する。

またデバイの式を横軸 ε'_r、縦軸 $j\varepsilon''_r$ の複素平面上にとると、複素比誘電率の周波数特性は図3.10に示すように極めて特徴的な図となる。すなわち、デバイの式は実軸上の ε'_{r0} から $\varepsilon'_{r\infty}$ までの距離を直径とし、$(\varepsilon'_{r0}-\varepsilon'_{r\infty})/2$ を半径とする半円となる。

ここで、誘電特性を表す重要な指標として緩和時間 τ を導入する。緩和時間とは一般的には系が非平衡状態から平衡状態に変化する際に目安となる時間であり、双極子分極における緩和時間は式 (3.30) で表される。τ の理論的導出は文献[3]に譲るが、τ を求めることによって電界に対する媒質の応答性を知ることができる。τ を得るためには、3つの定数 ε'_{r0}、$\varepsilon'_{r\infty}$、ω_m を求める必要がある。実測において $\omega=0$ に関しては十分周波数の低い交流電界を媒質に印加したときの測定結果で代用

できる場合もあるが、$\omega \rightarrow \infty$のときの比誘電率や$\omega_m$を実測するには高周波計測技術が必要であり困難な場合が多い。よって、デバイの理論を前提として図3.10に示す半円に誘電率測定結果をフィッティングすることで、簡便的ではあるが緩和時間を推定することができる。

3-9 コール―コールの円弧則

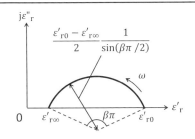

〔図3.11〕コール―コールの円弧則

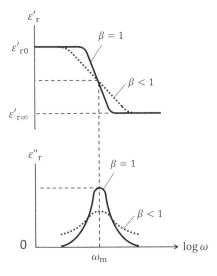

〔図3.12〕コール―コールの円弧則による誘電率の広がり

> 第3章　媒質の電気定数

コール-コールの円弧則による複素比誘電率

$$\varepsilon_\mathrm{r} = \varepsilon'_\mathrm{r\infty} + \frac{\varepsilon'_\mathrm{r0} - \varepsilon'_\mathrm{r\infty}}{1+(j\omega\tau_0)^\beta} \qquad (0 \leq \beta \leq 1) \quad \cdots\cdots\cdots (3.31)$$

コール-コールの円弧則から求まる複素比誘電率の実部

$$\varepsilon'_\mathrm{r} = \varepsilon'_\mathrm{r\infty} + \frac{\varepsilon'_\mathrm{r0} - \varepsilon'_\mathrm{r\infty}}{2}\left\{1 - \frac{\sinh\beta x}{\cosh\beta x + \cos(\beta x/2)}\right\} \quad (x=\ln\omega\tau_0) \,(3.32)$$

コール-コールの円弧則から求まる複素比誘電率の虚部

$$\varepsilon''_\mathrm{r} = \frac{\varepsilon'_\mathrm{r0} - \varepsilon'_\mathrm{r\infty}}{2}\frac{\sinh\beta x}{\cosh\beta x + \cos(\beta x/2)} \quad \cdots\cdots\cdots\cdots (3.33)$$

　デバイの式は有極性媒質に対する複素比誘電率を理論的に求めたものであるが、実測において複素平面上に複素比誘電率をプロットすると、多くの場合は図3.10のような半円ではなく図3.11のような円弧になる。この円弧に対する経験則がコール（K. S. Cole）およびコール（R. H. Cole）によって導かれた。この経験則をコール-コールの円弧則と呼び、実際の有極性媒質はコール-コールの円弧則に従うものが多い。

　コール-コールの円弧則によると、複素比誘電率は式 (3.31) で与えることができる。ここで β は $0 \leq \beta \leq 1$ の定数であり、緩和時間の分布の程度を表す。緩和時間を一つしかもたない媒質では $\beta=1$ となり、式(3.26)に示したデバイの式と一致する。緩和時間の分布が広がる場合には $\beta<1$ となり、図3.12に示すように複素比誘電率の実部 ε'_r と虚部 ε''_r はともに周波数に対して広がりをもつようになる。β は液体の有極性媒質の場合には 0.6〜0.9 程度、高分子固体の場合には 0.3〜0.6 程度の値をとるものが多い[3]。また、τ_0 を平均緩和時間と呼ぶ。

　式 (3.31) から ε'_r および ε''_r を求めると、式 (3.32) および式 (3.33) が得られる。これらの式を複素平面上にプロットしたものが図3.11の円弧であり、ε'_r0 から $\varepsilon'_\mathrm{r\infty}$ までの円弧に対する円の中心でのなす角は

$\beta\pi$ となる。また ε''_r が極大となる周波数 ω_m は $\beta(>0)$ に関係なく $\omega_m \tau_0 = 1$ のときである。

なお、式 (3.32) および式 (3.33) 中の sinh, cosh は双曲線関数と呼ばれ、次式で定義される。

$$\sinh x \equiv \frac{e^x - e^{-x}}{2}, \quad \cosh x \equiv \frac{e^x + e^{-x}}{2}$$

また、ln は自然対数の底 e に対する対数であり、次式で定義される。

$$\ln x \equiv \log_e x$$

3-10 デビッドソン−コールの経験則

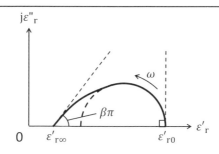

〔図3.13〕デビッドソン−コールの経験則

デビッドソン−コールの経験則による複素比誘電率の実部

$$\varepsilon'_r = \varepsilon'_{r\infty} + \frac{(\varepsilon'_{r0} - \varepsilon'_{r\infty})\cos\theta}{(1+\omega^2\tau_0^2)^{\beta/2}} \quad (\theta = \beta\tan^{-1}\omega\tau_0) \cdots (3.34)$$

デビッドソン−コールの経験則による複素比誘電率の虚部

$$\varepsilon''_r = \frac{(\varepsilon'_{r0} - \varepsilon'_{r\infty})\sin\theta}{(1+\omega^2\tau_0^2)^{\beta/2}} \quad \cdots\cdots\cdots\cdots\cdots\cdots\cdots (3.35)$$

ε''_r が極大となる角周波数 ω_m

$$\beta\tan^{-1}\omega_m\tau_0 = \tan^{-1}\frac{1}{\omega_m\tau_0} \quad \cdots\cdots\cdots\cdots\cdots\cdots (3.36)$$

　媒質が低温の液体の場合、複素比誘電率が図3.13に示すように円弧則からずれることがある。この現象に対して、デビッドソン（Davidson）およびコールが実験に基づく経験則を導いた。これがデビッドソン−コールの経験則である[3]。

　デビッドソン−コールの経験則によると、複素比誘電率の実部 ε'_r および虚部 ε''_r は式 (3.34) および式 (3.35) として導かれる。ここで ε''_r が極大となる角周波数 ω_m は、式 (3.36) の根として求められる。すな

わち、デビッドソン－コールの経験則において ω_m は β によって変化し、β が小さくなるにつれて $1/\tau_0$ より少しずつ高周波側にずれる。

　以上のように、複素誘電率は媒質の特徴によって様々な周波数依存性を示す。さらに複素誘電率は温度によっても変化することが知られており、有極性媒質を用いてマイクロ波装置を設計する際には、複素誘電率特性の把握は極めて重要である。

参考文献
[1] 国立天文台編、平成 25 年理科年表、丸善出版、2012
[2] 卯本重郎、電磁気学、昭晃堂、1975
[3] 電気学会、誘電体現象論、オーム社、第 2 章、1973
[4] 川端昭、電子材料・部品と計測、コロナ社、第 6 章、1982
[5] 柴田長吉郎、工業用マイクロ波応用技術、電気書院、序章、1986

第4章　電磁波伝搬の基礎

本章では、電磁波伝搬の基礎について記す。電磁波伝搬を司るマクスウェル方程式の導出に必要となる諸法則について記し、マクスウェル方程式から得られる平面波について述べる。また、平面波における偏波やポインティングベクトル、および電磁波の反射・透過・屈折について記す。最後に媒質に電磁波が入射される際の媒質での電磁波吸収について述べる。

4-1 ガウスの法則

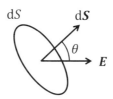

〔図 4.1〕電気力線束

電気力線束

$$\mathrm{d}N \equiv \boldsymbol{E} \cdot \mathrm{d}\boldsymbol{S} = E\mathrm{d}S\cos\theta \quad \cdots\cdots\cdots\cdots\cdots\cdots\cdots\cdots\cdots \quad (4.1)$$

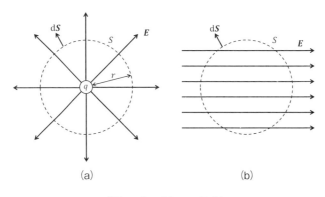

〔図 4.2〕ガウスの法則

電荷 q から球面外に出る電気力線の総数 N（ガウスの法則）

$$N = \int_S \boldsymbol{E} \cdot \mathrm{d}\boldsymbol{S} = 4\pi r^2 E = \frac{q}{\varepsilon_0} \quad \cdots\cdots (4.2)$$

体積電荷密度 ρ におけるガウスの法則の微分形（図4.2 (a)）

$$\nabla \cdot \boldsymbol{E} = \frac{\rho}{\varepsilon_0}, \quad \nabla \cdot \boldsymbol{D} = \rho \quad \cdots\cdots (4.3)$$

体積内に電荷がないときのガウスの法則の微分形（図4.2 (b)）

$$\nabla \cdot \boldsymbol{E} = 0, \quad \nabla \cdot \boldsymbol{D} = 0 \quad \cdots\cdots (4.4)$$

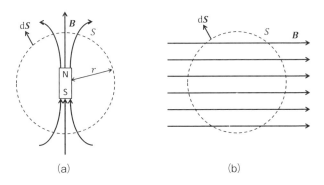

〔図4.3〕磁界（磁束密度）に対するガウスの法則

磁界に対するガウスの法則の微分形

$$\nabla \cdot \boldsymbol{H} = 0, \quad \nabla \cdot \boldsymbol{B} = 0 \quad \cdots\cdots (4.5)$$

【変数および単位系】
　N：電気力線の総数（単位：V・m）

　図4.1に示すような任意の微小面 $\mathrm{d}S$ を貫く電界 $\boldsymbol{E}$ について、微小面に対する法線ベクトルを $\mathrm{d}\boldsymbol{S}$ としたとき、電気力線束 $\mathrm{d}N$ を式 (4.1) に示すような $\boldsymbol{E}$ と $\mathrm{d}\boldsymbol{S}$ の内積で定義する。電気力線束とは文字通り電気力線

の束のことであるが、電気力線そのものは電気の力を視覚的に見せるための物理的意味をもたない仮想的な線である。

ここで、図 4.2 (a) に示すように真空中に電荷 $q(>0)$ を中心においたときの半径 r での球面 S について考える。S 外に出る電気力線の総数 N は、式 (4.1) を全球面に渡って面積分すれば良いことから、式 (4.2) が導かれる。式 (4.2) の右辺は、2-2 節の式 (2.5) に示した電界の式を代入することで得られる。ここでは S を球面として考えたが、S を任意の閉曲面としても一般性は失われない。また電荷 q が S 内に複数存在した場合でも、各々の電荷に対する電界のベクトル和を $\boldsymbol{E}$ とすれば式 (4.2) そのものは変化がない。

一方、図 4.2 (b) に示すように電荷が球面 S 内になく、電界 $\boldsymbol{E}$ が S の外から入ってくる場合、あるいは電荷が S の外に存在する場合について考える。このとき、$\boldsymbol{E}$ は S 内に留まることができないから、必ず S 外に出ていくことになる。よって、S 外に出る電気力線の総数と S 内に入る電気力線の総数（この電気力線は符号が逆になる）が等しくなるので、$N=0$ が得られる。また、S 内に電荷は存在しないから式 (4.2) の右辺は $q=0$ である。したがって、式 (4.2) は S 内に電荷が存在しない場合にも成立する。

以上より、式 (4.2) の意味するところは、「任意の閉曲面 S から外に出る電気力線の総数は、その閉曲面内にある電荷の和 q の $1/\varepsilon_0$ 倍となり、かつそれは S 外にある電荷には関係しない」ということになる。これをガウス（Gauss）の定理またはガウスの線束定理と呼ぶ。

ここで、より一般性をもたせるために、電荷の総和 q を閉曲面 S に満たされた体積 v 内の体積電荷密度 ρ で規定する。このとき q は体積 v における ρ の体積積分から求められる。一方で、式 (4.2) についてガウスの発散定理により（付録 A の式 (A.47)）面積積分を体積積分に変換すると、式 (4.2) は次式に示すように書き換えらえる。

$$\int_S \boldsymbol{E} \cdot \mathrm{d}\boldsymbol{S} = \int_v \boldsymbol{\nabla} \cdot \boldsymbol{E} \mathrm{d}v = \int_v \frac{\rho}{\varepsilon_0} \mathrm{d}v$$

上式は任意の体積 v に対する恒等式であるから、最終的に式 (4.3) が得られる。これは体積 v 内に体積電荷密度 ρ が存在するときのガウスの定理の微分形である。体積 v 内に電荷が存在しないときのガウスの定理の微分形は、式 (4.3) の右辺を 0 にすることで、式 (4.4) となる。また、ガウスの定理は電束密度 $\boldsymbol{D} = \varepsilon_0 \boldsymbol{E}$ を用いても同様に表すことができる。$\boldsymbol{D}$ を用いる場合、式 (4.3) から誘電率を削除できるから、誘電率 ε をもつ一般的な媒質であってもガウスの定理が成立する。

　ガウスの定理は電界だけではなく磁界に対しても適用することができる。図 4.3 (a) は真空中に微小磁石を置いたときの球面 S を貫く磁束密度の様子である。ここで、微小磁石の場合は N 極と S 極が存在するため、N 極を出発した磁束密度は必ず S 極に戻ることになる。よって S 外に出る磁力線の総数と S 内に入る磁力線の総数（この磁力線は符号が逆になる）が等しくなる。また、図 4.3 (b) のように球面 S 内に磁石がない場合には、電界のときと同様に S 外に出る磁力線の総数と S 内に入る磁力線の総数が等しくなる。つまり磁界に対するガウスの定理は体積内に磁石があろうとなかろうと同じであり、ガウスの定理の微分形は式 (4.5) で表すことができる。

4-2 ファラデーの電磁誘導の法則

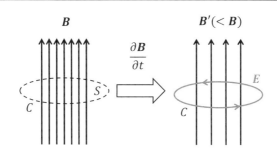

〔図 4.4〕ファラデーの電磁誘導の法則

誘導起電力

$$e = -\frac{d\Phi}{dt} \quad \cdots\cdots\cdots\cdots\cdots\cdots\cdots\cdots\cdots\cdots\cdots\cdots\cdots\cdots \quad (4.6)$$

ファラデーの電磁誘導の法則

$$-\int_S \frac{\partial \boldsymbol{B}}{\partial t} \cdot d\boldsymbol{S} = \oint_C \boldsymbol{E} \cdot d\boldsymbol{s} \quad \cdots\cdots\cdots\cdots\cdots\cdots\cdots \quad (4.7)$$

ファラデーの電磁誘導の法則の微分形

$$\nabla \times \boldsymbol{E} = -\frac{\partial \boldsymbol{B}}{\partial t} \quad \cdots\cdots\cdots\cdots\cdots\cdots\cdots\cdots\cdots\cdots\cdots \quad (4.8)$$

【変数および単位系】
- e：誘導起電力（単位：V）
- Φ：鎖交磁束数（単位：Wb）

2-5 節で述べたアンペールの法則では、電流が流れることにより磁界が電流の周辺に発生することを示した。このアンペールの法則と双対的な関係として、ファラデー（Faraday）は「ある回路（例えば円形のコイル）を通り抜ける磁束に時間的変化を与えると、コイル内に起電力が発

▷第 4 章　電磁波伝搬の基礎

生する」ことを発見した。このように、磁束の時間変化によって起電力が誘導される現象を電磁誘導と呼ぶ。その後、レンツ（Lenz）は「回路を通り抜ける磁束が変化するときは、その変化を妨げるような方向に電流を流そうとする起電力が誘導される」ことを見出した。これをレンツの法則と呼ぶ。さらにノイマン（Neumann）は「ある回路に誘導される起電力は、その回路の鎖交磁束数が時間的に変化する割合に等しい」という定量的表現を見出した。これを、ファラデーの電磁誘導の法則、あるいはファラデー・ノイマンの電磁誘導の法則と呼ぶ。ファラデーの電磁誘導の法則を式で表すと式 (4.6) となる。ただし e は誘導起電力であり、Φ は鎖交磁束数である。ここで式 (4.6) の右辺にある負の符号は、誘導起電力が磁束変化を「妨げる」方向に発生することを表すための符号である。

いま、図 4.4 に示すように任意の平面を貫く磁束密度 $\boldsymbol{B}$ を考える。このとき Φ は

$$\Phi \equiv \int_S \boldsymbol{B} \cdot \mathrm{d}\boldsymbol{S}$$

で定義される。ここで、時間変化によって $\boldsymbol{B}$ が $\boldsymbol{B}'$ に変化したとき、面 S の外周に相当する閉路 C には誘導起電力 e が発生する。この e は、閉路に発生する電界 $\boldsymbol{E}$ を閉路上で積分することで求まるから

$$e = \oint_C \boldsymbol{E} \cdot \mathrm{d}\boldsymbol{s}$$

となる。よって式 (4.6) に Φ と e を代入すると、式 (4.7) に示すファラデーの電磁誘導の法則が得られる。

さらに、式 (4.7) に対してストークスの定理（付録 A の式 (A.46)）を用いて周回積分を面積積分に変換すると、

$$-\int_S \frac{\partial \boldsymbol{B}}{\partial t} \cdot \mathrm{d}\boldsymbol{S} = \oint_C \boldsymbol{E} \cdot \mathrm{d}\boldsymbol{s} = \int_S (\nabla \times \boldsymbol{E}) \cdot \mathrm{d}\boldsymbol{S}$$

となる。この式は任意の面における恒等式であるから、最終的にファラデーの電磁誘導の法則の微分形として式(4.8)が得られる。

4-3 変位電流

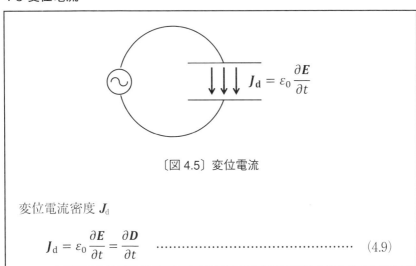

〔図 4.5〕変位電流

変位電流密度 J_d

$$J_d = \varepsilon_0 \frac{\partial E}{\partial t} = \frac{\partial D}{\partial t} \quad \cdots\cdots\cdots\cdots\cdots\cdots\cdots\cdots\cdots\cdots\cdots\cdots\cdots\cdots (4.9)$$

図4.5に示すような平行平板電極に交流電源（電圧が正弦波的に変化する電源）を接続すると、平行平板電極の上板に正電荷が集まり下板に負電荷が集まる場合と、逆に上板に負電荷が集まり下板に正電荷が集まる場合が時間的に交互に発生する。このとき平行平板電極間の電荷量が時間的に変化するため、2-5節で示した式(2.19)の電流の式から想像すると、平行平板電極間にはあたかも電流が流れているようにみえる。この仮想的な電流を変位電流と呼び、電流密度 J_d で表す。この J_d は、平行平板電極間の電界 E の時間変化と平行平板電極間の誘電率（ここでは真空のため ε_0）との積で表すことができる[1]。ゆえに、変位電流は式(4.9)で与えられる。

マクスウェル（Maxwell）は、アンペールの法則における電流と同様にこの変位電流によっても磁界が発生することを主張した。この変位電流の発見により、次節に示すマクスウェル方程式が誕生した。

4-4 マクスウェル方程式

マクスウェル方程式

$$\nabla \times \boldsymbol{E} = -\frac{\partial \boldsymbol{B}}{\partial t} \quad \cdots\cdots\cdots\cdots\cdots\cdots\cdots\cdots\cdots\cdots\cdots\cdots\cdots\cdots\cdots\cdots (4.10)$$

$$\nabla \times \boldsymbol{H} = \frac{\partial \boldsymbol{D}}{\partial t} + \boldsymbol{J} \quad \cdots\cdots\cdots\cdots\cdots\cdots\cdots\cdots\cdots\cdots\cdots\cdots\cdots (4.11)$$

$$\nabla \cdot \boldsymbol{D} = \rho \quad \cdots\cdots\cdots\cdots\cdots\cdots\cdots\cdots\cdots\cdots\cdots\cdots\cdots\cdots\cdots\cdots\cdots (4.12)$$

$$\nabla \cdot \boldsymbol{B} = 0 \quad \cdots\cdots\cdots\cdots\cdots\cdots\cdots\cdots\cdots\cdots\cdots\cdots\cdots\cdots\cdots\cdots\cdots (4.13)$$

電界 $\boldsymbol{E}$ と磁界 $\boldsymbol{H}$ のみによるマクスウェル方程式の表現

$$\nabla \times \boldsymbol{E} = -\mu \frac{\partial \boldsymbol{H}}{\partial t} \quad \cdots\cdots\cdots\cdots\cdots\cdots\cdots\cdots\cdots\cdots\cdots\cdots\cdots\cdots (4.14)$$

$$\nabla \times \boldsymbol{H} = \varepsilon \frac{\partial \boldsymbol{E}}{\partial t} + \sigma \boldsymbol{E} \quad \cdots\cdots\cdots\cdots\cdots\cdots\cdots\cdots\cdots\cdots\cdots (4.15)$$

$$\nabla \cdot \boldsymbol{E} = \rho/\varepsilon \quad \cdots\cdots\cdots\cdots\cdots\cdots\cdots\cdots\cdots\cdots\cdots\cdots\cdots\cdots\cdots (4.16)$$

$$\nabla \cdot \boldsymbol{H} = 0 \quad \cdots\cdots\cdots\cdots\cdots\cdots\cdots\cdots\cdots\cdots\cdots\cdots\cdots\cdots\cdots\cdots (4.17)$$

電界と磁界が正弦波（$e^{j\omega t}$）で表される場合

$$\nabla \times \boldsymbol{E} = -j\omega\mu\boldsymbol{H} \quad \cdots\cdots\cdots\cdots\cdots\cdots\cdots\cdots\cdots\cdots\cdots\cdots (4.18)$$

$$\nabla \times \boldsymbol{H} = (j\omega\varepsilon + \sigma)\boldsymbol{E} \quad \cdots\cdots\cdots\cdots\cdots\cdots\cdots\cdots\cdots (4.19)$$

　マクスウェル方程式は、1864年にマクスウェルが4-1節から4-3節までに述べた各法則を体系的にまとめたものであり、電磁波伝搬の基礎方程式となる。式 (4.10) はファラデーの電磁誘導の法則の微分形そのものであり、電界の空間変化と磁界の時間変化を結びつける。式 (4.11) はアンペールの法則にマクスウェルの変位電流を加えたものであり、アンペール・マスクウェルの法則と呼ばれる。この変位電流項が加わることにより、磁界の空間変化と電界の時間変化を結びつけることができるため、マクスウェルは電界と磁界が相互作用により空間中を伝搬するこ

と、つまり電磁波の存在を予言し、また光も電磁波であることを提唱した。後の 1888 年にはヘルツ (Hertz) が実験的に電磁波の存在を確認した。式 (4.12) は電界に対するガウスの法則であり、ρ は空間中の電荷密度を表す。空間に電荷がない場合は $\rho=0$ である。式 (4.13) は磁界に対するガウスの法則であり、磁界の場合は空間中に磁石があろうとなかろうと右辺は 0 となる。

ここで、式 (4.11) の両辺の発散をとると

$$\nabla \cdot (\nabla \times \boldsymbol{H}) = \nabla \cdot \left(\frac{\partial \boldsymbol{D}}{\partial t} + \boldsymbol{J} \right) = \nabla \cdot \frac{\partial \boldsymbol{D}}{\partial t} + \nabla \cdot \boldsymbol{J}$$

となる。上式の左辺はベクトル公式 (付録 A の式 (A.44)) により 0 となる。右辺第 2 項に、2-7 節の式 (2.26) に示した電荷の連続式を代入すると

$$\nabla \cdot \frac{\partial \boldsymbol{D}}{\partial t} - \frac{\partial \rho}{\partial t} = \frac{\partial}{\partial t}(\nabla \cdot \boldsymbol{D} - \rho) = 0$$

となることから、式 (4.12) を導くことができる。同様にして式 (4.13) も式 (4.10) から導かれることから、式 (4.12) と式 (4.13) は式 (4.10) と式 (4.11) に対して独立な式ではない。このため、式 (4.12) と式 (4.13) をマクスウェルの補助方程式と呼ぶことがある。以降の電磁波伝搬についても、基本的には式 (4.10) と式 (4.11) を用いて議論することがほとんどである。

式 (4.10) ~ 式 (4.13) に示したマクスウェル方程式には電磁界に対して $\boldsymbol{E}$, $\boldsymbol{D}$, $\boldsymbol{H}$, $\boldsymbol{B}$ の 4 つの変数が用いられるため、これを簡便化するために第 3 章で示した媒質の透磁率 μ、誘電率 ε、導電率 σ を導入する。マクスウェル方程式に式 (3.1)、式 (3.5)、式 (3.10) を代入することにより、式 (4.14) ~ 式 (4.17) が得られ、電磁界に対して $\boldsymbol{E}$ と $\boldsymbol{H}$ の 2 変数でマクスウェル方程式を表すことができる。

さらに、電界および磁界が正弦波である場合には $\boldsymbol{E} = \tilde{\boldsymbol{E}} e^{j\omega t}$ および $\boldsymbol{H} = \tilde{\boldsymbol{H}} e^{j\omega t}$ と表すことができる。ここで $\tilde{\boldsymbol{E}}$ および $\tilde{\boldsymbol{H}}$ は電界および磁界の複素振幅成分である。この $\tilde{\boldsymbol{E}}$ と $\tilde{\boldsymbol{H}}$ を改めて $\boldsymbol{E}$ および $\boldsymbol{H}$ で記述すると、式 (4.14) と式 (4.15) に $\partial/\partial t = j\omega$ を代入することによって式 (4.18) と式 (4.19) が得られる。

▷第4章　電磁波伝搬の基礎

4-5 ヘルムホルツ方程式

> ヘルムホルツ方程式
> $$\nabla^2 E = (j\omega\mu\sigma - \omega^2\varepsilon\mu)E = \gamma^2 E, \qquad \nabla^2 H = \gamma^2 H \quad \cdots (4.20)$$
>
> 伝搬定数
> $$\gamma \equiv \sqrt{j\omega\mu(j\omega\varepsilon + \sigma)} = \sqrt{j\omega\mu\sigma - \omega^2\varepsilon\mu} \equiv \alpha + j\beta \quad \cdots\cdots (4.21)$$
>
> 【変数および単位系】
> γ：伝搬定数（単位：m^{-1}）
> α：減衰定数（単位：m^{-1}）
> β：位相定数（単位：m^{-1}）

　式 (4.18) の両辺に対してベクトルの回転をとり、ベクトル公式（付録Aの式 (A.45)）を用いると

$$\nabla \times (\nabla \times E) = \nabla(\nabla \cdot E) - \nabla^2 E = -j\omega\mu\nabla \times H$$

となる。空間に電荷がない場合（$\rho=0$ の場合）、上式に式 (4.16) および式 (4.19) を代入すると

$$-\nabla^2 E = -j\omega\mu(j\omega\varepsilon + \sigma)E = -(j\omega\mu\sigma - \omega^2\varepsilon\mu)E$$

となり、

$$\gamma^2 = j\omega\mu\sigma - \omega^2\varepsilon\mu$$

とおくことで式 (4.20) が得られる。式 (4.20) のことをヘルムホルツ方程式と呼ぶ。また、磁界 H に対しても式 (4.19) から同様の手順で、電界 E と全く同形のヘルムホルツ方程式が得られる。
　定数 γ のことを伝搬定数と呼び、式 (4.21) で定義する。伝搬定数は電磁波伝搬を表すための極めて重要な定数であり、一般的には複素数で与えられる。γ を複素数 $\alpha+j\beta$ に分解したとき、α を減衰定数、β を位相定数と呼ぶが、それぞれの定数の物理的意味は 4-7 節で記す。

4-6 直交座標系でのマクスウェル方程式・ヘルムホルツ方程式

直交座標系でのマクスウェル方程式（式 (4.18)、式 (4.19)）

$$\frac{\partial E_z}{\partial y} - \frac{\partial E_y}{\partial z} = -j\omega\mu H_x \quad \cdots\cdots (4.22)$$

$$\frac{\partial E_x}{\partial z} - \frac{\partial E_z}{\partial x} = -j\omega\mu H_y \quad \cdots\cdots (4.23)$$

$$\frac{\partial E_y}{\partial x} - \frac{\partial E_x}{\partial y} = -j\omega\mu H_z \quad \cdots\cdots (4.24)$$

$$\frac{\partial H_z}{\partial y} - \frac{\partial H_y}{\partial z} = (j\omega\varepsilon + \sigma)E_x \quad \cdots\cdots (4.25)$$

$$\frac{\partial H_x}{\partial z} - \frac{\partial H_z}{\partial x} = (j\omega\varepsilon + \sigma)E_y \quad \cdots\cdots (4.26)$$

$$\frac{\partial H_y}{\partial x} - \frac{\partial H_x}{\partial y} = (j\omega\varepsilon + \sigma)E_z \quad \cdots\cdots (4.27)$$

直交座標系でのヘルムホルツ方程式（式 (4.20)）

$$\frac{\partial^2 E_x}{\partial x^2} + \frac{\partial^2 E_x}{\partial y^2} + \frac{\partial^2 E_x}{\partial z^2} = \gamma^2 E_x \quad \cdots\cdots (4.28)$$

$$\frac{\partial^2 E_y}{\partial x^2} + \frac{\partial^2 E_y}{\partial y^2} + \frac{\partial^2 E_y}{\partial z^2} = \gamma^2 E_y \quad \cdots\cdots (4.29)$$

$$\frac{\partial^2 E_z}{\partial x^2} + \frac{\partial^2 E_z}{\partial y^2} + \frac{\partial^2 E_z}{\partial z^2} = \gamma^2 E_z \quad \cdots\cdots (4.30)$$

$$\frac{\partial^2 H_x}{\partial x^2} + \frac{\partial^2 H_x}{\partial y^2} + \frac{\partial^2 H_x}{\partial z^2} = \gamma^2 H_x \quad \cdots\cdots (4.31)$$

$$\frac{\partial^2 H_y}{\partial x^2} + \frac{\partial^2 H_y}{\partial y^2} + \frac{\partial^2 H_y}{\partial z^2} = \gamma^2 H_y \quad \cdots\cdots (4.32)$$

$$\frac{\partial^2 H_z}{\partial x^2} + \frac{\partial^2 H_z}{\partial y^2} + \frac{\partial^2 H_z}{\partial z^2} = \gamma^2 H_z \quad \cdots\cdots (4.33)$$

　実際にマクスウェル方程式やヘルムホルツ方程式を用いて電磁波伝搬を解析する際には、直交座標系 (x,y,z) での伝搬を解き進めることが多い。

よって、式 (4.18)、式 (4.19) に示したマクスウェル方程式、および式 (4.20) に示したヘルムホルツ方程式を直交座標系に書き直したものを式 (4.22)〜式 (4.33) に示す。

4-7 平面波

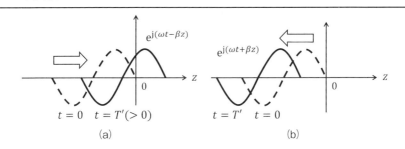

〔図 4.6〕前進波 (a) と後進波 (b)

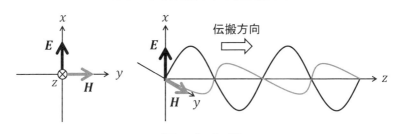

〔図 4.7〕平面波

無損失媒質 ($\sigma=0$) を伝搬する平面波に対するマクスウェル方程式

$$E_z = 0, \quad H_z = 0 \quad \cdots\cdots\cdots\cdots\cdots\cdots\cdots\cdots\cdots\cdots (4.34)$$

$$\frac{dE_x}{dz} = -j\omega\mu H_y, \quad -\frac{dH_y}{dz} = j\omega\varepsilon E_x \quad \cdots\cdots\cdots\cdots (4.35)$$

$$\frac{dE_y}{dz} = j\omega\mu H_x, \quad \frac{dH_x}{dz} = j\omega\varepsilon E_y \quad \cdots\cdots\cdots\cdots (4.36)$$

E_x 成分に対する微分方程式

$$\frac{d^2 E_x}{dz^2} = -\omega^2 \varepsilon\mu E_x \quad \cdots\cdots\cdots\cdots\cdots\cdots\cdots\cdots\cdots (4.37)$$

E_x 成分に対する微分方程式の一般解（A、B は定数）

$$E_x = A e^{j(\omega t - \beta z)} + B e^{j(\omega t + \beta z)} \quad \cdots\cdots\cdots\cdots\cdots\cdots (4.38)$$

H_y 成分に対する一般解

$$H_y = \frac{\sqrt{\varepsilon}}{\sqrt{\mu}} \left(A e^{j(\omega t - \beta z)} - B e^{j(\omega t + \beta z)} \right) \quad \cdots\cdots\cdots\cdots (4.39)$$

無損失媒質における位相定数

$$\beta = \omega \sqrt{\varepsilon} \sqrt{\mu} \quad \cdots\cdots\cdots\cdots\cdots\cdots\cdots\cdots\cdots\cdots (4.40)$$

波動インピーダンス

$$\zeta = \frac{E_x}{H_y} = \frac{\sqrt{\mu}}{\sqrt{\varepsilon}} \quad \cdots\cdots\cdots\cdots\cdots\cdots\cdots\cdots\cdots (4.41)$$

真空中における波動インピーダンス

$$\zeta_0 = \sqrt{\frac{\mu_0}{\varepsilon_0}} = \mu_0 c \approx 120\pi \ \Omega \ \approx 377 \ \Omega \quad \cdots\cdots\cdots\cdots (4.42)$$

真空中における平面波の位相定数

$$\beta_0 = \omega \sqrt{\varepsilon_0 \mu_0} = \omega / c \quad \cdots\cdots\cdots\cdots\cdots\cdots\cdots (4.43)$$

位相速度

$$v_p \equiv \frac{\omega}{\beta} \quad \cdots\cdots\cdots\cdots\cdots\cdots\cdots\cdots\cdots\cdots\cdots (4.44)$$

真空中における平面波の位相速度

$$v_{p0} = \omega / \beta_0 = 1 / \sqrt{\varepsilon_0 \mu_0} = c \quad \cdots\cdots\cdots\cdots\cdots (4.45)$$

【変数および単位系】
　　ζ、ζ_0：波動インピーダンス（単位：Ω）
　　v_p：位相速度（単位：m/s）

▷第4章 電磁波伝搬の基礎

　本節では、電磁波伝搬の最も簡単な場合である平面波の伝搬について述べる。平面波とは、伝搬方向には電磁界成分をもたず、伝搬方向と垂直な平面上では一様な電磁界成分をもつ電磁波のことである。一般的に、電磁波が媒質中を伝搬する際には波源から離れるにしたがって電磁波が空間に広がる性質をもつ。このとき、波源から十分遠方の空間であれば電磁波の広がりを無視することができ、あたかも伝搬方向と垂直な平面上のみに電磁界成分をもつような電磁波が伝搬する。よって、平面波は波源から十分遠方における電磁波のことである。

　直交座標系 (x,y,z) において、平面波の伝搬方向を z 方向とし、媒質の導電率を $\sigma=0$ とする。平面波の定義より z 方向には電磁界成分をもたないから、式 (4.34) が得られる。また、伝搬方向と垂直な平面上では一様な電磁界成分をもつことは、x 方向および y 方向には電磁界が変化しないことと等価であるから、$\partial/\partial x=0$ および $\partial/\partial y=0$ である。これらを式 (4.22)〜式 (4.27) のマクスウェル方程式に代入すると、式 (4.35) に示す E_x 成分と H_y 成分の式、および式 (4.36) に示す E_y 成分と H_x 成分の式が得られる。式 (4.35) と式 (4.36) はそれぞれ独立した式であるから、まず式 (4.35) について一般解を求めることとする。

　式 (4.35) の 2 式から H_y を消去すると式 (4.37) が得られる。この式は、式 (4.28) のヘルムホルツ方程式の E_x 成分について $\partial/\partial x=0$ および $\partial/\partial y=0$ を代入することでも得られる。式 (4.37) は振り子における単振動の微分方程式と全く同形であり、この微分方程式の一般解は式 (4.38) となる。ただし、A および B は初期条件によって決定する定数であり、$e^{j\omega t}$ は E_x 成分がもともと正弦波で与えられていることに起因する項である。また、式 (4.38) を式 (4.35) の第 1 式に代入すると

$$\frac{dE_x}{dz} = \frac{d}{dz}\left(Ae^{j(\omega t-\beta z)} + Be^{j(\omega t+\beta z)}\right) = -j\beta\left(Ae^{j(\omega t-\beta z)} - Be^{j(\omega t+\beta z)}\right)$$

となることから、式 (4.39) に示すように E_x 成分から H_y 成分を求めることができる。

　ここで、式 (4.38) および式 (4.39) には $e^{-j\beta z}$ の項と $e^{j\beta z}$ の項が存在する。

− 70 −

これらの項はまさしく式 (4.37) の微分方程式の一般解として導かれる項であるが、導出元である式 (4.28) と式 (4.37) を見比べると

$$\gamma^2 = -\omega^2 \varepsilon \mu$$

であるから

$$\gamma = j\beta = j\omega\sqrt{\varepsilon}\sqrt{\mu}$$

とすることで式 (4.40) を得る。一方、伝搬定数 γ は式 (4.21) で定義されるから、媒質の導電率を $\sigma=0$ としたことは、伝搬定数 γ を純虚数としたことに等しい。このことから、E_x 成分および H_y 成分に存在する $e^{j(\omega t - \beta z)}$ の項ならびに $e^{j(\omega t + \beta z)}$ の項は z 方向の空間変化および時間変化に対してともに正弦波となり、減衰する要素を一切もたないことがわかる。ゆえに、導電率が $\sigma=0$ となる媒質のことを無損失媒質と呼ぶ。また、位相定数 β は z 方向に対する正弦波の位相変化量を決定する係数である。なお、式 (4.39) や式 (4.40) において誘電率 ε と透磁率 μ の平方根をそれぞれ独立に計算している理由については 4-11 節で述べる。

再び $e^{j(\omega t - \beta z)}$ の項ならびに $e^{j(\omega t + \beta z)}$ の項に着目し、$t=0$ のときに図 4.6 の破線で示す位置に正弦波があったとする。$t=T'(>0)$ のとき、$e^{j(\omega t - \beta z)}$ が 0 となる位置すなわち $\omega T' - \beta z = 0$ となる位置は $z = \omega T'/\beta(>0)$ にずれる。一方、$e^{j(\omega t + \beta z)}$ が 0 となる位置は $z = -\omega T'/\beta(<0)$ にずれる。つまり、$e^{j(\omega t - \beta z)}$ の項は図 4.6 (a) に示すように時間が進むにつれて $+z$ 方向に正弦波が進み、逆に $e^{j(\omega t + \beta z)}$ の項は図 4.6 (b) に示すように時間が進むにつれて $-z$ 方向に正弦波が進むことがわかる。このように、E_x 成分および H_y 成分を表す式は、$+z$ 方向に進む正弦波と $-z$ 方向に進む正弦波の和で表される。この $+z$ 方向に進む正弦波のことを前進波と呼び、$-z$ 方向に進む正弦波のことを後進波と呼ぶ。

ここで、簡単のため前進波のみが存在する場合、すなわち式 (4.38) および式 (4.39) において $B=0$ とする場合について考える。このとき、E_x 成分と H_y 成分の関係は図 4.7 に示すようになり、平面波の伝搬方向である z 方向に対して、電界成分は x 方向、磁界成分は y 方向にそれぞ

れ発生し、電界→磁界→伝搬方向の順に右ねじとなる方向へ平面波が伝搬する。逆に後進波のみが存在する場合、すなわち式 (4.38) および式 (4.39) において $A=0$ とおくと、平面波の伝搬方向が$-z$方向、電界はx方向、磁界は$-y$方向となるので、やはり電界→磁界→伝搬方向の順に右ねじとなる方向へ平面波が伝搬する。これは、図 4.7 の前進波（平面波）を x 軸に対して 180 度回転させれば後進波になることに対応する。

式 (4.36) に示した E_y 成分と H_x 成分の関係式についても、E_x 成分と H_y 成分のときとまったく同様に一般解を得ることができる。このとき、図 4.7 の前進波について、E_x を H_x に置き換え、H_y を $-E_y$ に置き換えれば、全く同じ平面波としてみることができる。言い換えれば、図 4.7 の平面波を z 軸に対して 90 度回転させれば、それが E_y 成分と H_x 成分で形成される平面波となる。結局のところ、平面波においては電界と磁界と伝搬方向がお互いに直交関係にあり、電界→磁界→伝搬方向の順に右ねじとなる方向へ平面波が伝搬する。

再び前進波のみが存在する $B=0$ の条件について考えると、E_x 成分と H_y 成分の比 ζ は式 (4.41) で表される。この比は電界および磁界の単位系から (V/m)/(A/m)=V/A=Ω となり、インピーダンスの単位になることがわかる（電気回路におけるインピーダンスは第 5 章で詳述する）。よって式 (4.41) の ζ のことを波動インピーダンスあるいは電波インピーダンスと呼ぶ。特に媒質が真空中の場合には波動インピーダンスは式 (4.42) に示すように数値として求めることができる。μ_0 および c はどちらも定義値であるから、真空中の波動インピーダンス ζ_0 も定義値である。ただし実際の計算においては簡便な値として $\zeta_0 \approx 120\pi\ \Omega$ という値を用いることが多い。

さらに真空中における位相定数を β_0 とすると、β_0 は式 (4.43) で表される。ここで、「波形が伝わる速度」として位相速度 v_p を式 (4.44) で定義すると、真空中における平面波の位相速度 v_{p0} は式 (4.45) となる。つまり、平面波において正弦波の波形が伝わる速度は光速に一致する。このことから、マスクウェルは「光も電磁波である」と予測したのである。このマクスウェルの予測は 1888 年にヘルツにより実証された。なお、

当時は真空の誘電率と真空の透磁率から求められる

$$1/\sqrt{\varepsilon_0 \mu_0}$$

という値は光速に「ほぼ」一致するという状況であった。しかし、現在のSI単位系においては μ_0 と c が定義値であるから、真空中における平面波の位相速度は光速そのものである。

最後に、無損失ではない媒質、つまり導電率が $\sigma \neq 0$ となる媒質について触れておく。このとき、式 (4.38) の一般解は伝搬定数 γ の定義より $e^{-(\alpha+j\beta)z}$ の項で表される前進波と $e^{(\alpha+j\beta)z}$ の項で表される後進波が存在する。前進波の伝搬方向は $+z$ 方向であるから、$e^{-\alpha z}$ の存在により電磁波が伝搬するにつれて電磁界成分の振幅が指数関数的に減衰する。また、後進波の伝搬方向は $-z$ 方向であるから、今度は $e^{\alpha z}$ の存在によって電磁波が伝搬するにつれて電磁界成分の振幅がやはり指数関数的に減衰する。つまり、$\alpha (>0)$ の存在によって電磁波が伝搬とともに指数関数的に減衰し、α はその減衰の度合いを示す指標となる。よって α のことを減衰定数と呼ぶ。

図 4.8 は電磁界解析ソフトウェア Femtet で表現した平面波の電界（左図）および磁界（右図）の分布である。平面波は伝搬方向を z 方向とし、

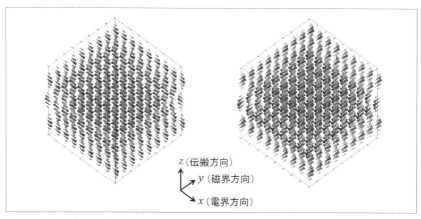

〔図 4.8〕平面波の電界分布（左）および磁界分布（右）

▷第4章　電磁波伝搬の基礎

電界をx方向、磁界をy方向としている。また、図4.9および図4.10に平面波の電界分布および磁界分布を示す。これらの図より、電界、磁界、伝搬方向の直交関係をみることができる。また、x方向とy方向に関しては電界磁界ともに一様であり、平面波の性質が表現されている。さらに電界の強弱の位置に合わせて磁界の強弱が対応しており、波動インピーダンスが一定のまま電磁界が伝搬している様子もみることができる。

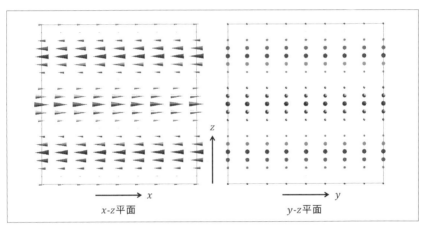

〔図4.9〕平面波の電界分布

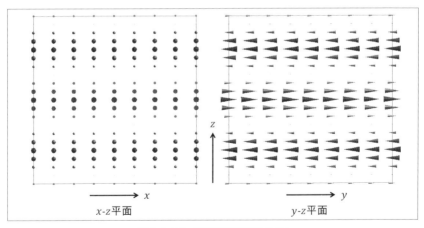

〔図4.10〕平面波の磁界分布

4-8 偏波

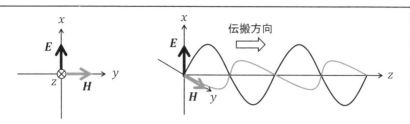

〔図 4.11〕垂直偏波（x 方向を垂直方向とする）

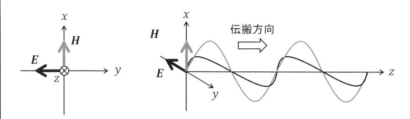

〔図 4.12〕水平偏波（x 方向を垂直方向とする）

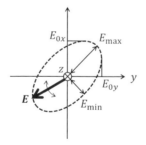

〔図 4.13〕楕円偏波（見やすさのため磁界成分は省略）

一般的な楕円偏波の電界表現（無損失媒質、前進波）

$$\bm{E} = \bm{E}_x + \bm{E}_y = E_{0x}\mathrm{e}^{\mathrm{j}(\omega t - \beta z + \psi_x)}\bm{x} + E_{0y}\mathrm{e}^{\mathrm{j}(\omega t - \beta z + \psi_y)}\bm{y} \quad \cdots \quad (4.46)$$

楕円偏波の軸比 r

$$r \equiv \frac{E_{\max}}{E_{\min}} \quad \cdots\cdots\cdots\cdots\cdots\cdots\cdots\cdots\cdots\cdots\cdots\cdots \quad (4.47)$$

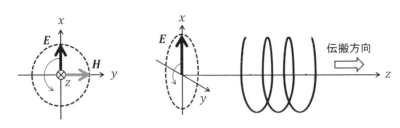

〔図 4.14〕左旋円偏波（見やすさのため磁界成分は省略）

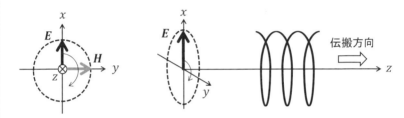

〔図 4.15〕右旋円偏波（見やすさのため磁界成分は省略）

左旋円偏波の電界成分（無損失媒質、前進波）

$$E_x = \mathrm{Re}\{E_0 e^{j(\omega t - \beta z)}\}, \quad E_y = \mathrm{Re}\left\{E_0 e^{j\left(\omega t - \beta z - \frac{\pi}{2}\right)}\right\} \quad \cdots\cdots (4.48)$$

右旋円偏波の電界成分（無損失媒質、前進波）

$$E_x = \mathrm{Re}\{E_0 e^{j(\omega t - \beta z)}\}, \quad E_y = \mathrm{Re}\left\{E_0 e^{j\left(\omega t - \beta z + \frac{\pi}{2}\right)}\right\} \quad \cdots\cdots (4.49)$$

　4-7 節で述べた平面波は、電界および磁界がそれぞれ常に一定の方向を向いたまま伝搬する。このように電界が存在する面および磁界が存在する面が時間的にも空間的にも変化しない伝搬を直線偏波と呼ぶ。また電界および磁界が存在する面のことを偏波面と呼び、電界の偏波面を E 面、磁界の偏波面を H 面と呼ぶ。図 4.7 で示した平面波に関しては、x-z 平面が E 面であり、y-z 平面が H 面である。
　ここで、直線偏波の特別な呼び名として、垂直偏波と水平偏波がある。垂直偏波とは E 面が大地に対して垂直となる直線偏波であり、水平偏

波とはE面が大地に対して平行となる直線偏波である。便宜上、y-z平面を大地との平行方向とした場合、垂直偏波は図4.11に示す電磁界の位置関係となり、水平偏波は図4.12に示す電磁界の位置関係となる。ここで、図4.11は図4.7と同じ座標関係であるから、式(4.35)に示したマクスウェル方程式を解くことで得られる平面波が垂直偏波と一致する。また図4.12に関しては、式(4.36)に示したマクスウェル方程式を解くことで得られる平面波が水平偏波と一致する。

　ここで、式(4.35)と式(4.36)は独立した微分方程式であるから、得られるE_x成分とE_y成分の一般解の和E_x+E_yはやはりマクスウェル方程式を満たす。ただし、E_x成分とE_y成分はそれぞれ独立であるから、初期条件における定数も独立に設定できる。ここでは無損失媒質における前進波のみを考え、$z=0$かつ$t=0$のときのE_x成分とE_y成分をそれぞれ

$$E_x = E_{0x}\mathrm{e}^{\mathrm{j}\psi_x}, \quad E_y = E_{0y}\mathrm{e}^{\mathrm{j}\psi_y}$$

と設定すると、E_x成分とE_y成分との合成電界$\boldsymbol{E}$は式(4.46)で表すことができる。ただし、$\boldsymbol{x}$および$\boldsymbol{y}$はx軸方向およびy軸方向の単位ベクトルである。この式を任意のz軸上の位置（例えば$z=0$）におけるx-y平面上にプロットすると、図4.13に示すように$\boldsymbol{E}$は楕円上を回転する軌跡をとる。また合成電界$\boldsymbol{E}$に対する合成磁界$\boldsymbol{H}$は、$\boldsymbol{E}$と伝搬方向に対して直交関係を保ったまま$\boldsymbol{E}$と同じように回転する。このとき$\boldsymbol{E}$と$\boldsymbol{H}$の比は波動インピーダンスζで保持される。一般的な電磁界は図4.13に示すような楕円上を回転しながら伝搬するため、このような電磁波伝搬の偏波のことを楕円偏波と呼ぶ。直線偏波は楕円偏波の極めて特殊な状況であり、$E_y=0$（図4.11の垂直偏波）、もしくは$E_x=0$（図4.12の水平偏波）、もしくは$\psi_y-\psi_x=n\pi$（ただしnは整数）のときに限り直線偏波となる。最後の$\psi_y-\psi_x=n\pi$の条件を満たすときは

$$\boldsymbol{E} = (E_{0x}\boldsymbol{x} \pm E_{0y}\boldsymbol{y})\mathrm{e}^{\mathrm{j}(\omega t - \beta z + \psi_x)} \quad (\pm\text{の符号は}n\text{が奇数か偶数かで決定})$$

となるから、一般的にはE面が傾いた直線偏波が形成される。

　楕円偏波において電界の大きさが最大となる$E_{\max}(>0)$と最小となる

$E_\mathrm{min}(>0)$ との比を軸比 r と呼び、式 (4.47) で定義する。直線偏波の場合は必ず $E_\mathrm{min}=0$ となるため、$r\to\infty$ となる。

直線偏波以外の楕円偏波の特殊例として、$E_{0x}=E_{0y}$ かつ $\psi_y-\psi_x=\pm\pi/2$ の条件を満たすときに限り、楕円が真円になる。この条件を満たすときの偏波を円偏波と呼ぶ。ここで

$$E_0 = E_{0x}\mathrm{e}^{\mathrm{j}\psi_x}$$

とおくと、$\psi_y-\psi_x=-\pi/2$ のときに式 (4.48) が得られ、$\psi_y-\psi_x=\pi/2$ のときに式 (4.49) が得られる。式 (4.48) に関しては、図 4.14 に示すように伝搬方向を向いたときに電界が左回りの円を描くように伝搬するため、このときの偏波を左旋円偏波と呼ぶ。一方で式 (4.49) に関しては、図 4.15 に示すように伝搬方向を向いたときに電界が右回りの円を描くように伝搬するため、このときの偏波を右旋円偏波と呼ぶ。どちらの円偏波も軸比は $r=1$ となる。

電磁波の偏波面を知ることは、電磁波を送受信するアンテナを利用する際に極めて重要となる。例えば、地上デジタルテレビ放送は水平偏波を用いることが多いが、地域によっては垂直偏波を用いることもある。このとき、地上デジタルテレビ放送の偏波面とアンテナの偏波面を合わせておかないと受信感度が大きく下がる。また、日本の衛星放送は右旋円偏波を用いているが、韓国の衛星放送は左旋円偏波を用いている。これは近隣国において円偏波を逆向きにすることで混信を防いでいる。

4-9 ポインティングベクトル

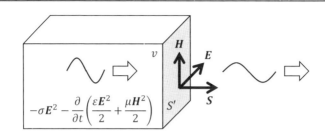

〔図 4.16〕ポインティングベクトル

ポインティングベクトル

$$S \equiv E \times H \quad \cdots\cdots\cdots\cdots\cdots\cdots\cdots\cdots\cdots\cdots\cdots (4.50)$$

ポインティングベクトルを用いた電磁波のエネルギー保存則

$$\int_{S'} (E \times H) \cdot dS' = -\int_{v} \sigma E^2 dv - \frac{\partial}{\partial t} \int_{v} \left(\frac{\varepsilon E^2}{2} + \frac{\mu H^2}{2} \right) dv \quad (4.51)$$

複素ポインティングベクトル

$$S \equiv E \times H^* \quad \cdots\cdots\cdots\cdots\cdots\cdots\cdots\cdots\cdots\cdots (4.52)$$

複素ポインティングベクトルを用いた電磁波のエネルギー保存則

$$\int_{S'} (E \times H^*) \cdot dS' = -\int_{v} \sigma |\widetilde{E}|^2 dv + j\omega \int_{v} \left(\varepsilon |\widetilde{E}|^2 + \mu |\widetilde{H}|^2 \right) dv$$

$$\cdots\cdots\cdots (4.53)$$

　ポインティングベクトルとは、媒質中を伝搬する電磁波が単位面積あたりに単位時間に移動するエネルギーのことであり、ポインティング (Poynting) により考案された。ポインティングベクトルは式 (4.50) で定義され、4-7 節で述べた平面波の場合にはポインティングベクトル S の向きは平面波の伝搬方向に等しい。

ここでポインティングベクトルの発散について考えると、ベクトル公式 (付録 A の式 (A.42)) を用いることにより

$$\nabla \cdot S = \nabla \cdot (E \times H) = H \cdot (\nabla \times E) - E \cdot (\nabla \times H)$$

となる。この式に式 (4.14) と式 (4.15) に示したマクスウェル方程式を代入すると

$$\nabla \cdot S = -\mu H \cdot \frac{\partial H}{\partial t} - \varepsilon E \cdot \frac{\partial E}{\partial t} - \sigma E^2 = -\sigma E^2 - \frac{\partial}{\partial t}\left(\frac{\varepsilon E^2}{2} + \frac{\mu H^2}{2}\right)$$

が得られる。ここで図 4.16 に示す体積 v 内の伝搬について考えると、上式の左辺の体積積分はガウスの発散定理 (付録 A の式 (A.47)) から

$$\int_v \nabla \cdot S \, dv = \int_{S'} (E \times H) \cdot dS'$$

となり、最終的に式 (4.51) が得られる。ただし S' は体積 v を構成する面であり、ダッシュ記号はポインティングベクトル S との混同を避けるための便宜上のものである。

式 (4.51) の物理的意味について考える。式 (4.51) の左辺は、面 S' を抜けるポインティングベクトルの面積積分であり、体積 v の全ての表面について面積積分した値である。一方、式 (4.51) の右辺第 1 項は媒質がもつ導電率による損失成分であり、媒質に発生するジュール損に該当する。式 (4.51) の右辺第 2 項は媒質がもつ誘電率に起因する項であり、媒質内に蓄えられる電気エネルギーの時間変化を意味する。式 (4.51) の右辺第 3 項は媒質がもつ透磁率に起因する項であり、媒質内に蓄えられる磁気エネルギーの時間変化を意味する。よって、式 (4.51) は電磁波におけるエネルギー保存則を表しており、媒質に流入出した電磁波エネルギーの差し引き分は媒質内のジュール損失および媒質に蓄えられる電気エネルギーと磁気エネルギーに変換される。

電磁波が正弦波の場合において電界および磁界を実数で表現すれば、3-5 節の式 (3.15) より

$$E = \frac{\widetilde{E}}{\sqrt{2}}\mathrm{e}^{\mathrm{j}\omega t} + \frac{\widetilde{E}^*}{\sqrt{2}}\mathrm{e}^{-\mathrm{j}\omega t}, \quad H = \frac{\widetilde{H}}{\sqrt{2}}\mathrm{e}^{\mathrm{j}\omega t} + \frac{\widetilde{H}^*}{\sqrt{2}}\mathrm{e}^{-\mathrm{j}\omega t}$$

と表すことができる。ここで、$\widetilde{E}$ および $\widetilde{H}$ は電界および磁界の複素振幅（どちらも実効値）であり、*は複素共役を与える。この正弦波に対するポインティングベクトルは

$$\begin{aligned}
E \times H &= \left(\frac{\widetilde{E}}{\sqrt{2}}\mathrm{e}^{\mathrm{j}\omega t} + \frac{\widetilde{E}^*}{\sqrt{2}}\mathrm{e}^{-\mathrm{j}\omega t}\right) \times \left(\frac{\widetilde{H}}{\sqrt{2}}\mathrm{e}^{\mathrm{j}\omega t} + \frac{\widetilde{H}^*}{\sqrt{2}}\mathrm{e}^{-\mathrm{j}\omega t}\right) \\
&= \frac{1}{2}(\widetilde{E} \times \widetilde{H}^* + \widetilde{E}^* \times \widetilde{H}) + \frac{\mathrm{e}^{\mathrm{j}2\omega t}}{2}(\widetilde{E} \times \widetilde{H}) + \frac{\mathrm{e}^{-\mathrm{j}2\omega t}}{2}(\widetilde{E}^* \times \widetilde{H}^*)
\end{aligned}$$

となる。角周波数 ω に対する上式の時間平均を $\langle E \times H \rangle$ とすると、上式右辺の第2項および第3項は時間平均が0になる。また上式の左辺は実数であるから右辺も実数となり、$\mathrm{Re}\{\widetilde{E} \times \widetilde{H}^*\} = \mathrm{Re}\{\widetilde{E}^* \times \widetilde{H}\}$ であるから

$$\langle E \times H \rangle = \mathrm{Re}\{\widetilde{E} \times \widetilde{H}^*\}$$

が得られる。よって、$\widetilde{E}$ および $\widetilde{H}^*$ を改めて E および H^* で書き直すと、式 (4.52) に示す複素ポインティングベクトルが定義され、複素ポインティングベクトルの実部が実際のエネルギーの流れに対応することがわかる。このとき、ポインティングベクトルの発散に式 (4.18) および式 (4.19) に示した正弦波のマクスウェル方程式を代入すると

$$\begin{aligned}
\nabla \cdot (E \times H^*) &= H^* \cdot (\nabla \times E) - E \cdot (\nabla \times H^*) \\
&= H^* \cdot (-\mathrm{j}\omega\mu H) - E \cdot (\mathrm{j}\omega\varepsilon E^*) - E \cdot (\sigma E^*) \\
&= -\sigma|E|^2 - \mathrm{j}\omega\varepsilon|E|^2 - \mathrm{j}\omega\mu|H|^2
\end{aligned}$$

が得られる。ただし、$E \cdot E^* = |E|^2$、$H \cdot H^* = |H|^2$、$\partial/\partial t = \mathrm{j}\omega$ である。この結果、複素ポインティングベクトルを用いた電磁波のエネルギー保存則を、式 (4.53) のように E および H の実効値を用いて表すことができる。

なお、教科書によっては複素ポインティングベクトルを

$$S \equiv \frac{E \times H^*}{2}$$

と定義している場合がある[例えば2]。この場合は、E および H^* を実効値ではなく波高値で定義していることに注意する。振幅の定義の違いであり、電磁波のエネルギー保存則自体には影響がない。

4-10 異なる媒質の境界面における電磁界の境界条件

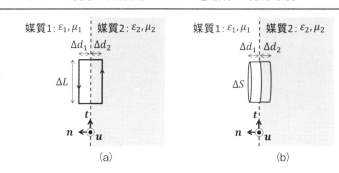

〔図4.17〕異なる媒質の境界面での周回積分（a）と面積積分（b）

電界の接線成分の境界条件（n は単位法線ベクトル）

$$n \times (E_1 - E_2) = 0 \quad \cdots\cdots\cdots\cdots\cdots\cdots\cdots\cdots (4.54)$$

磁界の接線成分の境界条件

$$n \times (H_1 - H_2) = 0 \quad \cdots\cdots\cdots\cdots\cdots\cdots\cdots\cdots (4.55)$$

導体境界面における磁界の接線成分の境界条件

$$n \times (H_1 - H_2) = K \quad \cdots\cdots\cdots\cdots\cdots\cdots\cdots\cdots (4.56)$$

電束密度の法線成分の境界条件

$$n \cdot (D_1 - D_2) = 0 \quad \cdots\cdots\cdots\cdots\cdots\cdots\cdots\cdots (4.57)$$

表面電荷が存在するときの電束密度の法線成分の境界条件

$$n \cdot (D_1 - D_2) = \sigma_s \quad \cdots\cdots\cdots\cdots\cdots\cdots\cdots\cdots (4.58)$$

磁束密度の法線成分の境界条件

$$\boldsymbol{n} \cdot (\boldsymbol{B}_1 - \boldsymbol{B}_2) = 0 \quad \cdots\cdots\cdots\cdots\cdots\cdots\cdots\cdots\cdots\cdots\cdots\cdots\cdots\cdots (4.59)$$

【変数および単位系】
　　K：表面電流密度（単位：A/m）
　　σ_s：表面電荷密度（単位：C/m^2）

　一般的な電磁波伝搬環境においては、真空中（あるいは空気中）を電磁波が延々と伝搬する状況はほとんどなく、何らかの異なる媒質に電磁波が照射されることで、媒質の境界面において電磁波の反射・透過・屈折が発生する。本節では、電磁波の反射・透過・屈折を議論する前段階として、異なる媒質の境界面における電磁波の振る舞いについて記す。

　単一の媒質内においてマクスウェル方程式が満足されるときと同様に、異なる媒質の境界面においてもマクスウェル方程式は満足されなければならない。よって、式 (4.10)～式 (4.13) に示した4つの式それぞれについて境界面での境界条件を検討する。

　まず式 (4.10) に関しては、4-2節の式 (4.7) に示した積分形のファラデーの電磁誘導の法則を用いる。図 4.17 (a) に示すように媒質1（誘電率：ε_1、透磁率：μ_1）と媒質2（誘電率：ε_2、透磁率：μ_2）を与え、その境界面は平坦であるとする。ここで、この境界面を含むような形での微小な長方形の閉路を与え、境界面に対して平行となる長方形の辺の長さを ΔL、境界面と垂直となる長方形の辺の長さを $\Delta d_1 + \Delta d_2$ とする。ただし、Δd_1 および Δd_2 はそれぞれ媒質1および媒質2における長さである。また、境界面に対する単位法線ベクトルを $\boldsymbol{n}$、単位接線ベクトルを $\boldsymbol{t}$、$\boldsymbol{n}$ と $\boldsymbol{t}$ に直交する単位ベクトルを $\boldsymbol{u}$ とし、これらの単位ベクトルは図 4.17 (a) に示す位置関係とする。$\boldsymbol{u}$ は紙面に対して手前側の方向である。微小の閉路上および閉路内において電界と磁界の大きさは空間的に変化しないと仮定すると、式 (4.7) の積分形の式は直接的に以下のように計算される。

$$-E_{t1}\Delta L - E_{n1}\Delta d_1 - E_{n2}\Delta d_2 + E_{t2}\Delta L + E_{n1}\Delta d_1 + E_{n2}\Delta d_2$$
$$= -\frac{\partial B_{u1}}{\partial t}\Delta L\Delta d_1 - \frac{\partial B_{u2}}{\partial t}\Delta L\Delta d_2$$

ただし、電界の大きさ E および磁束密度の大きさ B の添字は、各単位ベクトル方向成分と所属する媒質の番号を表す。また電界および磁束密度の符号は各単位ベクトルの方向を正方向とする。ここで、$\Delta d_1 \to 0$ および $\Delta d_2 \to 0$ として、ΔL の辺を限りなく境界面上に近づけると、上式の右辺の極限は 0 となることから

$$-E_{t1}\Delta L + E_{t2}\Delta L = 0 \quad \text{すなわち} \quad E_{t1} = E_{t2}$$

となり、境界上では接線方向の電界は媒質によらず等しくなる。また、単位ベクトル t と u は、方向が 90 度異なるだけでどちらも接線方向の単位ベクトルであるから、u に対しても同様に

$$E_{u1} = E_{u2}$$

を導くことができる。つまり、媒質の異なる境界面では法線ベクトル n に対して垂直な方向（すなわち接線方向）の電界は媒質によらず連続であるから、改めて境界面上での媒質 1 の電界を E_1、媒質 2 の電界を E_2 とすると、いかなる境界面でも

$$\bm{n} \times \bm{E}_1 = \bm{n} \times \bm{E}_2$$

が成立する。したがって、異なる媒質の境界面における電界の接線成分の境界条件は式 (4.54) となる。

同様に式 (4.11) に関しても、アンペール・マクスウェルの法則の積分形に相当する

$$\oint_C \bm{H}\cdot\mathrm{d}\bm{s} = \int_S \frac{\partial \bm{D}}{\partial t}\cdot\mathrm{d}\bm{S} + \int_S \bm{J}\cdot\mathrm{d}\bm{S}$$

を図 4.17 (a) を用いて直接的に計算すれば同様に境界条件を求めることができる。ただし、アンペール・マクスウェルの法則には電流密度

$J=\sigma E$ が存在するため、導電率 σ の取り扱いによって境界条件が異なる。図 4.17 (a) を用いて上式を直接的に計算すると

$$-H_{t1}\Delta L + H_{t2}\Delta L = \frac{\partial D_{u1}}{\partial t}\Delta L\Delta d_1 + \frac{\partial D_{u2}}{\partial t}\Delta L\Delta d_2 + \sigma_1 E_{u1}\Delta L\Delta d_1 + \sigma_2 E_{u2}\Delta L\Delta d_2$$

となる。ここで各媒質の導電率 σ_1 および σ_2 が有限の値であれば、$\Delta d_1 \rightarrow 0$ および $\Delta d_2 \rightarrow 0$ とすることにより、電界のときと同様に式 (4.55) に示す磁界の接線成分の境界条件が得られる。ところが $\sigma_2 \rightarrow \infty$、つまり媒質 2 が完全導体となる場合には上式の右辺が 0 になるとは限らない。したがって、境界面には何らかの電流が流れることを想定し、境界面における表面電流密度 K を導入する。これにより、完全導体の場合の境界条件が式 (4.56) として得られる。なお、式 (4.56) は磁界の接線成分における一般的な境界条件としてもよく、$K=0$ とすれば導電率 σ が有限の値をもつときの境界条件となる。

次に式 (4.12) に関して、図 4.17 (a) と同様の条件をもつ媒質および境界面において、図 4.17 (b) に示すようにこの境界面を含むような形での微小体積を与える。境界面に対して水平となる面の断面積を ΔS、境界面と垂直となる体積の辺の長さを $\Delta d_1 + \Delta d_2$ とする。ただし、Δd_1 および Δd_2 はそれぞれ媒質 1 および媒質 2 における長さである。また、境界面に対する単位法線ベクトルを n、単位接線ベクトルを t、n と t に直交する単位ベクトルを u とし、図 4.17 (b) に示す位置関係とする。

微小体積 $v = \Delta S(\Delta d_1 + \Delta d_2)$ に対し、式 (4.12) の体積積分をとり、かつガウスの発散定理 (付録 A の式 (A.47)) を適用すると

$$\int_v \nabla \cdot D \, dv = \int_S D \cdot dS = \int_v \rho \, dv$$

となる。ここで $\Delta d_1 + \Delta d_2$ は十分に小さく、図 4.17 (b) に示す微小体積の側面方向 (t ベクトルおよび u ベクトルの方向) から出入りする電束を無視できるものとする。また微小体積 v 内の体積電荷密度 ρ は一定であるとすると、上式は以下のように書き換えられる。

$$\int_S \boldsymbol{D} \cdot \mathrm{d}\boldsymbol{S} = D_{n1}\Delta S - D_{n2}\Delta S = \int_v \rho \mathrm{d}v = \rho \Delta S(\Delta d_1 + \Delta d_2)$$

ただし、媒質2の境界面から出入りする電束密度のベクトルの向きは媒質1のそれとは逆向きになることに注意する。ここで境界面上に電荷がなければ、$\Delta d_1 \to 0$ および $\Delta d_2 \to 0$ とすることにより

$$D_{n1} - D_{n2} = 0$$

が得られる。ところが、境界面上において電荷が存在する場合には $\Delta d_1 \to 0$ および $\Delta d_2 \to 0$ のときに $\rho \to \infty$ となるため、上式の右辺が0になるとは限らない。したがって、境界面に対する表面電荷密度 σ_s を導入することで、一般的には

$$D_{n1} - D_{n2} = \sigma_s$$

が得られる。境界面に電荷が存在しない場合は $\sigma_s=0$ とすれば良い。$D_{n1}=\boldsymbol{n}\cdot\boldsymbol{D}_1$, $D_{n2}=\boldsymbol{n}\cdot\boldsymbol{D}_2$ であるから、最終的に電束密度の法線成分の境界条件は、表面電荷密度 σ_s が存在しない場合は式 (4.57)、σ_s が存在する場合は式 (4.58) となる。

最後に式 (4.13) に関しては、電束密度と同様に図 4.17 (b) を用いて境界条件を求めることができる。ただし磁極はN極あるいはS極が単体では存在できないため、$\Delta d_1 \to 0$ および $\Delta d_2 \to 0$ としたときの境界面上での磁束密度は

$$B_{n1} - B_{n2} = 0$$

としかなり得ない。したがって、磁束密度の法線方向の境界条件は式 (4.59) となる。

以上のように、異なる媒質における電磁界の境界条件がマクスウェル方程式から導かれた。よって、媒質が異なる場合であってもこれらの境界条件を満たすようにマクスウェル方程式を解き進めれば、媒質中の電磁波の伝搬の様子を知ることができる。

4-11 平面波の反射・透過・屈折

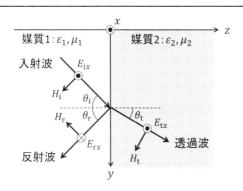

〔図 4.18〕平面波の反射・透過・屈折

入射波の入射角 θ_i と反射波の反射角 θ_r の関係

$$\theta_i = \theta_r \qquad \cdots\cdots\cdots\cdots\cdots\cdots\cdots\cdots\cdots\cdots\cdots (4.60)$$

スネルの法則

$$\frac{\sin\theta_t}{\sin\theta_i} = \frac{\sqrt{\varepsilon_1}}{\sqrt{\varepsilon_2}} = \frac{n_1}{n_2} \qquad \cdots\cdots\cdots\cdots\cdots\cdots\cdots\cdots (4.61)$$

絶対屈折率(真空に対する屈折率)

$$n \equiv \frac{\sqrt{\varepsilon}\sqrt{\mu}}{\sqrt{\varepsilon_0 \mu_0}} \qquad \cdots\cdots\cdots\cdots\cdots\cdots\cdots\cdots\cdots (4.62)$$

電界が境界面に平行に入射する場合(TE 入射)の反射係数 R_{TE}

$$R_{TE} = \frac{(\zeta_2/\cos\theta_t) - (\zeta_1/\cos\theta_i)}{(\zeta_2/\cos\theta_t) + (\zeta_1/\cos\theta_i)} \qquad \cdots\cdots\cdots\cdots\cdots (4.63)$$

電界が境界面に平行に入射する場合(TE 入射)の透過係数 T_{TE}

$$T_{TE} = \frac{2(\zeta_2/\cos\theta_t)}{(\zeta_2/\cos\theta_t) + (\zeta_1/\cos\theta_i)} \qquad \cdots\cdots\cdots\cdots\cdots (4.64)$$

磁界が境界面に平行に入射する場合（TM入射）の反射係数 R_{TM}

$$R_{\text{TM}} = \frac{\zeta_2 \cos\theta_t - \zeta_1 \cos\theta_i}{\zeta_2 \cos\theta_t + \zeta_1 \cos\theta_i} \quad \cdots\cdots\cdots\cdots\cdots\cdots (4.65)$$

磁界が境界面に平行に入射する場合（TM入射）の透過係数 T_{TM}

$$T_{\text{TM}} = \frac{2\zeta_2 \cos\theta_t}{\zeta_2 \cos\theta_t + \zeta_1 \cos\theta_i} \quad \cdots\cdots\cdots\cdots\cdots\cdots (4.66)$$

臨界角（$\varepsilon_1 > \varepsilon_2 > 0$）

$$\theta_c = \sin^{-1} \frac{\sqrt{\varepsilon_2}}{\sqrt{\varepsilon_1}} \quad \cdots\cdots\cdots\cdots\cdots\cdots\cdots\cdots\cdots\cdots (4.67)$$

ブリュースター角

$$\theta_b = \tan^{-1} \frac{\sqrt{\varepsilon_2}}{\sqrt{\varepsilon_1}} \quad \cdots\cdots\cdots\cdots\cdots\cdots\cdots\cdots\cdots\cdots (4.68)$$

【変数および単位系】
 θ_i、θ_r、θ_t：入射角、反射角、透過角（単位：rad）
 n：絶対屈折率（単位：無次元）
 R、T：反射係数、等価係数（単位：無次元）
 θ_c、θ_b：臨界角、ブリュースター角（単位：rad）

　平面波は異なる媒質に入射する際に一部は媒質中に透過せずに反射する。また、媒質に対して斜めに入射する平面波は境界面で屈折する。反射・透過・屈折の現象は光領域で議論されることが多いが、光も電磁波の一部であり、電磁波でも同様の議論が成立する。本節では4-10節で導いた境界条件をもとに、平面波の反射・透過・屈折について記す。
　図4.18に示すように、直線偏波の平面波が媒質1（誘電率：ε_1、透磁率：μ_1、伝搬定数：β_1）から媒質2（誘電率：ε_2、透磁率：μ_2、伝搬定数：β_2）に入射角 $\theta_i(0 \leq \theta_i \leq \pi/2)$ で入射する場合を考える。添字のiは

incident wave（入射波）の頭文字を表す。ここで、媒質の境界面を x-y 平面上にとり、入射波の電界方向を x 方向とする。このように電界が境界面と平行に入射する場合を TE 入射と呼ぶ。境界面は平坦であるとし、簡単のため媒質 1 および媒質 2 はともに無損失媒質（$\sigma=0$）とする。また平面波の反射・透過・屈折は空間のみを対象とした現象であって時間の項は本質的に関係しないため、$e^{j\omega t}$ の項は無視する。

$\boldsymbol{y}$ および $\boldsymbol{z}$ を y 軸方向および z 軸方向の単位ベクトルとすると、入射角 θ_i をもった入射波の伝搬方向は

$$\boldsymbol{y}\sin\theta_i + \boldsymbol{z}\cos\theta_i$$

となる。これまでの議論と同様に z 方向への伝搬を考えたい場合には $\theta_i=0$ を代入すれば良いから、上式は電界方向を x 方向と定義した際の一般的な平面波の伝搬方向を表す。ここで、座標原点における入射波の電界の大きさを E_{i0} とすると、媒質 1 における入射波の電界の大きさは

$$E_{i0}e^{j\beta_1(y\sin\theta_i+z\cos\theta_i)}$$

と表すことができる。同様にして、媒質 1 における反射波および媒質 2 における透過波の電界の大きさも

$$E_{r0}e^{j\beta_1(y\sin\theta_r+z\cos\theta_r)}, \quad E_{t0}e^{j\beta_2(y\sin\theta_t+z\cos\theta_t)}$$

と表すことができる。ただし、θ_r は反射波の反射角、θ_t は透過波の透過角であり、E_{r0} および E_{t0} は座標原点における反射波および透過波の電界の大きさである。添字の r および t は reflected wave（反射波）および transmitted wave（透過波）の頭文字を表す。

磁界成分に関しては、境界面に対して法線成分と接線成分が存在するが、ここでは接線成分に着目する。座標原点における入射波、反射波、透過波の磁界の大きさをそれぞれ H_{i0}、H_{r0}、H_{t0} とすると、各々の媒質における入射波、反射波、透過波の磁界の大きさは

$$H_{i0}\cos\theta_i\, e^{j\beta_1(y\sin\theta_r+z\cos\theta_r)}, \quad H_{r0}\cos\theta_r\, e^{j\beta_1(y\sin\theta_r+z\cos\theta_r)},$$
$$H_{t0}\cos\theta_t\, e^{j\beta_2(y\sin\theta_t+z\cos\theta_t)}$$

と表すことができる。ここで、式 (4.54) および式 (4.55) に示した電界および磁界の境界条件を x-y 平面上の境界面で適用すると、境界面では z=0 であるから

$$E_{i0} e^{j\beta_1 y \sin\theta_i} + E_{r0} e^{j\beta_1 y \sin\theta_r} = E_{t0} e^{j\beta_2 y \sin\theta_t}$$

$$H_{i0} \cos\theta_i\, e^{j\beta_1 y \sin\theta_i} - H_{r0} \cos\theta_r\, e^{j\beta_1 y \sin\theta_r} = H_{t0} \cos\theta_t\, e^{j\beta_2 y \sin\theta_t}$$

と書き表すことができる。ただし、反射波の磁界成分は図 4.18 に示すように入射波や透過波とは逆向きであるから、負の符号を与えている。ここで、上記の2式は境界面上ではどこでも成立するから、yの値に関係なく成立しなければならない。このような条件が成立するには

$$\beta_1 \sin\theta_r = \beta_1 \sin\theta_i = \beta_2 \sin\theta_t$$

が満たされなければならない。

上式の最初の等号が成立するには、$0 \leq \theta_i \leq \pi/2$ の定義より式 (4.60) が満たされる必要がある。つまり、入射角 θ_i と反射角 θ_r は常に等しい値をもつことがわかる。

また上式の2つ目の等号が成立するには

$$\frac{\sin\theta_t}{\sin\theta_i} = \frac{\beta_1}{\beta_2} = \frac{\sqrt{\varepsilon_1}\sqrt{\mu_1}}{\sqrt{\varepsilon_2}\sqrt{\mu_2}}$$

が満たされなければならない。ここで、電磁波伝搬を扱う一般的な媒質のほとんどは透磁率を真空の透磁率 μ_0 としても差し支えない。よって $\mu_1 = \mu_2 = \mu_0$ を代入することで式 (4.61) が得られる。この式は光領域におけるスネル (Snell) の法則であり、電磁波においてもスネルの法則が成り立つことを示している。式 (4.61) の n_1 および n_2 は媒質の屈折率を表し、屈折率は式 (4.62) で定義される。屈折率は真空での位相速度(つまり光速)に対する媒質の位相速度の比で定義され、絶対屈折率とも呼ばれる。

なお、式 (4.62) の右辺の分子において、誘電率と透磁率の平方根を独立に計算しているが、これはメタマテリアル[3]と呼ばれる媒質への対

応に起因する。メタマテリアルとは、誘電率と透磁率がどちらも負となる媒質であり、誘電率と透磁率がどちらも正となる通常の媒質からメタマテリアルに電磁波が入射されると屈折率が負となることが知られている。つまり、屈折率を式 (4.62) の形で表すことによって、メタマテリアルの場合には分子に示す誘電率と透磁率の平方根がどちらも純虚数となり、式 (4.62) の分子が純虚数の積すなわち負の値となる。ただし、通常の媒質であれば誘電率と透磁率がどちらも正であるから、式 (4.62) の分母に示すように誘電率と透磁率の積の平方根をとって計算しても、分子に示すような形で計算しても、計算値は同じである。

これまでの議論を考慮して、再び x-y 平面上の境界面での電界および磁界の境界条件を考えると、境界条件は以下のように書き改めることができる。

$$E_{i0} + E_{r0} = E_{t0}$$
$$H_{i0} \cos\theta_i - H_{r0} \cos\theta_r = H_{t0} \cos\theta_t$$

また、各々の媒質の波動インピーダンスは $\zeta_1 = E_{i0}/H_{i0} = E_{r0}/H_{r0}$ および $\zeta_2 = E_{t0}/H_{t0}$ と表せる。よって、境界面における反射係数を $R \equiv E_{r0}/E_{i0}$、透過係数を $T \equiv E_{t0}/E_{i0}$ と定義すれば、電界が境界面と平行に入射するTE入射における反射係数 R_{TE} および透過係数 T_{TE} はそれぞれ式 (4.63) および式 (4.64) となる。

次に、図 4.18 の電界と磁界の方向関係が入れ替わった場合、つまり磁界が境界面と平行に入射する場合について考える。このような入射をTM入射と呼ぶ。TM入射に対しても、TE入射と全く同様の議論から境界面における電界および磁界の境界条件は

$$H_{i0} e^{j\beta_1 y \sin\theta_i} + H_{r0} e^{j\beta_1 y \sin\theta_r} = H_{t0} e^{j\beta_2 y \sin\theta_t}$$
$$E_{i0} \cos\theta_i\, e^{j\beta_1 y \sin\theta_i} - E_{r0} \cos\theta_r\, e^{j\beta_1 y \sin\theta_r} = E_{t0} \cos\theta_t\, e^{j\beta_2 y \sin\theta_t}$$

と書き表すことができる。要するに、電界成分と磁界成分が入れ替わっただけなので、式 (4.60) の入射角と反射角の関係や式 (4.61) のスネルの法則も同様に得られる。さらに、境界条件は以下のように書き改める

ことができる。

$$H_{i0} + H_{r0} = H_{t0}$$
$$E_{i0}\cos\theta_i - E_{r0}\cos\theta_r = E_{t0}\cos\theta_t$$

　反射係数と等価係数に関しては、TM 入射と TE 入射では cos 成分が電界にかかるか磁界にかかるかで異なる。よって、TM 入射における反射係数 R_{TM}、透過係数 T_{TM} を境界条件の式に従って計算すると、それぞれ式 (4.65) および式 (4.66) となり、TE 入射のときとは異なる値となる。

　平面波が境界面に入射される際には特徴的な入射角が存在する。まず、$\mu_1 = \mu_2 = \mu_0$ および $\varepsilon_1 > \varepsilon_2 > 0$ の条件を満たす媒質 1 および媒質 2 に対し、式 (4.61) のスネルの法則において $\theta_t = \pi/2$ となる入射角 θ_i のことを臨界角と呼ぶ。臨界角 θ_c は式 (4.67) で与えられる。平面波が θ_c よりも大きな角度で入射されると、屈折による媒質 2 への平面波伝搬はもはや存在せず、入射された平面波は境界面で全反射する。このような全反射を積極的に用いているのが光ファイバである。光ファイバでは中心部の屈折率を周辺部の屈折率より高くすることで、全反射により光をできるだけ中心部に閉じ込める構造となっている。

　また、$\mu_1 = \mu_2 = \mu_0$ の条件を満たす媒質 1 および媒質 2 に対し、TM 入射において式 (4.61) のスネルの法則を式 (4.65) の反射係数に代入すると

$$R_{TM} = \frac{\sin\theta_t \cos\theta_t - \sin\theta_i \cos\theta_i}{\sin\theta_t \cos\theta_t + \sin\theta_i \cos\theta_i} = \frac{\tan(\theta_t - \theta_i)}{\tan(\theta_t + \theta_i)}$$

となる。よって、$\theta_t + \theta_i = \pi/2$ が満たされるとき上式の分母が∞となり、$R_{TM} = 0$ となる。すなわち反射係数が 0 となるので、媒質 1 から入射された平面波は媒質 2 に全て透過することとなる。このときの角度を発見者のブリュースター (Brewster) の名前からブリュースター角と呼ぶ。ブリュースター角 θ_b は式 (4.68) で与えられる。また、$\theta_i < \theta_b$ のとき反射係数 R_{TM} は正、$\theta_i > \theta_b$ のとき R_{TM} は負となり、ブリュースター角の前後の入射角において反射係数の符号が反転する。よって、ブリュースター角の前後の入射角においては、反射波の位相が 180°回転する。

4-12 表皮深さ

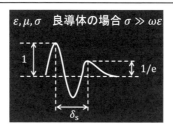

〔図 4.19〕表皮深さ

導電率を含む一般的な波動インピーダンス

$$\zeta = \frac{j\omega\mu}{\gamma} = \frac{\gamma}{\sigma + j\omega\varepsilon} = \sqrt{\frac{j\omega\mu}{\sigma + j\omega\varepsilon}} \quad \cdots\cdots\cdots\cdots\cdots\cdots (4.69)$$

良導体（$\sigma \gg \omega\varepsilon$）の波動インピーダンス

$$\zeta = \sqrt{\frac{j\omega\mu}{\sigma}} = \sqrt{\frac{\omega\mu}{2\sigma}}(1+j) \quad \cdots\cdots\cdots\cdots\cdots\cdots (4.70)$$

表皮深さ

$$\delta_s \equiv \frac{1}{\alpha} = \sqrt{\frac{2}{\omega\mu\sigma}} \quad \cdots\cdots\cdots\cdots\cdots\cdots (4.71)$$

【変数および単位系】
　　δ_s：表皮深さ（単位：m）

　前節までは電磁波伝搬の基礎を記すために主に $\sigma=0$ の無損失媒質を取り扱ったが、本節では $\sigma \neq 0$ の損失媒質や、$\sigma \gg \omega\varepsilon$ と見なせる良導体について取り扱う。

　直交座標系において、図 4.19 に示すような媒質（誘電率：ε、透磁率：μ、導電率：σ）内の平面波伝搬を考える。このとき、4-7 節の式 (4.35) に示した平面波のマクスウェル方程式は

$$\frac{dE_x}{dz} = -j\omega\mu H_y , \qquad -\frac{dH_y}{dz} = (j\omega\varepsilon + \sigma)E_x$$

となり、式 (4.37) に示した E_x 成分に対する微分方程式は

$$\frac{d^2 E_x}{dz^2} = j\omega\mu(j\omega\varepsilon + \sigma)E_x = \gamma^2 E_x$$

となる。この微分方程式の一般解は、定数 A, B を用いて

$$E_x = A e^{j(\omega t - \gamma z)} + B e^{j(\omega t + \gamma z)}$$

と表すことができるから、前進波のみ($B=0$)を考慮した場合の波動インピーダンスは式 (4.69) で表すことができる。この波動インピーダンスは導電率を含む一般的な波動インピーダンスの式であり、導電率を含む場合には波動インピーダンスが複素数となる。

　ここで導電率が極めて高い良導体について考える。一般的な良導体である金、銀、銅、アルミ等に関しては、導電率は 10^7 S/m のオーダである。一方、良導体の誘電率は真空の誘電率と同じ 8.854×10^{-12} F/m として差し支えない。したがって、マイクロ波帯である $10^9 \sim 10^{10}$ rad/s 程度の角周波数であれば、$\sigma \gg \omega\varepsilon$ と十分見なすことができる。よって、式 (4.69) に示した波動インピーダンスにおいて $j\omega\varepsilon$ の項を無視すると、良導体の波動インピーダンスは式 (4.70) で表すことができる。ここで虚数単位 j の平方根は

$$\sqrt{j} = \sqrt{e^{j(\pi/2)}} = e^{j(\pi/4)} = \cos\frac{\pi}{4} + j\sin\frac{\pi}{4} = \frac{1}{\sqrt{2}}(1+j)$$

と計算される。

　また良導体の伝搬定数は、式 (4.21) の定義式において $j\omega\varepsilon$ の項を無視すると

$$\gamma = \sqrt{j\omega\mu\sigma} = \sqrt{\frac{\omega\mu\sigma}{2}}(1+j) = \alpha + j\beta$$

となり、良導体内においては $e^{\alpha z}$ の減衰項をもって平面波が指数関数的に減衰することがわかる。この現象を表皮効果と呼び、図4.19に示すように平面波（正弦波）の大きさが 1/e に減衰するまでの距離のことを表皮深さと呼ぶ。表皮深さ δ_s はその定義から減衰定数 α の逆数となり、良導体においては式 (4.71) が導かれる。マイクロ波帯において良導体の表皮深さは $1\mu\mathrm{m} \sim 0.1\mu\mathrm{m}$ のオーダとなる。

4-13 媒質内における吸収電力と浸透深さ

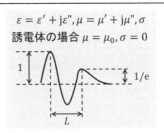

〔図4.20〕浸透深さ

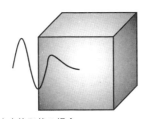

立方体形状の場合
・・・電磁波が表面付近で吸収され中まで届かないかも…

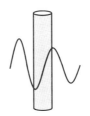

延べ棒形状の場合
・・・電磁波が吸収される前に透過するかも…

〔図4.21〕誘電体の形状と浸透深さの関係

単位体積・単位時間あたりの媒質内における吸収電力

$$W = \sigma|\boldsymbol{E}|^2 + \omega\varepsilon''|\boldsymbol{E}|^2 + \omega\mu''|\boldsymbol{H}|^2 \quad\cdots\cdots\cdots\cdots\cdots\cdots\cdots (4.72)$$

誘電体（$\mu=\mu_0, \sigma=0$）における減衰定数

$$\alpha = \sqrt{\frac{\omega^2\mu_0\varepsilon'}{2}\left(\sqrt{1+\tan^2\delta}-1\right)} = \frac{2\pi f}{c}\sqrt{\frac{\varepsilon_r'}{2}\left(\sqrt{1+\tan^2\delta}-1\right)} \quad \cdots\cdots (4.73)$$

誘電体における浸透深さ

$$L = \frac{1}{2\alpha} = \frac{c}{4\pi f}\sqrt{\frac{2}{\varepsilon_r'\left(\sqrt{1+\tan^2\delta}-1\right)}} \quad \cdots\cdots (4.74)$$

【変数および単位系】
　L：浸透深さ（単位：m）

　媒質内におけるエネルギー保存則は 4-9 節のポインティングベクトルで述べたが、本節では誘電率や透磁率がいずれも複素数である場合について改めて検討する。

　式（4.53）に示した複素ポインティングベクトルのエネルギー保存則に対し、3-6 節で述べた複素誘電率および複素透磁率を導入すると、式（4.53）の右辺は次式のようになる。

$$-\int_v \sigma|\boldsymbol{E}|^2 dv - \omega\int_v \varepsilon''|\boldsymbol{E}|^2 dv - \omega\int_v \mu''|\boldsymbol{H}|^2 dv + j\omega\int_v (\varepsilon'|\boldsymbol{E}|^2 + \mu'|\boldsymbol{H}|^2)dv$$

ただし、式（4.53）における電界および磁界の複素振幅 $\tilde{\boldsymbol{E}}$ および $\tilde{\boldsymbol{H}}$ を改めて $\boldsymbol{E}$ および $\boldsymbol{H}$ としている。ここで、上式の第1項はジュール損失の項であることから第2項と第3項も何らかの損失を与える項となることが予想される。ここで、第2項と第3項はもともと媒質に蓄えられる電気エネルギーもしくは磁気エネルギーの項の一部であるから、第2項と第3項は蓄積エネルギーの一部が媒質内で損失することを表している。第2項は複素誘電率の虚部に起因する損失であることから誘電損失と呼び、第3項は複素透磁率の虚部に起因する損失であることから磁性損失と呼ぶ。上式の第4項は純虚数となるため、媒質に蓄えられる電気エネ

ルギーおよび磁気エネルギーの項である。よって、単位体積内の電磁界の大きさが一定であると仮定すると、単位体積・単位時間あたりの媒質内における吸収電力Wは式(4.72)で表すことができる。

ここで、吸収電力を表す式(4.72)にはいくつか注意点がある。まず、誘電損失と磁性損失には電磁波の角周波数ωが掛けられており、ε''やμ''が一定であればωが大きくなるほど吸収電力が大きくなる。しかしながら、実際には第3章3-8節以降で述べたように誘電率は周波数依存性をもつため、一概に吸収電力が電磁波周波数に比例するとは言えないことに注意する。一方、導電率にはωが掛かっておらず、ジュール損失には周波数依存性はないものとして捉えることができる。次に、ジュール損失と誘電損失はどちらも電界に起因する損失であるが、物理的には全く異なる現象である点に注意する。ジュール損失は導電性の材料に電流が流れることに起因する損失であり、誘電損失は誘電体の緩和時間に起因する損失である。ところが、マクスウェル方程式上では導電率σと角周波数と複素誘電率の虚部の積$\omega\varepsilon''$が同じ次元で扱えてしまうため、特に実測においてσと$\omega\varepsilon''$の分離が困難になり、$\sigma+\omega\varepsilon''$があたかも誘電損失として纏められてしまう。よって、特に低い周波数において誘電損失を実測する際には安易にε''を用いずに導電率の存在$\sigma+\omega\varepsilon''$を意識する必要がある。最後に、式(4.72)はあくまで電界強度や磁界強度が一様とみなせる単位体積あたりでの吸収電力である。媒質中において電磁波が吸収されながら伝搬すれば、自ずと電界強度や磁界強度が伝搬中に減衰する。よって、ある大きさの体積における吸収電力を計算する際には、式(4.53)に示した複素ポインティングベクトルの式に立ち返って計算する必要がある。

ここで、媒質が$\mu=\mu_0, \sigma=0$の誘電体である場合の平面波伝搬について考える。このとき、式(4.35)に示した平面波のマクスウェル方程式は

$$\frac{dE_x}{dz} = -j\omega\mu_0 H_y, \qquad -\frac{dH_y}{dz} = (j\omega\varepsilon' - \omega\varepsilon'')E_x$$

となり、式(4.37)に示したE_x成分に対する微分方程式は

▷第4章 電磁波伝搬の基礎

$$\frac{d^2 E_x}{dz^2} = j\omega\mu_0(j\omega\varepsilon' - \omega\varepsilon'')E_x = \gamma^2 E_x$$

となる。よって、この微分方程式の一般解は、定数 A、B を用いて

$$E_x = A e^{j(\omega t - \gamma z)} + B e^{j(\omega t + \gamma z)}$$

と表すことができる。また伝搬定数 γ は

$$\gamma^2 = (\alpha + j\beta)^2 = -\omega^2 \mu_0 \varepsilon' + j\omega^2 \mu_0 \varepsilon''$$

となる。上式は減衰定数 α と位相定数 β に対する恒等式であるから、β を消去することで $\alpha(>0)$ を求めると式 (4.73) が得られる。ただし $\tan\delta = \varepsilon''/\varepsilon'$ は 3-7 節で示した誘電正接であり、$\varepsilon''=0$ つまり $\tan\delta=0$ となる媒質においては、$\alpha=0$ つまり無損失となる。

　誘電体中の平面波伝搬において、媒質内の吸収電力が 1/e に減衰するまでの距離のことを浸透深さと呼ぶ。ここで、前節の表皮深さは正弦波の減衰が 1/e となるまでの距離であることに対し、浸透深さは電力の減衰が 1/e となるまでの距離であることに注意する。つまり、E_x 成分の 2 乗が 1/e となるまでの距離を求める必要があり、浸透深さを L とすると

$$(e^{-\alpha L})^2 = e^{-1} \quad \text{すなわち} \quad 2\alpha L = 1$$

となる。この結果、浸透深さの式として式 (4.74) が導かれる。

　ここで、誘電体媒質内における吸収電力 W と浸透深さ L の関係性について記す。式 (4.72) より、単純に電磁波の周波数 $f=\omega/2\pi$ あるいは複素誘電率の虚部 ε'' が大きいほど W は増加する。ところが式 (4.74) をみると、f や ε'' が大きいほど L は減少することがわかる。これは当然の結果であり、媒質中の電磁波吸収電力が大きくなれば、その分だけ媒質中において電磁波が減衰し浸透深さが短くなる。よって、マイクロ波を用いて誘電損失により媒質を加熱したい場合、W と L はトレードオフの関係にあることに十分注意する。これは、任意の体積 v をもつ誘電体をマイクロ波加熱する際に誘電体の形状が極めて重要であることを

示唆している。

　例えば、この誘電体が図4.21の左図に示すような立方体に近い形状の場合、fやε''が大きいとLが短いために誘電体内部までマイクロ波が届かず、誘電体内部が加熱されない恐れがある。一方、誘電体が図4.21の右図に示すような延べ棒形状であれば、今度はfやε''が小さいとLが長いためにマイクロ波があまり吸収されずに透過する恐れがある。以上のことから、マイクロ波加熱装置を設計する際には吸収電力や浸透深さの指標に着目するだけではなく、被加熱物の形状にも大きく左右されることに留意する必要がある。

　最後に、これまで無損失媒質として$\sigma=0$という表現を用いてきたが、式（4.72）の吸収電力が示すように無損失媒質の正しい表現は$\sigma=0$、$\varepsilon''=0$、$\mu''=0$である。しかしながら、電磁波工学分野の慣例としては無損失媒質を$\sigma=0$と表現することがほとんどである。このとき、誘電率εおよび透磁率μは複素数ではなく実数として扱う点に注意する。本書においても、特に断りのない限りは無損失媒質を$\sigma=0$と表現し、同時に無損失媒質においてはεとμは正の実数扱いとする。また、誘電率や透磁率を複素数として明示的に扱う必要がある場合にはε'やε''およびμ'やμ''で表記し、実数扱いとする際のεやμと区別できるように配慮する。

参考文献
[1] 卯本重郎、電磁気学、昭晃堂、1975
[2] 長谷部望、電波工学（改訂版）、コロナ社、第3章、2005
[3] 石原照也（監修）、メタマテリアルの技術と応用（普及版）、シーエムシー出版、基礎編第1章、2011

第5章　電気回路の基礎

マイクロ波加熱応用において中心となるのは電磁気学や電磁波工学ではあるが、マイクロ波加熱応用を含むマイクロ波工学の諸現象は電気回路を用いた「等価回路」で記述することが多い。例えば、電磁気学における電界・磁界を電気回路における電圧・電流に対応させることで電磁波伝搬の諸現象を格段に見通し良く解析することができる。

　本章ではオーム（Ohm）の法則を出発点に電気回路の基礎的な項目について述べる。マイクロ波回路を電気回路で表現する場合、後の第6章で述べる分布定数回路を用いた記述が必要となるが、その前段階として本章では集中定数回路による基本的な回路表現について記す。集中定数回路は、回路内で取り扱う電圧・電流の空間変化の長さが回路素子の物理的な大きさや配線長さに比べて十分に長い場合に適応できる。このとき、電圧・電流の回路内の空間変化を考慮せずに回路解析が可能となる。

5-1 抵抗・インダクタ・キャパシタ

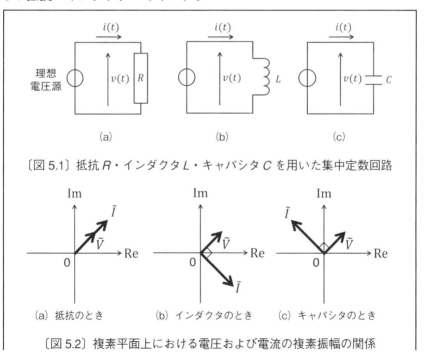

〔図5.1〕抵抗 R・インダクタ L・キャパシタ C を用いた集中定数回路

(a) 抵抗のとき　(b) インダクタのとき　(c) キャパシタのとき

〔図5.2〕複素平面上における電圧および電流の複素振幅の関係

▷第5章　電気回路の基礎

電圧と電流と抵抗の関係（オームの法則）
$$v(t) = Ri(t) \quad \cdots\cdots\cdots\cdots\cdots\cdots\cdots\cdots\cdots\cdots\cdots\cdots\cdots\cdots \quad (5.1)$$

電圧と電流とインダクタの関係
$$v(t) = L\frac{\mathrm{d}i(t)}{\mathrm{d}t} \quad \cdots\cdots\cdots\cdots\cdots\cdots\cdots\cdots\cdots\cdots\cdots\cdots \quad (5.2)$$

電圧と電流とキャパシタの関係
$$v(t) = \frac{1}{C}\int i(t)\,dt \quad \cdots\cdots\cdots\cdots\cdots\cdots\cdots\cdots\cdots\cdots \quad (5.3)$$

電圧と電流とインダクタの関係（複素振幅表現）
$$\tilde{V} = \mathrm{j}\omega L \tilde{I} \quad \cdots\cdots\cdots\cdots\cdots\cdots\cdots\cdots\cdots\cdots\cdots\cdots\cdots \quad (5.4)$$

電圧と電流とキャパシタの関係（複素振幅表現）
$$\tilde{V} = \frac{\tilde{I}}{\mathrm{j}\omega C} \quad \cdots\cdots\cdots\cdots\cdots\cdots\cdots\cdots\cdots\cdots\cdots\cdots\cdots \quad (5.5)$$

【単位系】
　　v、$\tilde{V}$：電圧（単位：V（ボルト））
　　i、$\tilde{I}$：電流（単位：A（アンペア））
　　R：抵抗（単位：Ω（オーム）1Ω=1V/A）
　　L：インダクタンス（単位：H（ヘンリー））
　　C：キャパシタンス（単位：F（ファラッド））

　電気回路素子の中で最も一般的な素子が抵抗、インダクタ、キャパシタの3つである。抵抗とは「電圧を印加したときの電流の流れにくさ」を表す係数であり、電圧と電流の関係は「オームの法則」としてよく知られる。インダクタとは「印加電流によって発生する磁界をエネルギーとして蓄えられる素子」であり、キャパシタとは「印加電圧によって発生する電

界をエネルギーとして蓄えられる素子」である。インダクタとキャパシタは電流と電圧、磁界と電界に対してそれぞれ双対関係をなしている。

図 5.1 に理想電圧源に対する回路の負荷として、抵抗、インダクタ、キャパシタを接続した集中定数回路を示す。ここで理想電圧源とは、出力電圧が負荷に依存せず、かつ内部損失のない電源のことである。この理想電圧源の電圧の時間変化を $v(t)$ とし、$v(t)$ を印加することで各々の回路素子に流れる電流を $i(t)$ とする。

まず負荷が抵抗の場合には、回路図は図 5.1 (a) となり、電圧と電流の関係式は式 (5.1) となる。一方で負荷がインダクタおよびキャパシタの場合には、回路図は図 5.1 (b) および図 5.1 (c) となり、電圧と電流の関係式はそれぞれ式 (5.2) および式 (5.3) となる。つまり、負荷がインダクタの場合には印加電圧は電流の微分とインダクタンス L の積で表され、負荷がキャパシタの場合には印加電圧は電流の積分とキャパシタンス C の逆数の積で表される。

ここで、理想電圧源の電圧を振幅 V、角周波数 ω_V、位相 θ_V をもつ正弦波

$$v(t) = V\cos(\omega_V t + \theta_V)$$

で表現する。複素数を用いて $v(t)$ を表現すれば

$$v(t) = V\mathrm{Re}\{\mathrm{e}^{\mathrm{j}(\omega_V t + \theta_V)}\} = \frac{\tilde{V}}{\sqrt{2}}\mathrm{e}^{\mathrm{j}\omega_V t} + \frac{\tilde{V}^*}{\sqrt{2}}\mathrm{e}^{-\mathrm{j}\omega_V t}, \qquad \tilde{V} = \frac{V}{\sqrt{2}}\mathrm{e}^{\mathrm{j}\theta_V}$$

となる。ここで $\tilde{V}$ は電圧に対する複素振幅であり、$*$ は複素共役を与える。同様に回路に流れる電流を振幅 I、角周波数 ω_I、位相 θ_I をもつ正弦波

$$i(t) = I\cos(\omega_I t + \theta_I)$$

とし、$i(t)$ も複素数を用いて

$$i(t) = I\mathrm{Re}\{\mathrm{e}^{\mathrm{j}(\omega_I t + \theta_I)}\} = \frac{\tilde{I}}{\sqrt{2}}\mathrm{e}^{\mathrm{j}\omega_I t} + \frac{\tilde{I}^*}{\sqrt{2}}\mathrm{e}^{-\mathrm{j}\omega_I t}, \qquad \tilde{I} = \frac{I}{\sqrt{2}}\mathrm{e}^{\mathrm{j}\theta_I}$$

と表現する。$\tilde{I}$ は電流に対する複素振幅である。

　複素数で表現した $v(t)$ および $i(t)$ を、負荷が抵抗の場合である式 (5.1) に代入すると

$$\frac{\tilde{V}}{\sqrt{2}}\mathrm{e}^{\mathrm{j}\omega_\mathrm{V}t} + \frac{\tilde{V}^*}{\sqrt{2}}\mathrm{e}^{-\mathrm{j}\omega_\mathrm{V}t} = R\left(\frac{\tilde{I}}{\sqrt{2}}\mathrm{e}^{\mathrm{j}\omega_\mathrm{I}t} + \frac{\tilde{I}^*}{\sqrt{2}}\mathrm{e}^{-\mathrm{j}\omega_\mathrm{I}t}\right)$$

となる。この式がいかなる時間 t においても成立するには、$\tilde{V}=R\tilde{I}$ および $\omega_\mathrm{V}=\omega_\mathrm{I}$ でなければならない。つまり正弦波を複素数で表現してもオームの法則は成立し、電圧と電流との間には角周波数を変化させる要素がないことがわかる。

　次に、$v(t)$ および $i(t)$ を負荷がインダクタの場合である式 (5.2) に代入すると

$$\frac{\tilde{V}}{\sqrt{2}}\mathrm{e}^{\mathrm{j}\omega_\mathrm{V}t} + \frac{\tilde{V}^*}{\sqrt{2}}\mathrm{e}^{-\mathrm{j}\omega_\mathrm{V}t} = \mathrm{j}\omega_\mathrm{I}L\left(\frac{\tilde{I}}{\sqrt{2}}\mathrm{e}^{\mathrm{j}\omega_\mathrm{I}t} - \frac{\tilde{I}^*}{\sqrt{2}}\mathrm{e}^{-\mathrm{j}\omega_\mathrm{I}t}\right)$$

となる。この式がいかなる時間 t においても成立するには、$\tilde{V}=\mathrm{j}\omega_\mathrm{I}L\tilde{I}$ および $\omega_\mathrm{V}=\omega_\mathrm{I}$ でなければならない。ここで複素共役成分に関しては $\tilde{V}=\mathrm{j}\omega_\mathrm{I}L\tilde{I}$ が成立すれば自動的に $\tilde{V}^*=-\mathrm{j}\omega_\mathrm{I}L\tilde{I}^*$ が成立する（複素共役のため、jが−jとなる点に注意する）。よって $\omega_\mathrm{I}=\omega$ とすれば、負荷がインダクタの場合における複素振幅表現として式 (5.4) が導かれる。

　最後に、$v(t)$ および $i(t)$ を負荷がコンデンサの場合である式 (5.3) に代入すると

$$\frac{\tilde{V}}{\sqrt{2}}\mathrm{e}^{\mathrm{j}\omega_\mathrm{V}t} + \frac{\tilde{V}^*}{\sqrt{2}}\mathrm{e}^{-\mathrm{j}\omega_\mathrm{V}t} = \frac{1}{\mathrm{j}\omega_\mathrm{I}C}\left(\frac{\tilde{I}}{\sqrt{2}}\mathrm{e}^{\mathrm{j}\omega_\mathrm{I}t} - \frac{\tilde{I}^*}{\sqrt{2}}\mathrm{e}^{-\mathrm{j}\omega_\mathrm{I}t}\right)$$

となる。本来、上式の右辺には積分定数が存在するが、左辺に定数が存在しないことより積分定数が0となることは容易に導かれる。この式がいかなる時間 t においても成立するには、$\tilde{V}=\tilde{I}/\mathrm{j}\omega_\mathrm{I}C$ および $\omega_\mathrm{V}=\omega_\mathrm{I}$ でなければならない。よって $\omega_\mathrm{I}=\omega$ とすれば、負荷がコンデンサの場合における複素振幅表現として式 (5.5) が導かれる。

以上のことから、角周波数に関しては負荷が抵抗でもインダクタでもキャパシタでも電流と電圧との間では変化しない。また、電圧と電流の間だけではなく、電磁気学における交流電界と交流磁界の間にも同様に角周波数を変化させる要素が存在しない。よって、以降の角周波数は全て ω で統一する。

　一方、位相に関しては負荷によって変化の傾向が異なる。負荷が抵抗の場合には、$\tilde{V}=R\tilde{I}$ より $\theta_V=\theta_I$、つまり電圧と電流の位相差は 0 である。負荷がインダクタの場合には $\tilde{V}=j\omega L\tilde{I}$ より、複素平面上における θ_V と θ_I の関係は $\theta_I=\theta_V-\pi/2$、つまり電流が電圧に対して $\pi/2\mathrm{rad}=90°$ 遅れていることがわかる。負荷がコンデンサの場合には $\tilde{V}=\tilde{I}/j\omega C$ より、複素平面上における θ_V と θ_I の関係は $\theta_I=\theta_V+\pi/2$、つまり電流が電圧に対して $\pi/2\mathrm{rad}=90°$ 進んでいることがわかる。ここで「進む」あるいは「遅れる」という表現は、複素平面上の反時計回り方向の前後関係に対応する。図 5.2 は各負荷における電圧および電流の複素振幅の関係を複素平面上に示したものである。図 5.2 に示すように、負荷が抵抗の場合は電流と電圧の複素振幅のベクトルは同じ向きとなるが、負荷がインダクタやキャパシタの場合、複素振幅電流は複素振幅電圧よりも 90°遅れた位置あるいは 90°進んだ位置となる。なお、負荷がインダクタおよびキャパシタの場合において電流と電圧との位相差に $\pm\pi/2$ が生じるのは、以下のようにオイラーの式を応用することでも求めることができる。

$$j = \cos\frac{\pi}{2} + j\sin\frac{\pi}{2} = e^{j\frac{\pi}{2}}, \qquad \frac{1}{j} = -j = \cos\frac{\pi}{2} - j\sin\frac{\pi}{2} = e^{j\left(-\frac{\pi}{2}\right)}$$

5-2 インピーダンス・アドミタンス

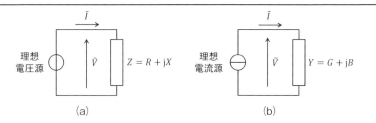

〔図 5.3〕インピーダンス Z とアドミタンス Y

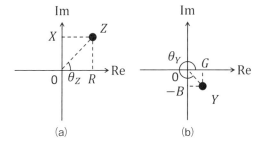

〔図 5.4〕複素平面上におけるインピーダンスおよびアドミタンス

インピーダンス

$$Z = \frac{\tilde{V}}{\tilde{I}} = R + jX = \sqrt{R^2 + X^2}\,e^{j\theta_Z} \quad \cdots\cdots\cdots\cdots\cdots\cdots\cdots\cdots \quad (5.6)$$

アドミタンス

$$Y = \frac{\tilde{I}}{\tilde{V}} = G + jB = \sqrt{G^2 + B^2}\,e^{j\theta_Y} \quad \cdots\cdots\cdots\cdots\cdots\cdots\cdots\cdots \quad (5.7)$$

インピーダンスとアドミタンスの関係

$$Z = \frac{1}{Y}, \quad R + jX = \frac{1}{G + jB} = \frac{G}{G^2 + B^2} + j\frac{-B}{G^2 + B^2} \quad \cdots \quad (5.8)$$

【単位系】
　　Z：インピーダンス（単位：Ω）
　　Y：アドミタンス（単位：S（ジーメンス））
　　X：リアクタンス（単位：Ω）
　　G：コンダクタンス（単位：S）
　　B：サセプタンス（単位：S）

　インピーダンスおよびアドミタンスは、第4章で述べた波動インピーダンスや第6章で述べる伝送線路の特性インピーダンスなど、電磁波工学では頻出する用語である。ここでは電気回路におけるインピーダンスおよびアドミタンスについて説明する。

　インピーダンスとは、5-1節で示した抵抗、インダクタ、コンデンサを含む素子を図5.3 (a) に示すように一つの素子で対応させたものであり、式 (5.6) に示すように電流に対する電圧の複素振幅比で表される。インピーダンスは一般的には複素数で表現され、実部 R は抵抗を表し、虚部 X はリアクタンスと呼ばれる。複素平面上におけるインピーダンスを図5.4 (a) に示す。図中の角度 θ_Z をインピーダンス Z の偏角と呼ぶ。式 (5.6) より、偏角 θ_Z は電流に対する電圧の位相差として現れる。

　アドミタンスはインピーダンスの逆数であり、式 (5.7) に示すように電圧に対する電流の複素振幅比で表される。インピーダンスと比較すると、電流と電圧の対応関係が逆になるため、図5.3 (a) と図5.3 (b) を見比べればわかるように、インピーダンスに対する理想電圧源がアドミタンスでは理想電流源に変わる。ここで理想電流源とは、出力電流が負荷に依存せず、かつ内部損失のない電源のことである。アドミタンスも複素数で表現され、実部 G はコンダクタンス、虚部 B はサセプタンスと呼ばれる。複素平面上におけるアドミタンスは図5.4 (b) のようになり、図中の角度 θ_Y をアドミタンス Y の偏角と呼ぶ。式 (5.7) より、偏角 θ_Y は電圧に対する電流の位相差として現れる。

　アドミタンスはインピーダンスの逆数であることから、式 (5.8) より G と B を用いて R および X を表すことができる。また、式 (5.8) の R

と G および X と B をそれぞれ交換すれば，R と X を用いて G および B を表すこともできる。

5-3 キルヒホッフの法則

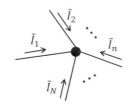

〔図 5.5〕キルヒホッフの電流則

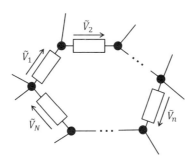

〔図 5.6〕キルヒホッフの電圧則

図 5.5 に示す節点におけるキルヒホッフの電流則

$$\tilde{I}_1 + \tilde{I}_2 + \cdots + \tilde{I}_n + \cdots + \tilde{I}_N = 0 \quad \text{一般的に} \quad \sum_{n=1}^{N} \tilde{I}_n = 0 \quad \cdots\cdots (5.9)$$

図 5.6 に示す閉路におけるキルヒホッフの電圧則

$$\tilde{V}_1 + \tilde{V}_2 + \cdots + \tilde{V}_n + \cdots + \tilde{V}_N = 0 \quad \text{一般的に} \quad \sum_{n=1}^{N} \tilde{V}_n = 0 \quad \cdots (5.10)$$

電気回路は図 5.1 や図 5.3 のように一つの電源に対して一つの回路素子で構成されることは稀であり、一般的には多数の回路素子が縦横無尽に接続された複雑な回路で構成される。ここでは多数の回路素子が接続されたときの基本となるキルヒホッフ（Kirchhoff）の法則について説明する。キルヒホッフの法則には電流則と電圧則がある。

　キルヒホッフの電流則は「電気回路の任意の節点において、各線から節点に向かって流れ込む向きを電流の正としたとき、各線に流れる電流の総和は 0 になる」という法則である。この状況を図示したものが図 5.5 であり、式で表したものが式 (5.9) である。わかりやすく言えば「電流は節点に留まることはなく、節点に届いた電流は必ずどこかへ出ていく」ということである。なお、電流の流れる方向によって正負が決まる点に注意する。各線から節点に向かって流れ込む向きを正とするなら、節点から各線に向かって流れ出す向きは負となる。図 5.5 では全ての電流に対して節点に流れ込む向きを電流の正としているが、実際には流れ込んだ電流は節点に留まらないのでどこかへ流れ出す必要がある。よって、図 5.5 のどれかの電流は節点から流れ出す方向、つまり負の電流値となる。

　キルヒホッフの電圧則は「電気回路の任意の閉路において、閉路内の各線に発生する電圧の向きを一方向にとったとき、各線に発生する電圧の総和は 0 になる」という法則である。この状況を図示したものが図 5.6 であり、式で表したものが式 (5.10) である。わかりやすく言えば「ある節点から出発して閉路をグルっと一周して戻ってきたとき、到着地点の電圧は出発地点の電圧と同じ」ということである。この法則も電圧のとる方向によって正負が決まる点に注意する。閉路で決めた電圧の向きと逆方向にとれば、その電圧は負となる。よって、図 5.6 のどこかの電圧が正なら、閉路をグルっと一周する途中の他のどこかの電圧は負となる。

　上述のようにキルヒホッフの法則は極めて単純な法則であるが、回路内の電圧値や電流値を計算する上では必須の法則である。次節において、キルヒホッフの法則の最も簡単な応用例である直列接続と並列接続について述べる。

5-4 直列接続と並列接続

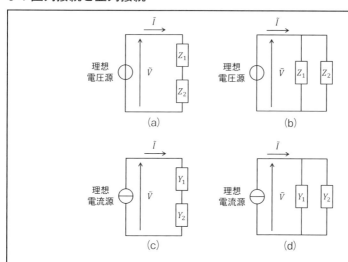

〔図 5.7〕インピーダンスおよびアドミタンスの直列接続・並列接続

インピーダンスの直列接続（図 5.7 (a)）

$$\tilde{V} = (Z_1 + Z_2)\tilde{I} \quad \cdots\cdots\cdots\cdots\cdots\cdots\cdots\cdots\cdots\cdots\cdots\cdots\cdots \quad (5.11)$$

インピーダンスの並列接続（図 5.7 (b)）

$$\tilde{V} = \frac{Z_1 Z_2}{Z_1 + Z_2}\tilde{I} = (Z_1 \parallel Z_2)\tilde{I}, \quad \tilde{I} = \left(\frac{1}{Z_1} + \frac{1}{Z_2}\right)\tilde{V} \quad \cdots\cdots \quad (5.12)$$

アドミタンスの直列接続（図 5.7 (c)）

$$\tilde{I} = \frac{Y_1 Y_2}{Y_1 + Y_2}\tilde{V} = (Y_1 \parallel Y_2)\tilde{V}, \quad \tilde{V} = \left(\frac{1}{Y_1} + \frac{1}{Y_2}\right)\tilde{I} \quad \cdots\cdots \quad (5.13)$$

アドミタンスの並列接続（図 5.7 (d)）

$$\tilde{I} = (Y_1 + Y_2)\tilde{V} \quad \cdots\cdots\cdots\cdots\cdots\cdots\cdots\cdots\cdots\cdots\cdots\cdots\cdots \quad (5.14)$$

一般的な電気回路では、複数のインピーダンスあるいはアドミタンスを直列あるいは並列に接続して使用する。図5.7はインピーダンスあるいはアドミタンスを直列接続あるいは並列接続させた回路図であり、式(5.11)〜式(5.14)は、図5.7の各回路図に対応するインピーダンスあるいはアドミタンスの合成を表す式である。

　式(5.11)〜式(5.14)は前節で記したキルヒホッフの法則から導くことができる。例えば図5.7(a)のインピーダンスの直列接続回路にキルヒホッフの電圧則を適用する。図5.7(a)の理想電圧源および各インピーダンスに発生する電圧の向きを全て紙面の上向きが正になるようにとる。理想電圧源の電圧を$\tilde{V}$、各インピーダンスに発生する電圧をそれぞれ$\tilde{V}_1$および$\tilde{V}_2$とすると、キルヒホッフの電圧則から$\tilde{V}-\tilde{V}_1-\tilde{V}_2=0$となる。キルヒホッフの電圧則は閉路内を一周する方向(例えば時計回りの方向)に電圧の向きを統一する必要があるため、理想電圧源の電圧の向きを正とするなら、各インピーダンスに発生する電圧の向きは負となる。一方、図5.7(a)の回路には節点がないので、回路のどの部分でも流れる電流は一定値$\tilde{I}$となる。よって、$\tilde{V}_1$と$\tilde{V}_2$にオームの法則$\tilde{V}_1=Z_1\tilde{I}$および$\tilde{V}_2=Z_2\tilde{I}$を適用し、キルヒホッフの電圧則に代入すれば式(5.11)が得られる。同様に、図5.7(d)のアドミタンスの並列接続回路にはキルヒホッフの電流則が適用される。理想電流源の電流$\tilde{I}$の向きを図5.7(d)のようにとり、各アドミタンスに流れる電流$\tilde{I}_1$および$\tilde{I}_2$を紙面の下向き(節点から流れ出す向き)にとれば、キルヒホッフの電流則から$\tilde{I}-\tilde{I}_1-\tilde{I}_2=0$となる。一方、図5.7(d)には閉路が3つ存在するが、理想電流源に発生する電圧の向きおよび各アドミタンスに発生する電圧$\tilde{V}_1$および$\tilde{V}_2$の向きを全て紙面の上向きが正になるようにとれば、キルヒホッフの電圧則から$\tilde{V}=\tilde{V}_1=\tilde{V}_2$が容易に導かれる。よって$\tilde{I}_1$と$\tilde{I}_2$にオームの法則$\tilde{I}_1=Y_1\tilde{V}$および$\tilde{I}_2=Y_2\tilde{V}$を適用し、キルヒホッフの電流則に代入すれば式(5.14)が得られる。

　実際に具体的な回路素子を用いて、図5.7の合成インピーダンスと合成アドミタンスの関係を検討する。図5.7(a)の直列接続回路において$Z_1=R$(抵抗)、$Z_2=1/j\omega C$(コンデンサ)とすると、合成インピーダンスは

$Z_1+Z_2=R+1/j\omega C$ となる。同じ抵抗とコンデンサの直列接続回路であっても、図 5.7 (c) のアドミタンスで表現するなら、$Y_1=1/Z_1=1/R$ および $Y_2=1/Z_2=j\omega C$ となり、合成アドミタンスは $Y_1Y_2/(Y_1+Y_2)=j\omega C/(1+j\omega CR)$ となる。当然、この合成アドミタンスは合成インピーダンスの逆数 $1/(Z_1+Z_2)$ に等しい。

なお、一つの回路網の中でインピーダンスとアドミタンスが混在しても構わない。回路全体の電圧・電流や部分的な電圧・電流を計算する際には適宜 $Z=1/Y$ の変換を用いて計算すればよい。ただし、式 (5.11)〜式 (5.14) を見ればわかるように、直列接続はインピーダンスで、並列接続はアドミタンスでそれぞれ計算する方が基本的には簡単である。

5-5 瞬時電力と平均電力

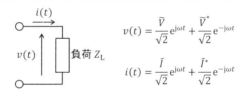

$$v(t) = \frac{\tilde{V}}{\sqrt{2}}e^{j\omega t} + \frac{\tilde{V}^*}{\sqrt{2}}e^{-j\omega t}$$

$$i(t) = \frac{\tilde{I}}{\sqrt{2}}e^{j\omega t} + \frac{\tilde{I}^*}{\sqrt{2}}e^{-j\omega t}$$

〔図 5.8〕負荷に印加される電圧と電流

時刻 t における瞬時電力

$$p(t) \equiv v(t)i(t) = \frac{\tilde{V}\tilde{I}^*}{2} + \frac{\tilde{V}^*\tilde{I}}{2} + \frac{\tilde{V}\tilde{I}}{2}e^{j2\omega t} + \frac{\tilde{V}^*\tilde{I}^*}{2}e^{-j2\omega t} \quad \cdots \quad (5.15)$$

瞬時電力の一周期分の平均電力

$$P = \frac{1}{T}\int_0^T p(t)dt = \frac{\tilde{V}\tilde{I}^*}{2} + \frac{\tilde{V}^*\tilde{I}}{2} = \mathrm{Re}\{\tilde{V}\tilde{I}^*\} \quad \left(T = \frac{1}{f} = \frac{2\pi}{\omega}\right) (5.16)$$

波形の実効値

$$V_\mathrm{RMS} = \sqrt{\frac{1}{T}\int_0^T v^2(t)dt} \quad \cdots\cdots\cdots\cdots\cdots\cdots\cdots\cdots\cdots\cdots\cdots (5.17)$$

【単位系】
　$p(t)$、P：電力（単位：W（ワット）1W=1VA=1J/s）

　（電力）＝（電圧）×（電流）という式は一般的によく知られているが、本節では複素数表現における電力について説明する。

　ある時刻 t において負荷インピーダンス Z_L に印加される電圧 $v(t)$ および電流 $i(t)$ を図 5.8 に示す。この時刻 t における電力の瞬時値を瞬時電力と呼び、式（5.15）で定義する。この定義はまさしく（電力）＝（電圧）×（電流）という式である。ここで、$v(t)$ および $i(t)$ が角周波数 ω の正弦波であり、各々を 5-1 節で用いた複素振幅（図 5.8 に再掲）で表現した場合、瞬時電力は式（5.15）の右辺に示されるように前半 2 項の直流成分と後半 2 項の角周波数 2ω の成分に分類される。つまり、瞬時電力は一定の電力 $(\tilde{V}\tilde{I}^*/2)+(\tilde{V}^*\tilde{I}/2)$ に角周波数 2ω で振動する電力が加わったものとなる。

　角周波数 ω の正弦波に対する一周期分の平均電力は、式（5.15）の瞬時電力 $p(t)$ を周期 T で時間積分すれば良い。角周波数 2ω で振動する電力は周期 T で時間積分をとることによって 0 になるから、平均電力は式（5.16）となる。ここで $\tilde{V}\tilde{I}^*$ の複素共役は $(\tilde{V}\tilde{I}^*)^*=\tilde{V}^*\tilde{I}$ であるから

$$\tilde{V}\tilde{I}^* + \tilde{V}^*\tilde{I} = 2\mathrm{Re}\{\tilde{V}\tilde{I}^*\} = 2\mathrm{Re}\{\tilde{V}^*\tilde{I}\}$$

となる。つまり平均電力は負荷インピーダンスに関係なく実数で表される。平均電力は実効電力とも呼ばれる。

　瞬時電力および平均電力は負荷インピーダンス Z_L を用いても表現できる。オームの法則 $v(t)=Z_\mathrm{L}i(t)$ あるいは $\tilde{V}=Z_\mathrm{L}\tilde{I}$ により、瞬時電力は

$$p(t) = \frac{v(t)^2}{Z_\mathrm{L}} = \frac{|\tilde{V}|^2}{2Z_\mathrm{L}^*} + \frac{|\tilde{V}|^2}{2Z_\mathrm{L}} + \frac{\tilde{V}\tilde{V}}{2Z_\mathrm{L}}\mathrm{e}^{\mathrm{j}2\omega t} + \frac{\tilde{V}^*\tilde{V}^*}{2Z_\mathrm{L}^*}\mathrm{e}^{-\mathrm{j}2\omega t}$$

$$p(t) = Z_\mathrm{L}i(t)^2 = \frac{Z_\mathrm{L}|\tilde{I}|^2}{2} + \frac{Z_\mathrm{L}^*|\tilde{I}|^2}{2} + Z_\mathrm{L}\frac{\tilde{I}\tilde{I}}{2}\mathrm{e}^{\mathrm{j}2\omega t} + Z_\mathrm{L}^*\frac{\tilde{I}^*\tilde{I}^*}{2}\mathrm{e}^{-\mathrm{j}2\omega t}$$

と表すことができ、平均電力は

▷第5章　電気回路の基礎

$$P = \frac{|\tilde{V}|^2}{2Z_L^*} + \frac{|\tilde{V}|^2}{2Z_L} = \frac{Z_L|\tilde{I}|^2}{2} + \frac{Z_L^*|\tilde{I}|^2}{2} = \frac{\text{Re}\{Z_L\}|\tilde{V}|^2}{|Z_L|^2} = \text{Re}\{Z_L\}|\tilde{I}|^2$$

と表すことができる。

　最後に正弦波の最大値と実効値について言及する。5-1節で記した正弦波 $v(t)=V\cos(\omega t+\theta)$ における V は最大値である。一方、$v(t)$ を複素数で表現した場合における振幅 $\tilde{V}$ のことを実効値と呼ぶ。実効値とは「ある負荷に対して電圧（電流）を入力した時の平均電力が、同じ負荷に対して直流電圧（電流）を入力したときの電力と等しくなるときの直流電圧（電流）値」と定義される。つまり、平均電力 P と同じ電力を得るための直流電圧を V_{dc}、直流電流 I_{dc} とすると、$P=V_{dc}I_{dc}$ が満たされる。このときの V_{dc} および I_{dc} が電圧および電流の実効値である。また、実効値を数式で表現するなら式 (5.17) となる。式 (5.17) は、式 (5.16) の左辺を $P=V^2_{RMS}/Z_L$ とし、右辺を $p(t)=v^2(t)/Z_L$ とすることにより得られる。式 (5.17) は電圧の実効値 V_{RMS} を示しているが、電流の実効値 I_{RMS} を求めたい場合には右辺の $v(t)$ を $i(t)$ に置き換えれば良い。また、式 (5.17) で求められる V_{RMS} は上述の V_{dc} と同じものである。ここで、電圧電流波形が角周波数 ω をもつ正弦波であれば、平均電力 P は式 (5.16) となる。よって、$|\tilde{V}|$ および $|\tilde{I}|$ が電圧および電流の実効値であることは明らかである。また、正弦波 $v(t)=V\cos(\omega t+\theta)$ における実効値が $V/\sqrt{2}$ となることも計算により求めることができ、5-1節で複素振幅を $\tilde{V}=(V/\sqrt{2})e^{j\theta_V}$ と定義したことからも $|\tilde{V}|=V/\sqrt{2}$ が実効値であることがわかる。

　ただし、$P=\text{Re}\{\tilde{V}\tilde{I}^*\} \neq |\tilde{V}||\tilde{I}|$ であることに注意する。$\tilde{V}\tilde{I}^*$ は電圧電流間の位相差情報が含まれた積であるが、$|\tilde{V}||\tilde{I}|$ は電圧電流それぞれの絶対値の積であるから、一般的に $\text{Re}\{\tilde{V}\tilde{I}^*\} \leq |\tilde{V}||\tilde{I}|$ である。等号が成立するのは電圧と電流が同位相のときである。なお、$|\tilde{V}||\tilde{I}|$ のことを皮相電力と呼ぶ。皮相電力の単位は VA（ボルトアンペア）と表現し、W（ワット）と区別する。

5-6 変圧器（トランス）・理想変成器

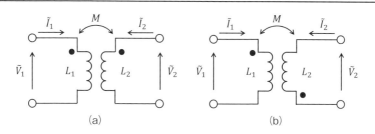

〔図 5.9〕変圧器（トランス）

コイルの向きが同じ場合の変圧器の電圧と電流の関係（図 5.9 (a)）

$$\tilde{V}_1 = j\omega L_1 \tilde{I}_1 + j\omega M \tilde{I}_2, \qquad \tilde{V}_2 = j\omega M \tilde{I}_1 + j\omega L_2 \tilde{I}_2 \quad \cdots\cdots (5.18)$$

コイルの向きが逆の場合の変圧器の電圧と電流の関係（図 5.9 (b)）

$$\tilde{V}_1 = j\omega L_1 \tilde{I}_1 - j\omega M \tilde{I}_2, \qquad \tilde{V}_2 = -j\omega M \tilde{I}_1 + j\omega L_2 \tilde{I}_2 \quad \cdots (5.19)$$

変圧器の結合係数

$$k = \frac{M}{\sqrt{L_1 L_2}} \quad \cdots\cdots\cdots\cdots\cdots\cdots\cdots\cdots\cdots\cdots\cdots\cdots\cdots (5.20)$$

【単位系】

M：相互インダクタンス（単位：H）

k：結合係数（単位：無次元）

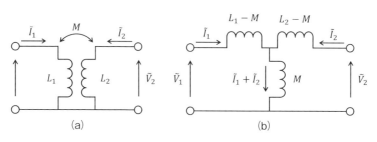

〔図 5.10〕一端共通時の変圧器の等価回路

変圧器の等価回路における電圧と電流の関係（図 5.10 (b)）

$$\tilde{V}_1 = j\omega(L_1 - M)\tilde{I}_1 + j\omega M(\tilde{I}_1 + \tilde{I}_2), \quad \tilde{V}_2 = j\omega M(\tilde{I}_1 + \tilde{I}_2) + j\omega(L_2 - M)\tilde{I}_2$$
$$\cdots\cdots\cdots\cdots (5.21)$$

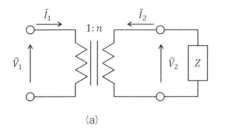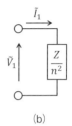

〔図 5.11〕理想変成器

理想変成器における電圧と電流の関係（図 5.11 (a)）

$$\tilde{V}_2 = n\tilde{V}_1, \quad \tilde{I}_2 = -\tilde{I}_1/n \quad \cdots\cdots\cdots\cdots (5.22)$$

理想変成器によるインピーダンス変換（図 5.11 (a) → 図 5.11 (b)）

$$\tilde{V}_1 = \frac{Z}{n^2}\tilde{I}_1 \quad \cdots\cdots\cdots\cdots\cdots\cdots\cdots\cdots\cdots\cdots (5.23)$$

【単位系】

n：巻数比（単位：無次元）

　変圧器（トランスとも呼ぶ）は近接して置かれた2つのコイルの電磁的結合により、一方のコイルの電圧および電流を他方にコイルに伝える素子である。一般的に変圧器は電圧を変換する素子として使用される。

　変圧器の回路図を図5.9に示す。原則として、回路の左側（$\tilde{V}_1$および$\tilde{I}_1$側）を入力にとり、回路の右側（$\tilde{V}_2$および$\tilde{I}_2$側）を出力にとる。変圧器は2つのコイルの向きが同じ向きか逆向きかで電流の流れる方向が逆になるため、図5.9に示すようにコイルの向きを明示したい場合は黒丸を用いてコイルの向きを表す。コイルの向きが同じ場合の変圧器は図5.9 (a)

となり、電流と電圧の関係は式 (5.18) で表される。コイルの向きが逆の場合の変圧器は図 5.9 (b) となり、電流と電圧の関係は式 (5.19) で表される。コイルの向きが同じ場合の変圧器には、黒丸の表示を省略しても良い。

　M は相互インダクタンスと呼ばれ、2つのコイル間の結合度を表す。一方、L_1 および L_2 は各々のコイルのインダクタンスの値であり、自己インダクタンスと呼ばれる。$M=0$ のとき、式 (5.18) より L_1 および L_2 に印加される電圧と電流は独立した状態になる。つまり2つのコイル間の電磁的結合は全くない状態である。

　ここで、一方のコイルで発生した磁束のうち他方のコイルに入り込む磁束の割合を表すパラメータとして結合係数 k を導入する。結合係数は式 (5.20) で与えられる。結合係数の定義より k は1以下の値をとり、コイルの向きによって正負が異なるため、k の範囲は $-1 \leq k \leq 1$ で規定される。上述した $M=0$ のときは $k=0$ のときに相当する。一方、$k=\pm 1$ のときは一方のコイルで発生した磁束が全て他方のコイルに流れ込む理想状態であり、この状態を密結合と呼ぶ。

　図 5.10 (a) のように変圧器の入出力の一端を接続した場合、変圧器の等価回路は図 5.10 (b) のように示すことができ、電圧と電流の関係は式 (5.21) で示すことができる。ただし、式 (5.21) は式 (5.18) の右辺を変形しただけで、実質的には同じ式である。

　また、完全に理想化された変圧器の一種として図 5.11 (a) に示す理想変成器と呼ばれるものがある。理想変成器は式 (5.22) で表されるように、入力電圧 $\tilde{V}_1$ を n 倍で出力し、入力電流 $\tilde{I}_1$ を $1/n$ 倍で出力する回路である。n は巻数比と呼ばれ、変圧器を構成する2つのコイルの巻数比がそのまま電圧比に対応することを意味する。理想変成器自体には抵抗成分もなければインダクタンス成分もないため、理想変成器での電力消費はなく入出力間の位相変化もない。このように理想変成器は極めて都合のよい回路であるため実在はしないが、電気回路内で理想的な状況を扱いたい場合には便利である。例えば、図 5.11 (a) に示すように出力側にインピーダンス Z が接続された回路の場合、式 (5.22) およびオームの法則

$\tilde{V}_2=-Z\tilde{I}_2$ から式 (5.23) が導かれる。この式は、回路の入力側からみたときにインピーダンスが $1/n^2$ 倍されたことを意味し、図 5.11 (b) に示すような回路に書き換えることができる。このように、理想変成器は無損失のインピーダンス変換器として用いることができる。

5-7 4 端子回路の行列表現

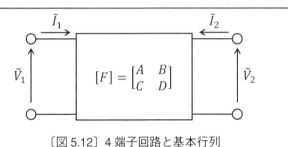

〔図 5.12〕4 端子回路と基本行列

4 端子回路における基本行列（F 行列）

$$\begin{bmatrix}\tilde{V}_1\\\tilde{I}_1\end{bmatrix}=\begin{bmatrix}A & B\\C & D\end{bmatrix}\begin{bmatrix}\tilde{V}_2\\-\tilde{I}_2\end{bmatrix}, \quad \tilde{V}_1=A\tilde{V}_2+B(-\tilde{I}_2), \quad \tilde{I}_1=C\tilde{V}_2+D(-\tilde{I}_2) \quad (5.24)$$

4 端子定数の値

$$A=\left.\frac{\tilde{V}_1}{\tilde{V}_2}\right|_{\tilde{I}_2=0}, \quad B=\left.\frac{\tilde{V}_1}{(-\tilde{I}_2)}\right|_{\tilde{V}_2=0}, \quad C=\left.\frac{\tilde{I}_1}{\tilde{V}_2}\right|_{\tilde{I}_2=0}, \quad D=\left.\frac{\tilde{I}_1}{(-\tilde{I}_2)}\right|_{\tilde{V}_2=0} \quad (5.25)$$

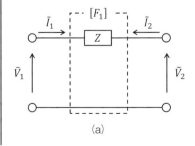

(a)

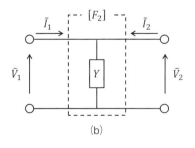

(b)

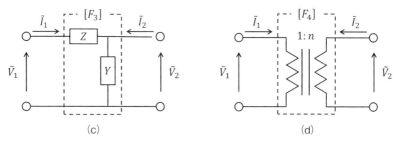

〔図5.13〕基本的な4端子回路

インピーダンスZを直列に挿入した4端子回路の基本行列（図5.13(a)）

$$[F_1] = \begin{bmatrix} 1 & Z \\ 0 & 1 \end{bmatrix} \quad \cdots\cdots\cdots\cdots\cdots\cdots\cdots\cdots\cdots (5.26)$$

アドミタンスYを並列に挿入した4端子回路の基本行列（図5.13(b)）

$$[F_2] = \begin{bmatrix} 1 & 0 \\ Y & 1 \end{bmatrix} \quad \cdots\cdots\cdots\cdots\cdots\cdots\cdots\cdots\cdots (5.27)$$

L型回路の基本行列（図5.13(c)）

$$[F_3] = [F_1][F_2] = \begin{bmatrix} 1 & Z \\ 0 & 1 \end{bmatrix}\begin{bmatrix} 1 & 0 \\ Y & 1 \end{bmatrix} = \begin{bmatrix} 1+ZY & Z \\ Y & 1 \end{bmatrix} \quad \cdots\cdots (5.28)$$

理想変成器の基本行列（図5.13(d)）

$$[F_4] = \begin{bmatrix} 1/n & 0 \\ 0 & n \end{bmatrix} \quad \cdots\cdots\cdots\cdots\cdots\cdots\cdots\cdots\cdots (5.29)$$

5-1節から5-5節では、主に電源（入力側）と負荷（出力側）の間に何も含まれない回路について検討した。このような回路の場合、電源と負荷を分離して負荷側をみると、図5.8のように2つの端子をもつ回路となる。このような回路を2端子回路あるいは1端子対回路と呼ぶ。2端子回路では、回路の端子に対して1組の電圧と電流が存在する。一方、5-6節で述べた変圧器や理想変成器は電源と負荷との間に挿入される回路であり、変圧器や理想変成器のみを取り出すと図5.9や図5.11（a）のように4つの端子をもつ回路となる。このような回路を4端子回路ある

いは2端子対回路と呼ぶ。図5.12に一般的な4端子回路を示す。4端子回路では回路の端子に対して2組の電圧と電流が存在し、原則として左側の2端子を入力側、右側の2端子を出力側とする。この4端子回路の入出力電圧および入出力電流を表現するために使われる非常に便利な手法が行列表現である。行列表現は、第6章で述べる分布定数線路や第10章で述べるSパラメータにも使われるため、電気回路やマイクロ波回路を理解する上で極めて重要である。本節では、まず4端子回路を表現するための最も基本となる行列である基本行列について説明する。

4端子回路の入出力電圧および入出力電流の向きを図5.12に示すようにとる。特に、出力電流$\tilde{I}_2$が回路に流れ込む向きを正としていることに注意する。このとき、基本行列は式 (5.24) で表される。基本行列は、F行列あるいはFパラメータとも呼ばれ、基本行列の右から出力をかけたものが入力となる。ここで図5.12に示す出力電流$\tilde{I}_2$が式 (5.24) では$-\tilde{I}_2$となっている点に十分注意する。これは、基本行列が後に述べる縦続接続に極めて適した行列表現であるため、基本行列に限って出力電流の向きを逆向きにとる。電気回路の教科書によっては図5.12に示す出力電流の向きを初めから逆向きに定義し、数式内の電流を全て正に統一している場合もある。本書では、4端子回路図のイメージをブレさせないために4端子回路の電流の向きを図5.12で統一し、数式内の電流に正負をつけることとする。

基本行列の要素A、B、C、Dは4端子定数と呼ばれ、式 (5.25) で定義される。各4端子定数の右辺について説明する。Aは「出力電流$\tilde{I}_2$を0としたときの出力電圧$\tilde{V}_2$に対する入力電圧$\tilde{V}_1$の比」である。ここで「出力電流$\tilde{I}_2$を0としたとき」とは、図5.12のように「出力側を開放した状態」を意味する。出力側が開放であれば電流$\tilde{I}_2$は流れないので、自動的に$\tilde{I}_2=0$が成立する。つまり、Aは「出力側を開放したときの出力電圧$\tilde{V}_2$に対する入力電圧$\tilde{V}_1$の比」と同等である。

次にBは「出力電圧$\tilde{V}_2$を0としたときの出力電流$-\tilde{I}_2$に対する入力電圧$\tilde{V}_1$の比」である。ここで「出力電圧$\tilde{V}_2$を0としたとき」とは、図5.12において「出力側を短絡した状態」を意味する。出力側が短絡 (0Ω)

であれば電圧がかからないので、自動的に $\tilde{V}_2=0$ が成立する。つまり、B は「出力側を短絡したときの出力電流 $-\tilde{I}_2$ に対する入力電圧 $\tilde{V}_1$ の比」と同等である。

同様にして、C は「出力電流 $\tilde{I}_2$ を 0 としたとき、つまり出力側を開放したときの出力電圧 $\tilde{V}_2$ に対する入力電流 $\tilde{I}_1$ の比」であり、D は「出力電圧 $\tilde{V}_2$ を 0 としたとき、つまり出力側を短絡したときの出力電流 $-\tilde{I}_2$ に対する入力電流 $\tilde{I}_1$ の比」である。なお、式 (5.25) より 4 端子定数の単位はバラバラである点に注意する。A と D は電圧および電流の比であるから単位は無次元であるが、B はインピーダンス、C はアドミタンスと同じ次元をもつ。

図 5.13 は、最も基本的な 4 端子回路例である。図 5.13 (a) はインピーダンスが直列接続された回路であり、基本行列は式 (5.26) で表される。実際に式 (5.26) の 4 端子定数を式 (5.24) に代入すれば

$$\tilde{V}_1 = \tilde{V}_2 - Z\tilde{I}_2, \qquad \tilde{I}_1 = -\tilde{I}_2$$

となり、図 5.13 (a) の入出力電圧と入出力電流の関係を示している。図 5.13 (b) はアドミタンスが並列接続された回路であり、基本行列は式 (5.27) で表される。図 5.13 (c) はインピーダンスとアドミタンスが L 型に接続された回路であり、基本行列は式 (5.28) で表される。図 5.13 (d) は理想変成器であり、基本行列は式 (5.29) で表される。式 (5.29) を式 (5.24) に代入すれば式 (5.22) に対応していることは明らかである。

一般的には 4 端子回路の左側には電源が接続され、右側には負荷が接続される。よって、4 端子回路は電源と負荷との間に挟まれる回路部分を表現する意味において重要である。一方、4 端子回路内の回路素子が 1 つのインピーダンスやアドミタンスのみで構成されることは稀であり、通常は複数の回路素子が複雑に接続された回路となる。このような複雑な回路を扱うときに基本行列は極めて有効な機能を発揮する。この有効な機能を図 5.13 (c) の L 型回路を用いて説明する。

図 5.13 (c) の L 型回路は図 5.13 (a) の 4 端子回路と図 5.13 (b) の 4 端子回路が順に接続された 4 端子回路である。このような回路接続を縦続

接続と呼ぶ。ここで、図 5.13 (a) の 4 端子回路の出力電圧および出力電流を便宜上 $\tilde{V}_3$ および $\tilde{I}_3$ と再定義し、図 5.13 (b) の 4 端子回路の入力側および図 5.13 (c) の 4 端子回路の Z と Y の間の部分に着目する。このとき、図 5.13 (b) の 4 端子回路の入力電圧および入力電流を $\tilde{V}_3$ および $-\tilde{I}_3$（入力電流の向きが回路図の定義と逆になるため負となる）と再定義すれば、図 5.13 (a) および図 5.13 (b) に対する式 (5.24) はそれぞれ以下の通りとなる。

$$\begin{bmatrix} \tilde{V}_1 \\ \tilde{I}_1 \end{bmatrix} = [F_1] \begin{bmatrix} \tilde{V}_3 \\ -\tilde{I}_3 \end{bmatrix}, \qquad \begin{bmatrix} \tilde{V}_3 \\ -\tilde{I}_3 \end{bmatrix} = [F_2] \begin{bmatrix} \tilde{V}_2 \\ -\tilde{I}_2 \end{bmatrix}$$

上式はどちらの式にも $\tilde{V}_3$ と $-\tilde{I}_3$ が現れることがわかる。よって $\tilde{V}_3$ と $-\tilde{I}_3$ をそのまま代入すれば

$$\begin{bmatrix} \tilde{V}_1 \\ \tilde{I}_1 \end{bmatrix} = [F_1][F_2] \begin{bmatrix} \tilde{V}_2 \\ -\tilde{I}_2 \end{bmatrix}$$

となり、式 (5.28) と一致する。このように、基本行列を用いると複雑な回路を直列接続や並列接続された回路に分離し、行列演算によって元の複雑な 4 端子回路の 4 端子定数を簡便に求めることができる。

5-8 インピーダンス行列・アドミタンス行列

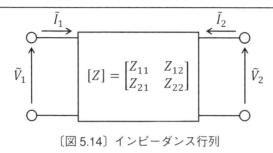

〔図 5.14〕インピーダンス行列

4端子回路におけるインピーダンス行列（Z行列）

$$\begin{bmatrix} \tilde{V}_1 \\ \tilde{V}_2 \end{bmatrix} = \begin{bmatrix} Z_{11} & Z_{12} \\ Z_{21} & Z_{22} \end{bmatrix} \begin{bmatrix} \tilde{I}_1 \\ \tilde{I}_2 \end{bmatrix}, \quad \tilde{V}_1 = Z_{11}\tilde{I}_1 + Z_{12}\tilde{I}_2, \quad \tilde{V}_2 = Z_{21}\tilde{I}_1 + Z_{22}\tilde{I}_2 \quad (5.30)$$

各インピーダンスの値

$$Z_{11} = \left.\frac{\tilde{V}_1}{\tilde{I}_1}\right|_{\tilde{I}_2=0}, \quad Z_{12} = \left.\frac{\tilde{V}_1}{\tilde{I}_2}\right|_{\tilde{I}_1=0}, \quad Z_{21} = \left.\frac{\tilde{V}_2}{\tilde{I}_1}\right|_{\tilde{I}_2=0}, \quad Z_{22} = \left.\frac{\tilde{V}_2}{\tilde{I}_2}\right|_{\tilde{I}_1=0} \quad (5.31)$$

基本行列からインピーダンス行列への変換

$$\begin{bmatrix} Z_{11} & Z_{12} \\ Z_{21} & Z_{22} \end{bmatrix} = \frac{1}{C} \begin{bmatrix} A & AD-BC \\ 1 & D \end{bmatrix} \quad \cdots\cdots\cdots\cdots\cdots\cdots\cdots\cdots\cdots\cdots\cdots (5.32)$$

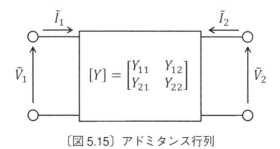

〔図 5.15〕アドミタンス行列

4端子回路におけるアドミタンス行列（Y行列）

$$\begin{bmatrix} \tilde{I}_1 \\ \tilde{I}_2 \end{bmatrix} = \begin{bmatrix} Y_{11} & Y_{12} \\ Y_{21} & Y_{22} \end{bmatrix} \begin{bmatrix} \tilde{V}_1 \\ \tilde{V}_2 \end{bmatrix}, \quad \tilde{I}_1 = Y_{11}\tilde{V}_1 + Y_{12}\tilde{V}_2, \quad \tilde{I}_2 = Y_{21}\tilde{V}_1 + Y_{22}\tilde{V}_2 \quad (5.33)$$

各アドミタンスの値

$$Y_{11} = \left.\frac{\tilde{I}_1}{\tilde{V}_1}\right|_{\tilde{V}_2=0}, \quad Y_{12} = \left.\frac{\tilde{I}_1}{\tilde{V}_2}\right|_{\tilde{V}_1=0}, \quad Y_{21} = \left.\frac{\tilde{I}_2}{\tilde{V}_1}\right|_{\tilde{V}_2=0}, \quad Y_{22} = \left.\frac{\tilde{I}_2}{\tilde{V}_2}\right|_{\tilde{V}_1=0} \quad (5.34)$$

基本行列からアドミタンス行列への変換

$$\begin{bmatrix} Y_{11} & Y_{12} \\ Y_{21} & Y_{22} \end{bmatrix} = \frac{1}{B}\begin{bmatrix} A & -(AD-BC) \\ -1 & D \end{bmatrix} \quad \cdots\cdots\cdots\cdots\cdots\cdots\cdots (5.35)$$

インピーダンス行列とアドミタンス行列との変換（$[I]$は単位行列）

$$[Z] = [Y]^{-1}, \quad [Y] = [Z]^{-1}, \quad [Z][Y] = [Y][Z] = [I] = \begin{bmatrix} 1 & 0 \\ 0 & 1 \end{bmatrix} \quad (5.36)$$

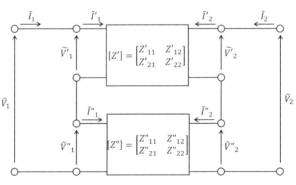

〔図5.16〕4端子回路の直列接続

4端子回路の直列接続

$$\begin{bmatrix} \tilde{V}_1 \\ \tilde{V}_2 \end{bmatrix} = [Z]\begin{bmatrix} \tilde{I}_1 \\ \tilde{I}_2 \end{bmatrix} = [Z']\begin{bmatrix} \tilde{I}_1 \\ \tilde{I}_2 \end{bmatrix} + [Z'']\begin{bmatrix} \tilde{I}_1 \\ \tilde{I}_2 \end{bmatrix} = \begin{bmatrix} Z'_{11}+Z''_{11} & Z'_{12}+Z''_{12} \\ Z'_{21}+Z''_{21} & Z'_{22}+Z''_{22} \end{bmatrix}\begin{bmatrix} \tilde{I}_1 \\ \tilde{I}_2 \end{bmatrix}$$
$$\cdots\cdots\cdots\cdots (5.37)$$

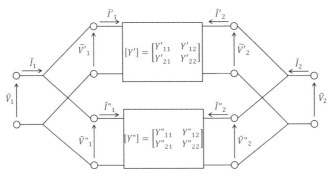

〔図 5.17〕4 端子回路の並列接続

4 端子回路の並列接続

$$\begin{bmatrix} \tilde{I}_1 \\ \tilde{I}_2 \end{bmatrix} = [Y] \begin{bmatrix} \tilde{V}_1 \\ \tilde{V}_2 \end{bmatrix} = [Y'] \begin{bmatrix} \tilde{V}_1 \\ \tilde{V}_2 \end{bmatrix} + [Y''] \begin{bmatrix} \tilde{V}_1 \\ \tilde{V}_2 \end{bmatrix} = \begin{bmatrix} Y'_{11} + Y''_{11} & Y'_{12} + Y''_{12} \\ Y'_{21} + Y''_{21} & Y'_{22} + Y''_{22} \end{bmatrix} \begin{bmatrix} \tilde{V}_1 \\ \tilde{V}_2 \end{bmatrix}$$
.... (5.38)

　基本行列は 4 端子回路の縦続接続に対して行列演算を用いることで各要素を求められる点で優れているが、出力電流の向きが逆であったり 4 端子定数の単位系が揃っていなかったりする等、物理現象を扱う上ではわかりにくい。そこで、4 端子回路の異なる行列表現であるインピーダンス行列（Z 行列とも呼ぶ）およびアドミタンス行列（Y 行列とも呼ぶ）について説明する。

　インピーダンス行列は、その名の通り全ての要素がインピーダンスで表現された行列であり、図 5.14 の 4 端子回路に対して式（5.30）で表される。また各要素は式（5.31）で定義され、要素の単位系が全てインピーダンスとなることがわかる。式（5.31）中の $\tilde{I}_1 = 0$ や $\tilde{I}_2 = 0$ は、基本行列のときと同様に「入力端子あるいは出力端子を開放としたとき」を表す。また、基本行列からインピーダンス行列への変換も可能であり、基本行列の 4 端子定数がわかれば式（5.32）によってインピーダンス行列を求めることができる。ただし、4 端子定数の C=0 が成立する場合のみ、基本行列からインピーダンス行列への変換ができない。C=0 が成立する

のは図5.13 (a) に示したインピーダンスを直列接続した回路であり、この場合は式 (5.26) より $C=0$ となる。また、インピーダンス行列の要素を定義する式 (5.31) をみても図5.13 (a) の4端子回路のインピーダンス行列が定義できないことがわかる。すなわち、図5.13 (a) の4端子回路の入力もしくは出力を開放にしたときに自動的に $\tilde{I}_1=\tilde{I}_2=0$ となるため、各要素の分母が0となり、インピーダンス行列が定義できなくなる。

アドミタンス行列は全ての要素がアドミタンスで表現された行列であり、図5.15の4端子回路に対して式 (5.33) で表される。また各要素は式 (5.34) で定義され、要素の単位系が全てアドミタンスとなることがわかる。式 (5.34) 中の $\tilde{V}_1=0$ や $\tilde{V}_2=0$ は、基本行列のときと同様に「入力端子あるいは出力端子を短絡としたとき」を表す。基本行列の4端子定数がわかれば式 (5.35) によって基本行列からアドミタンス行列を求めることができる。ただし、4端子定数の $B=0$ が成立する場合のみ、基本行列からアドミタンス行列への変換ができない。$B=0$ が成立するのは図5.13 (b) に示したアドミタンスを並列接続した回路であり、この場合は式 (5.27) より $B=0$ となる。また、アドミタンス行列の要素を定義する式 (5.34) をみても図5.13 (b) の4端子回路のアドミタンス行列が定義できないことがわかる。すなわち、図5.13 (b) の4端子回路の入力もしくは出力を短絡にしたときに自動的に $\tilde{V}_1=\tilde{V}_2=0$ となるため、各要素の分母が0となり、アドミタンス行列が定義できなくなる。

インピーダンス行列とアドミタンス行列は双対関係にあり、式 (5.36) に示すようにインピーダンス行列はアドミタンス行列の逆行列で求められ、アドミタンス行列はインピーダンス行列の逆行列で求められる。また、同じ4端子回路から求めたインピーダンス行列とアドミタンス行列の積は単位行列になる。これは2端子回路においてインピーダンスとアドミタンスの関係が $Z=1/Y$、$Y=1/Z$、$ZY=1$ となることが、4端子回路に拡張されたことを表している。

最後に、4端子回路の直列接続と並列接続について述べる。4端子回路の直列接続を図5.16に示す。図5.16には2つの4端子回路があり、各々のインピーダンス行列が与えられている。このとき、図5.16の4端子

回路全体のインピーダンス行列が式 (5.37) で表される。なぜなら、図 5.16 においてキルヒホッフの法則により

$$\tilde{V}_1 = \tilde{V}'_1 + \tilde{V}''_1, \quad \tilde{V}_2 = \tilde{V}'_2 + \tilde{V}''_2, \quad \tilde{I}_1 = \tilde{I}'_1 = \tilde{I}''_1, \quad \tilde{I}_2 = \tilde{I}'_2 = \tilde{I}''_2$$

が成立するからである。図 5.16 を一目見ただけではわかりにくいが、5-4 節で示した図 5.7 (a) の直列接続回路および式 (5.11) と対比するとわかりやすい。すなわち、図 5.7 (a) の直列接続回路の 2 端子回路を 4 端子回路に拡張したものが図 5.16 であり、式 (5.37) である。

同様に 4 端子回路の並列接続を図 5.17 に示す。図 5.17 には 2 つの 4 端子回路があり、各々のアドミタンス行列が与えられている。このとき、キルヒホッフの法則により

$$\tilde{V}_1 = \tilde{V}'_1 = \tilde{V}''_1, \quad \tilde{V}_2 = \tilde{V}'_2 = \tilde{V}''_2, \quad \tilde{I}_1 = \tilde{I}'_1 + \tilde{I}''_1, \quad \tilde{I}_2 = \tilde{I}'_2 + \tilde{I}''_2$$

が成立するから、図 5.17 の 4 端子回路全体のアドミタンス行列が式 (5.38) で表される。5-4 節で示した図 5.7 (d) の並列接続回路および式 (5.14) と対比すると、図 5.7 (d) の並列接続回路の 2 端子回路を 4 端子回路に拡張したものが図 5.17 であり、式 (5.38) である。やはり、ここでもインピーダンス行列とアドミタンス行列の双対関係が保たれている。

5-9 入力インピーダンス・出力インピーダンス

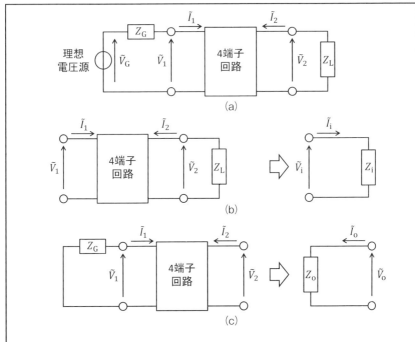

〔図 5.18〕入力インピーダンス・出力インピーダンス

基本行列 (4 端子定数) を用いた入力インピーダンス (図 5.18 (b))

$$Z_\mathrm{i} = \frac{AZ_\mathrm{L} + B}{CZ_\mathrm{L} + D} \quad\cdots\cdots\cdots\cdots\cdots\cdots\cdots\cdots\cdots\cdots\cdots\cdots\cdots (5.39)$$

基本行列 (4 端子定数) を用いた出力インピーダンス (図 5.18 (c))

$$Z_\mathrm{o} = \frac{B + DZ_\mathrm{G}}{A + CZ_\mathrm{G}} \quad\cdots\cdots\cdots\cdots\cdots\cdots\cdots\cdots\cdots\cdots\cdots\cdots\cdots (5.40)$$

本章の最後に、回路の入力インピーダンスと出力インピーダンスについて触れる。マイクロ波回路においては、インピーダンスの整合度合いによってマイクロ波の反射量が決まるため、入出力インピーダンスを意識することはマイクロ波回路の整合をとるために極めて重要である。

図 5.18 (a) は、電源と 4 端子回路と負荷で構成される一般的な電気回路である。電源は理想電圧源 $\tilde{V}_G$ と電源の内部抵抗 Z_G で構成され、負荷を Z_L とする。このとき、電源の出力端から負荷側（$\tilde{V}_1$ の位置から右側）をみた入力インピーダンスは図 5.18 (b) のように図示される。4 端子回路と負荷を含む形で回路全体を 2 端子回路に置き換えたときのインピーダンス Z_i が入力インピーダンスである。

同様に、負荷の入力端から電源側（$\tilde{V}_2$ の位置から左側）をみた出力インピーダンスは図 5.18 (c) のように図示される。4 端子回路と電源の内部抵抗を含む形で回路全体を 2 端子回路に置き換えたときのインピーダンス Z_o が出力インピーダンスである。

入出力インピーダンスを導出するときのルールとして、電圧源は短絡とし、電流源は開放とすることに注意する。出力インピーダンスを求める図 5.18 (c) の回路図においても電圧源を短絡として出力インピーダンスを求めることになる。また、電圧源や電流源が 4 端子回路内に存在する場合にも同様のルールを適用する。

図 5.18 (b) のように 4 端子回路と負荷で構成される入力インピーダンスに関しては、4 端子回路の基本行列（4 端子定数）がわかれば式 (5.39) で入力インピーダンスを計算することができる。同様に、図 5.18 (c) のように 4 端子回路と電源の内部抵抗で構成される出力インピーダンスに関しては、4 端子回路の基本行列（4 端子定数）がわかれば式 (5.40) で出力インピーダンスを計算することができる。いずれの式も基本行列を表す式 (5.24) と、オームの法則 $\tilde{V}_2=Z_L(-\tilde{I}_2)$ あるいは $\tilde{V}_1=Z_G(-\tilde{I}_1)$ から求められる。ただし、オームの法則を適用するときに電流の向きが逆となる点に注意する。

本節では、最も一般的な事例として入出力インピーダンスを求める位置を電源の出力端や負荷の入力端と設定したが、入出力インピーダンス

を求める基準の位置は任意に設定しても良く、例えば4端子回路内のどこかを基準の位置にしても構わない。ただし、基準となる位置を移動させたとしても、新たな基準点からみた入力側を新たな電源と再定義し、出力側を新たな負荷と再定義すれば、結局は図5.18 (a) の回路で表すことができるので、新たに定義した回路において式 (5.39) と式 (5.40) を適用すれば入出力インピーダンスは同様の手順で求めることができる。

第6章　分布定数線路の基礎

分布定数線路はマイクロ波帯の伝搬を扱う上では避けては通れない電気回路の取り扱いである。本章では分布定数線路の基礎について記す。第5章で記した集中定数回路は、直流回路や低周波数（50 Hz や 60 Hz 等）の交流回路において使用できるが、例えば周波数 10GHz のマイクロ波の波長は真空中において約3cmである（波長については6-2節で述べる）。つまり、位置が1mm変化するだけでも電磁波（正弦波）の位相は12°（=360°×(1mm/3cm)）変化するため、ある時刻・ある位置での電圧値と同一時刻で1mmずれた位置での電圧値が等しいとは到底言えない。このような状況をふまえ、位置の違いによる電圧値や電流値の違いを反映させる手法として分布定数線路を用いる。

6-1 分布定数回路

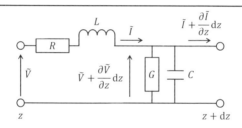

〔図 6.1〕分布定数回路のモデル

分布定数回路における電圧と電流の関係（角周波数 ω の正弦波の場合）

$$-\frac{d\tilde{V}}{dz} = (R + j\omega L)\tilde{I} \quad \cdots\cdots\cdots\cdots\cdots\cdots\cdots\cdots \quad (6.1)$$

$$-\frac{d\tilde{I}}{dz} = (G + j\omega C)\tilde{V} \quad \cdots\cdots\cdots\cdots\cdots\cdots\cdots\cdots \quad (6.2)$$

分布定数回路における電圧と電流の関係（一般式）

$$-\frac{\partial \tilde{V}}{\partial z} = R\tilde{I} + L\frac{\partial \tilde{I}}{\partial t} \quad \cdots\cdots\cdots\cdots\cdots\cdots\cdots\cdots \quad (6.3)$$

$$-\frac{\partial \tilde{I}}{\partial z} = G\tilde{V} + C\frac{\partial \tilde{V}}{\partial t} \quad \cdots\cdots\cdots\cdots\cdots\cdots\cdots\cdots\cdots\cdots\cdots (6.4)$$

角周波数 ω の正弦波に対する分布定数回路上の電圧と電流の一般解

$$\tilde{V} = Ae^{-\gamma z} + Be^{\gamma z} \quad (A、B：定数) \cdots\cdots\cdots (6.5)$$

$$\tilde{I} = \sqrt{\frac{G + j\omega C}{R + j\omega L}}(Ae^{-\gamma z} - Be^{\gamma z}) \quad \cdots\cdots\cdots\cdots\cdots\cdots (6.6)$$

$$\gamma = \sqrt{(R + j\omega L)(G + j\omega C)} = \alpha + j\beta \quad \cdots\cdots\cdots\cdots\cdots (6.7)$$

【単位系】
　γ：伝搬定数（単位：1/m）
　α：減衰定数（単位：1/m）
　β：位相定数（単位：1/m）

　分布定数線路の前段階として、本節では回路素子を用いた分布定数回路について記す。図6.1は一般的な分布定数回路を表す回路モデルである。この回路モデルでは、任意の位置 z と、z から微小区間 dz だけ離れた位置 $z+dz$ との間に、抵抗 R およびインダクタンス L が直列に、コンダクタンス G とキャパシタンス C が並列に接続されている。ただし、ここでの R、L、G、C は各々が単位長さで規格化された値とする。各素子がもつ物理的意味としては、R は微小区間内での電圧振幅の減衰量、L は微小区間内での電圧の位相変化量、G は微小区間内での電流振幅の減衰量、C は微小区間内での電流の位相変化量に対応する。5-1節で述べた通り、電圧および電流がもつ角周波数 ω はこれらの回路素子では変化しないので、電圧および電流がもつ振幅および位相の変化を表すための4つの素子があれば、回路表現としては十分である。

　ここで、電圧および電流が正弦波で与えられるものとし、微小区間 dz を通過することによる電圧変化が $d\tilde{V}/dz$、つまり位置 z に対する電圧の微分で表されるとする。このとき、微小区間 dz を通過した後の電圧

は図 6.1 に示すように $\tilde{V}+(\mathrm{d}\tilde{V}/\mathrm{d}z)\mathrm{d}z$ となる。一方、単位長さあたりの R と L で構成される微小区間 dz のインピーダンスは $(R+\mathrm{j}\omega L)\mathrm{d}z$ となる。このインピーダンスに電流 $\tilde{I}$ が流れることにより、電圧が $\tilde{V}$ から $\tilde{V}+(\mathrm{d}\tilde{V}/\mathrm{d}z)\mathrm{d}z$ に変化することから、次式が導かれる。

$$\tilde{V} - \left(\tilde{V} + \frac{\mathrm{d}\tilde{V}}{\mathrm{d}z}\mathrm{d}z\right) = (R + \mathrm{j}\omega L)\mathrm{d}z\tilde{I}$$

この式の左辺を整理して両辺を dz で割れば、式 (6.1) が得られる。また、電流と電圧およびインピーダンスとアドミタンスの双対関係より、式 (6.2) も同様に得られる。なお、電圧および電流が正弦波ではない場合には j$\omega=\partial/\partial t$ なる変換は成立しないので、一般的な分布定数回路における電圧と電流の関係式は式 (6.3) および式 (6.4) となる。

式 (6.1) の右辺の $\tilde{I}$ を式 (6.2) の左辺に代入すると、以下の微分方程式が得られる。

$$\frac{\mathrm{d}^2\tilde{V}}{\mathrm{d}z^2} = (R + \mathrm{j}\omega L)(G + \mathrm{j}\omega C)\tilde{V}$$

この微分方程式の一般解は式 (6.5) となる。定数 A、B は微分方程式の初期値を与えることによって求めることができる。さらに、式 (6.5) を式 (6.1) に代入することで式 (6.6) が得られる。以上より、図 6.1 の分布定数回路における電圧と電流の一般的な式を求めることができた。

ここで、式 (6.5) や式 (6.6) に現れる γ を伝搬定数と呼び、式 (6.7) で表す。γ は複素数であり、その実部を α、虚部を β としたとき、α および β はそれぞれ減衰定数および位相定数と呼ばれる。この伝搬定数、減衰定数、位相定数は第 4 章の電磁波伝搬で出現した各定数と対応関係がある。

6-2 伝搬定数・位相速度・群速度・波長

無損失（$R=0$、$G=0$）のとき

$$\alpha = 0, \qquad \beta = \omega\sqrt{LC} \quad \cdots\cdots\cdots\cdots\cdots\cdots\cdots\cdots\cdots\cdots (6.8)$$

損失が十分小さい（$R \ll \omega L$、$G \ll \omega C$）とき

$$\alpha = \frac{R\sqrt{C/L} + G\sqrt{L/C}}{2}, \qquad \beta = \omega\sqrt{LC} \quad \cdots\cdots\cdots (6.9)$$

位相速度

$$v_\mathrm{p} \equiv \frac{\omega}{\beta} \quad \cdots\cdots\cdots\cdots\cdots\cdots\cdots\cdots\cdots\cdots\cdots\cdots\cdots\cdots\cdots\cdots (6.10)$$

群速度

$$v_\mathrm{g} \equiv \frac{\mathrm{d}\omega}{\mathrm{d}\beta} \quad \cdots\cdots\cdots\cdots\cdots\cdots\cdots\cdots\cdots\cdots\cdots\cdots\cdots\cdots\cdots (6.11)$$

波長

$$\lambda = \frac{2\pi}{\beta} = \frac{v_\mathrm{p}}{f} \quad \cdots\cdots\cdots\cdots\cdots\cdots\cdots\cdots\cdots\cdots\cdots\cdots\cdots (6.12)$$

【単位系】
- v_p：位相速度（単位：m/s）
- v_g：群速度（単位：m/s）
- λ：波長（単位：m）

　分布定数回路を解析的に調べる場合、回路を無損失として扱うことが多い。無損失の場合、図 6.1 の回路モデルにおいて、抵抗 R およびコンダクタンス G がどちらも 0 になり、インダクタンス L とキャパシタンス C のみで簡略化される。このとき、伝搬定数は式 (6.7) から

$$\gamma = \sqrt{(\mathrm{j}\omega)^2 LC} = \mathrm{j}\omega\sqrt{LC}$$

となる。すなわち、減衰定数 α および位相定数 β は式 (6.8) となり、

伝搬定数が純虚数となるので解析的に扱いやすい。$\alpha=0$ は電圧・電流が伝搬しても減衰がないことを意味し、回路を無損失として扱ったことと合致する。

次に、より実用に近い条件として分布定数回路が無損失ではないものの損失が十分小さい場合について検討する。この条件は、抵抗成分およびコンダクタンス成分がリアクタンス成分およびサセプタンス成分よりもそれぞれ十分に小さいという条件で与えることができ、図 6.1 の回路モデルを用いた条件式で記述するなら $R \ll \omega L$、$G \ll \omega C$ となる。このとき伝搬定数は

$$\gamma = \sqrt{(j\omega)^2 LC(1+R/j\omega L)(1+G/j\omega C)} \approx j\omega\sqrt{LC}(1+R/j2\omega L + G/j2\omega C)$$

と近似でき、最終的に式 (6.9) が得られる。減衰定数は 0 ではなくなり、電圧・電流は伝搬するにつれて減衰する。一方、位相定数については無損失の場合と変わらないことがわかる。

ここで、分布定数回路上の電圧の一般解について、角周波数 ω をもつ正弦波の時間変化 $\mathrm{e}^{j\omega t}$ を加味すると、式 (6.5) は以下のように書き換えられる。

$$\tilde{V} = A\mathrm{e}^{j\omega t - \gamma z} + B\mathrm{e}^{j\omega t + \gamma z} \qquad (A、B:定数)$$

回路が無損失の場合、指数関数の指数は

$$j(\omega t \pm \beta z) = j\beta((\omega/\beta)t \pm z)$$

となる。よって、時間 t と位置 z の単位系から ω/β は速度の次元をもつことがわかる。この速度を位相速度 v_p と呼び、式 (6.10) で定義する。この位相速度は正弦波が伝わる速度を表しており、4-7 節の平面波で出現した式 (4.44) の位相速度の定義と同じである。図 6.1 の回路モデルを用いた場合において回路が無損失あるいは損失が十分小さいときには

$$v_\mathrm{p} = 1/\sqrt{LC}$$

となる。ここで、位相速度は「波形が伝わる速度」を表すものであって、

▷第6章　分布定数線路の基礎

必ずしも「波のエネルギーが伝わる速度」を表しているものではないことに注意する。波のエネルギーが伝わる速度は群速度 v_g と呼ばれ、式 (6.11) つまり位相定数に対する角周波数の微分で定義される。ここまで検討した無損失分布定数回路であれば

$$v_\mathrm{g} = v_\mathrm{p} = 1/\sqrt{LC}$$

となり、位相速度と群速度は一致する。一方、第8章で述べる導波管内の電磁波伝搬の場合には位相速度と群速度は一般的に一致しない。

　さらに、電圧と電流の一般解である式 (6.5) と式 (6.6) をみると、どちらも $\mathrm{e}^{\mathrm{j}\beta z}$ の項と $\mathrm{e}^{-\mathrm{j}\beta z}$ の項が存在する。複素関数の性質より

$$\mathrm{e}^{\mathrm{j}(\beta z + 2n\pi)} = \mathrm{e}^{\mathrm{j}\beta z} \quad (n\text{は整数})$$

であるから、分布定数回路上の電圧・電流は $2\pi/\beta$ を一周期とする周期性をもつことがわかる。この一周期のことを波長 λ と呼び、式 (6.12) で表す。また式 (6.10) と $\omega = 2\pi f$ の関係から、波長は式 (6.12) の右辺に示すように位相速度を用いて表すこともできる。

6-3 前進波・後進波と特性インピーダンス

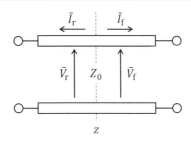

〔図6.2〕分布定数線路における前進波・後進波と特性インピーダンス

前進波

$$\tilde{V}_\mathrm{f} = Ae^{-\gamma z}, \qquad \tilde{I}_\mathrm{f} = Ae^{-\gamma z}/Z_0 \qquad (A：定数) \cdots\cdots\cdots (6.13)$$

後進波

$$\tilde{V}_\mathrm{r} = Be^{\gamma z}, \qquad \tilde{I}_\mathrm{r} = Be^{\gamma z}/Z_0 \qquad (B：定数) \cdots\cdots\cdots (6.14)$$

特性インピーダンス

$$Z_0 = \sqrt{\frac{R + \mathrm{j}\omega L}{G + \mathrm{j}\omega C}} \cdots\cdots\cdots\cdots\cdots\cdots\cdots\cdots\cdots\cdots\cdots (6.15)$$

無損失分布定数線路における特性インピーダンス

$$Z_0 = \sqrt{\frac{L}{C}} \cdots\cdots\cdots\cdots\cdots\cdots\cdots\cdots\cdots\cdots\cdots\cdots\cdots\cdots (6.16)$$

【単位系】
　Z_0：特性インピーダンス（単位：Ω）

　式 (6.5) および式 (6.6) で示した分布定数回路の電圧と電流の一般解は、$e^{-\gamma z}$ の項と $e^{\gamma z}$ の項に分けることができる。各々の項に対応する波を 4-7 節で述べた平面波と同様に前進波および後進波と呼び、式 (6.13)

および式 (6.14) で表す。ここで、前進波の電圧と電流の比 $\tilde{V}_\mathrm{f}/\tilde{I}_\mathrm{f}$、あるいは後進波の電圧と電流の比 $\tilde{V}_\mathrm{r}/\tilde{I}_\mathrm{r}$ を特性インピーダンス Z_0 と定義する。Z_0 は波動インピーダンスとも呼ばれる。例えば図 6.1 で示した分布定数回路の場合、特性インピーダンスは式 (6.15) で与えられる。式 (6.15) を適用すると、式 (6.5)、式 (6.6) と式 (6.13)、式 (6.14) の関係性から、ただちに

$$\tilde{V} = \tilde{V}_\mathrm{f} + \tilde{V}_\mathrm{r}, \quad \tilde{I} = \tilde{I}_\mathrm{f} - \tilde{I}_\mathrm{r}$$

が導かれ、前進波と後進波では電流の向きが逆となることがわかる。任意の位置 z における前進波と後進波の関係は図 6.2 のように表すことができる。なお、図 6.2 の回路図は図 6.1 で示した分布定数回路を一般的な伝送線路として表したものであり、今後は図 6.2 の伝送線路のことを分布定数線路と呼ぶ。

　特性インピーダンス Z_0 は一般的には複素数で与えられるが、例えば図 6.1 に示した分布定数回路が無損失（$R=0$、$G=0$）の場合には Z_0 は式 (6.16) に示すように実数となる。ここで、Z_0 が実数であり Z_0 の単位が Ω であることから、特性インピーダンスがあたかも「抵抗」であるかのように思えるが、これは誤解である。Z_0 は抵抗値ではなく、あくまで電圧と電流の比をとることに起因するインピーダンス表現である。例えば、無損失分布定数回路の特性インピーダンスは上式の通りであるが、もし Z_0 が純粋な抵抗として扱われてしまうと、Z_0 を通過することによる電圧降下が起こり、電力損失が発生する。これは分布定数回路を無損失とした前提条件に矛盾する。無損失分布定数回路の特性インピーダンスは、式 (6.16) の通りインダクタンスとキャパシタンスの比の平方根であり抵抗成分は存在しない。よって、この特性インピーダンス内を伝搬する電圧・電流の損失はない。

6-4 分布定数線路の4端子回路表現

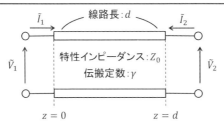

〔図6.3〕分布定数線路の4端子回路

分布定数線路の基本行列

$$\begin{bmatrix} \tilde{V}_1 \\ \tilde{I}_1 \end{bmatrix} = \begin{bmatrix} \dfrac{e^{\gamma d}+e^{-\gamma d}}{2} & Z_0\dfrac{e^{\gamma d}-e^{-\gamma d}}{2} \\ \dfrac{1}{Z_0}\dfrac{e^{\gamma d}-e^{-\gamma d}}{2} & \dfrac{e^{\gamma d}+e^{-\gamma d}}{2} \end{bmatrix}\begin{bmatrix} \tilde{V}_2 \\ -\tilde{I}_2 \end{bmatrix} = \begin{bmatrix} \cosh\gamma d & Z_0\sinh\gamma d \\ \dfrac{\sinh\gamma d}{Z_0} & \cosh\gamma d \end{bmatrix}\begin{bmatrix} \tilde{V}_2 \\ -\tilde{I}_2 \end{bmatrix}$$
……(6.17)

分布定数線路のインピーダンス行列

$$\begin{bmatrix} \tilde{V}_1 \\ \tilde{V}_2 \end{bmatrix} = \begin{bmatrix} Z_0\dfrac{e^{\gamma d}+e^{-\gamma d}}{e^{\gamma d}-e^{-\gamma d}} & Z_0\dfrac{2}{e^{\gamma d}-e^{-\gamma d}} \\ Z_0\dfrac{2}{e^{\gamma d}-e^{-\gamma d}} & Z_0\dfrac{e^{\gamma d}+e^{-\gamma d}}{e^{\gamma d}-e^{-\gamma d}} \end{bmatrix}\begin{bmatrix} \tilde{I}_1 \\ \tilde{I}_2 \end{bmatrix} = \begin{bmatrix} \dfrac{Z_0}{\tanh\gamma d} & \dfrac{Z_0}{\sinh\gamma d} \\ \dfrac{Z_0}{\sinh\gamma d} & \dfrac{Z_0}{\tanh\gamma d} \end{bmatrix}\begin{bmatrix} \tilde{I}_1 \\ \tilde{I}_2 \end{bmatrix}$$
……(6.18)

無損失分布定数線路の基本行列

$$\begin{bmatrix} \tilde{V}_1 \\ \tilde{I}_1 \end{bmatrix} = \begin{bmatrix} \dfrac{e^{j\beta d}+e^{-j\beta d}}{2} & Z_0\dfrac{e^{j\beta d}-e^{-j\beta d}}{2} \\ \dfrac{1}{Z_0}\dfrac{e^{j\beta d}-e^{-j\beta d}}{2} & \dfrac{e^{j\beta d}+e^{-j\beta d}}{2} \end{bmatrix}\begin{bmatrix} \tilde{V}_2 \\ -\tilde{I}_2 \end{bmatrix} = \begin{bmatrix} \cos\beta d & jZ_0\sin\beta d \\ j\dfrac{\sin\beta d}{Z_0} & \cos\beta d \end{bmatrix}\begin{bmatrix} \tilde{V}_2 \\ -\tilde{I}_2 \end{bmatrix}$$
……(6.19)

無損失分布定数線路のインピーダンス行列

$$\begin{bmatrix} \tilde{V}_1 \\ \tilde{V}_2 \end{bmatrix} = \begin{bmatrix} Z_0\dfrac{e^{j\beta d}+e^{-j\beta d}}{e^{j\beta d}-e^{-j\beta d}} & Z_0\dfrac{2}{e^{j\beta d}-e^{-j\beta d}} \\ Z_0\dfrac{2}{e^{j\beta d}-e^{-j\beta d}} & Z_0\dfrac{e^{j\beta d}+e^{-j\beta d}}{e^{j\beta d}-e^{-j\beta d}} \end{bmatrix}\begin{bmatrix} \tilde{I}_1 \\ \tilde{I}_2 \end{bmatrix} = \begin{bmatrix} -jZ_0\dfrac{1}{\tan\beta d} & -jZ_0\dfrac{1}{\sin\beta d} \\ -jZ_0\dfrac{1}{\sin\beta d} & -jZ_0\dfrac{1}{\tan\beta d} \end{bmatrix}\begin{bmatrix} \tilde{I}_1 \\ \tilde{I}_2 \end{bmatrix}$$
……(6.20)

▷第6章 分布定数線路の基礎

　図 6.3 に一般的な分布定数線路を示す。図 6.3 を見ればわかるように、分布定数線路は 4 端子回路である。本節では、分布定数線路の基本行列およびインピーダンス行列を求める。これらの行列表現は、分布定数線路の縦続接続や直列接続、並列接続を行う際や、入出力インピーダンスを求める際など、行列演算で回路の特性を求めるときに有用である。

　特性インピーダンスを Z_0 とし、線路長を d とする。また、線路を伝搬する電圧および電流の角周波数を ω とし、伝搬定数を γ とする。分布定数線路の入力端の座標を $z=0$、出力端の座標を $z=d$ とすると、電圧と電流の一般解である式 (6.5) と式 (6.6) から図 6.3 の入出力電圧および入出力電流は以下の通りとなる。

$$\tilde{V}_1 = A + B, \quad \tilde{V}_2 = Ae^{-\gamma d} + Be^{\gamma d}$$

$$Z_0 \tilde{I}_1 = A - B, \quad Z_0(-\tilde{I}_2) = Ae^{-\gamma d} - Be^{\gamma d}$$

この 4 つの式から定数 A, B を消去すると、基本行列およびインピーダンス行列がそれぞれ式 (6.17) および式 (6.18) として導出される。ここで、sinh$z$, cosh$z$, tanh$z$ は双曲線関数と呼ばれ、次式で定義される。

$$\sinh z \equiv \frac{e^z - e^{-z}}{2}, \quad \cosh z \equiv \frac{e^z + e^{-z}}{2}, \quad \tanh z \equiv \frac{\sinh z}{\cosh z} = \frac{e^z - e^{-z}}{e^z + e^{-z}}$$

　分布定数線路を無損失とした場合、伝搬定数 $\gamma = \alpha + j\beta$ のうち減衰定数が $\alpha = 0$ となるため、$\gamma = j\beta$ となる。よって、基本行列およびインピーダンス行列はそれぞれ式 (6.19) および式 (6.20) に書き換えられる。式 (6.17) および式 (6.18) と式 (6.19) および式 (6.20) を比較すると、双曲線関数が三角関数に書き換えられているが、これは双曲線関数の定義式に $z=jy$ を代入すると以下のように三角関数の式に書き換えられるからである。ただし、sinh$z$ から sin$y$ にするときに右辺の分母に虚数 j がつく点に注意する。

$$\sin y = \frac{e^{jy} - e^{-jy}}{2j}, \quad \cos y = \frac{e^{jy} + e^{-jy}}{2}, \quad \tan y = \frac{\sin y}{\cos y} = \frac{1}{j} \frac{e^{jy} - e^{-jy}}{e^{jy} + e^{-jy}}$$

分布定数線路の重要な点は、線路長および伝搬定数によって基本行列やインピーダンス行列の要素が変化する点である。つまり、ある角周波数 ω を分布定数線路に入力する場合、線路長 d が変われば出力される信号も変化する。これは集中定数回路の線路上では起こらない現象である。

　なお、理論的な解析を行う場合には分布定数線路を無損失として扱うことが多いため、特に断りのない限りは分布定数線路の基本行列およびインピーダンス行列は式 (6.19) および式 (6.20) を用いる。また、アドミタンス行列は 5-8 節の式 (5.36) に示したように、インピーダンス行列の逆行列を求めてやれば良い。

6-5 分布定数線路を含む回路の入力インピーダンス

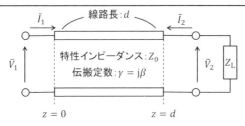

〔図6.4〕分布定数線路を含む回路の入力インピーダンス

無損失分布定数線路を含む回路の入力インピーダンス

$$Z_\mathrm{i} = \frac{AZ_\mathrm{L}+B}{CZ_\mathrm{L}+D} = \frac{\cos\beta d\, Z_\mathrm{L}+\mathrm{j}Z_0\sin\beta d}{\mathrm{j}\dfrac{Z_\mathrm{L}}{Z_0}\sin\beta d+\cos\beta d} = Z_0\frac{Z_\mathrm{L}+\mathrm{j}Z_0\tan\beta d}{Z_0+\mathrm{j}Z_\mathrm{L}\tan\beta d} \quad (6.21)$$

負荷が短絡 ($Z_\mathrm{L}=0$) のときの入力インピーダンス

$$Z_\mathrm{i} = \mathrm{j}Z_0\tan\beta d \quad \cdots\cdots\cdots\cdots\cdots\cdots\cdots\cdots\cdots\cdots (6.22)$$

負荷が開放 ($Z_\mathrm{L}\to+\infty$) のときの入力インピーダンス

$$Z_\mathrm{i} = Z_0\frac{1}{\mathrm{j}\tan\beta d} = -\mathrm{j}\frac{Z_0}{\tan\beta d} = -\mathrm{j}Z_0\cot\beta d \quad \cdots\cdots (6.23)$$

負荷が特性インピーダンスに等しいとき ($Z_\mathrm{L}=Z_0$) の入力インピーダンス

$$Z_\mathrm{i} = Z_0 \quad \cdots\cdots\cdots\cdots\cdots\cdots\cdots\cdots\cdots\cdots\cdots\cdots (6.24)$$

半波長線路 ($d=n\lambda/2$、n は整数) のときの入力インピーダンス

$$Z_{\mathrm{i},\frac{\lambda}{2}} = Z_0\frac{Z_\mathrm{L}+\mathrm{j}Z_0\tan(n\beta\lambda/2)}{Z_0+\mathrm{j}Z_\mathrm{L}\tan(n\beta\lambda/2)} = Z_0\frac{Z_\mathrm{L}+\mathrm{j}Z_0\tan n\pi}{Z_0+\mathrm{j}Z_\mathrm{L}\tan n\pi} = Z_\mathrm{L} \quad (6.25)$$

1/4波長線路 ($d=(2n+1)\lambda/4$、n は整数) のときの入力インピーダンス

$$Z_{\mathrm{i},\frac{\lambda}{4}} = Z_0\frac{Z_\mathrm{L}+\mathrm{j}Z_0\tan(2n+1)\beta\lambda/4}{Z_0+\mathrm{j}Z_\mathrm{L}\tan(2n+1)\beta\lambda/4} = Z_0\frac{Z_\mathrm{L}+\mathrm{j}Z_0\tan(2n+1)\pi/2}{Z_0+\mathrm{j}Z_\mathrm{L}\tan(2n+1)\pi/2} = \frac{Z_0^2}{Z_\mathrm{L}}$$
$$\cdots\cdots (6.26)$$

前節で分布定数線路の基本行列が求まったことから、5-9 節の式 (5.39) を用いて分布定数線路を含む回路の入力インピーダンスを求めることができる。この入力インピーダンスは、第 7 章で述べるマイクロ波回路の整合や第 10 章で述べる S パラメータと深く関係する。

図 6.4 は、無損失分布定数線路の出力端に負荷 Z_L を接続した 2 端子回路である。この回路の入力インピーダンス Z_i は、式 (6.19) の 4 端子定数を式 (5.39) に代入することにより式 (6.21) となる。なお、分布定数線路と負荷との間の接続線は集中定数回路と同じ理想的な線路として扱うこととし、この接続線では全ての周波数において損失も位相のずれも発生しないものとする。前節でも述べたように基本行列の 4 端子定数が線路長によって変化するため、入力インピーダンスも線路長に依存する。

ここで、この入力インピーダンス Z_i を議論する上で重要となる、負荷が短絡の場合、負荷が開放の場合、負荷が特性インピーダンスに等しい場合について検討する。

負荷が短絡の場合、式 (6.21) に $Z_L=0$ を代入することで式 (6.22) が得られる。式 (6.22) を見ればわかるように、負荷が短絡であるにもかかわらず、入力インピーダンスは 0 とはならず純虚数となる。$Z_0 \neq 0$ のときに入力インピーダンスが $Z_i=0$ となるのは $\tan \beta d=0$ のときである。よって三角関数の周期性を考慮し、かつ式 (6.12) に示した位相定数と波長の関係式を用いると、$Z_i=0$ となる線路長 d は次式で与えられる。

$$\beta d = n\pi, \quad d = \frac{n\lambda}{2}$$

ただし n は 0 以上の整数とする。上式の条件を満たすとき、回路の入力側からみてようやく短絡となる。逆に、負荷が短絡であるにもかかわらず入力インピーダンスが開放となる条件も存在する。入力インピーダンスが開放となるのは $Z_i \to \infty$ あるいは入力アドミタンスが $Y_i=1/Z_i=0$ となるときであるから、

$$\beta d = \left(n+\frac{1}{2}\right)\pi, \quad d = \left(n+\frac{1}{2}\right)\frac{\lambda}{2}$$

を満たす線路長 d においては短絡負荷であるにもかかわらず入力インピーダンスが開放となる。上記の条件以外では入力インピーダンスは純虚数となり、線路長 d に応じて式 (6.22) により入力インピーダンス Z_i の符号が決まる。Z_i が正のときはインダクタンス成分のように見える。このような状態を誘導性と呼ぶ。一方、Z_i が負のときはキャパシタンス成分のように見える。このような状態を容量性と呼ぶ。

負荷が開放の場合、式 (6.21) に $Z_\mathrm{L} \rightarrow +\infty$ あるいは $Y_\mathrm{L}=1/Z_\mathrm{L}=0$ を代入することで式 (6.23) が得られる。負荷が開放の場合も入力インピーダンスは純虚数となる。$Z_0 \neq 0$ のときに入力インピーダンスが開放となるのは線路長が

$$\beta d = n\pi, \qquad d = \frac{n\lambda}{2}$$

を満たすときであり、入力インピーダンスが短絡となるのは線路長が

$$\beta d = \left(n + \frac{1}{2}\right)\pi, \qquad d = \left(n + \frac{1}{2}\right)\frac{\lambda}{2}$$

を満たすときである。つまり、無損失分布定数線路において負荷が短絡の場合と開放の場合には、ちょうど位相が $\pi/2$ だけずれた関係性がある。これは三角関数の公式

$$\cot x = \tan(\pi/2 - x) = -\tan(x - \pi/2)$$

を用いて式 (6.22) と式 (6.23) を比較することでも明らかである。

負荷が特性インピーダンス Z_0 に等しい場合、式 (6.21) に $Z_\mathrm{L}=Z_0$ を代入することで式 (6.24) が得られる。式 (6.24) が意味するところは、「無損失分布定数線路において負荷を特性インピーダンスに等しくすれば、その回路の入力インピーダンスは線路長や伝搬定数に依らず常に特性インピーダンスと等しくなる」ということである。これは実用上において極めて重要な特性であり、出力側の負荷が無損失分布定数線路の特性インピーダンスに等しければ、分布定数線路（実際には第 8 章で述べる同

軸線路等の導波路）を長くしても短くしても入力インピーダンスには全く影響を及ぼさない。

次に、任意の負荷 Z_L に対する特殊な場合として、半波長線路および1/4波長線路について触れておく。分布定数線路の線路長が $d=n\lambda/2$、すなわち半波長の周期で決定される線路長をもつ場合、式（6.25）が得られる。これは、半波長の整数倍の分布定数線路を回路に挿入しても、入力インピーダンスは挿入前後で全く変化しないことを意味する。また、分布定数線路の線路長が $d=(2n+1)\lambda/4$、すなわち半波長の周期にさらに1/4波長分が加わった線路長をもつ場合、式（6.26）が得られる。これは負荷 Z_L が逆数となって現れることから、負荷が反転する状態あるいは負荷インピーダンスが負荷アドミタンスに変換される状態である。このように、分布定数線路が特定の線路長をもつ場合、特殊な入力インピーダンスが得られる。

なお、本節では入力インピーダンスについて詳述したが、出力インピーダンスに関しても電源の内部抵抗 Z_G が特性インピーダンス Z_0 に等しい場合には式（6.19）の4端子定数を5-9節の式（5.40）に代入し、$Z_G=Z_0$ を代入すれば $Z_o=Z_0$ となる。つまり電源の内部抵抗を分布定数線路の特性インピーダンスに一致させておけば、出力インピーダンスは分布定数線路の線路長や電源が出力する角周波数に依存せず、常に特性インピーダンスと一致する。

以上の事由により、分布定数線路を考慮しなければならないマイクロ波回路や高周波回路においては、電源の出力インピーダンスや負荷の入力インピーダンスは分布定数線路の特性インピーダンスと等しくするのが通例である。一般的には特性インピーダンスを 50Ω（一部、映像信号等の伝送線路では 75Ω）と規定し、電源の出力インピーダンスや負荷の入力インピーダンスも 50Ω となるように装置を設計する。これによって、入力信号周波数や途中の分布定数線路の線路長を気にすることなく回路設計が可能となる。

第7章　スミス図表と
　　　　インピーダンス整合

本章では、マイクロ波回路設計において利用価値の高いスミス図表、および最も重要視される回路のインピーダンス整合について記す。まず分布定数線路を扱う前に集中定数回路における最大電力供給条件について述べ、分布定数線路に伝搬する信号によって形成される定在波および電圧反射係数や電圧定在波比について説明する。次にスミス図表（スミスチャートとも呼ぶ）について述べ、最後に分布定数線路におけるインピーダンス整合について説明する。

7-1 集中定数回路における最大電力供給条件

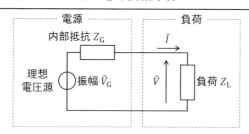

〔図 7.1〕集中定数回路における電源と負荷

負荷 Z_L で消費される複素電力（* は複素共役を表す）

$$\tilde{P} \equiv \tilde{V}\tilde{I}^* = P_{re} + jP_{im} = \frac{|\tilde{V}|^2}{Z_L} = \frac{Z_L}{|Z_G + Z_L|^2}|\tilde{V}_G|^2 \quad \cdots\cdots\cdots (7.1)$$

有効電力 P_{re} と無効電力 P_{im}

$$P_{re} = \text{Re}\{\tilde{V}\tilde{I}^*\}, \quad P_{im} = \text{Im}\{\tilde{V}\tilde{I}^*\} \quad \cdots\cdots\cdots\cdots\cdots\cdots (7.2)$$

最大電力供給の定理

$$Z_G^* = Z_L \quad \cdots\cdots\cdots\cdots\cdots\cdots\cdots\cdots\cdots\cdots\cdots\cdots\cdots\cdots\cdots\cdots (7.3)$$

最大電力供給時に負荷で消費される有効電力

$$P_{max} = \frac{|\tilde{V}_G|^2}{4\text{Re}\{Z_L\}} = \left|\frac{\tilde{V}_G}{2}\right|^2 \frac{1}{\text{Re}\{Z_L\}} \quad \cdots\cdots\cdots\cdots\cdots (7.4)$$

▷第 7 章　スミス図表とインピーダンス整合

　図 7.1 は電源と負荷のみで構成される最も単純化した集中定数回路である。電源は振幅 $\tilde{V}_G$ をもつ理想電圧源と内部抵抗 Z_G で構成され、電源に負荷 Z_L を接続した回路である。本節では図 7.1 の回路において負荷に最大電力を供給する条件について検討する。

　まず電圧の複素振幅 $\tilde{V}$ と電流の複素振幅 $\tilde{I}$ を用いて複素電力を

$$\tilde{P} \equiv \tilde{V}\tilde{I}^* = P_{\mathrm{re}} + jP_{\mathrm{im}}$$

で定義する。* は複素共役を与える。複素電力を定義する際に $\tilde{P}=\tilde{V}\tilde{I}$ ではなく $\tilde{P}=\tilde{V}\tilde{I}^*$ を用いる理由は、5-5 節で述べた平均電力と関係する。平均電力 P は式 (5.16) より $P=\mathrm{Re}\{\tilde{V}\tilde{I}^*\}$ で得られる。式 (5.16) と複素電力の定義式を見比べると、$P_{\mathrm{re}}=\mathrm{Re}\{\tilde{P}\}=\mathrm{Re}\{\tilde{V}\tilde{I}^*\}$ であるから複素電力の実部 P_{re} は平均電力 P と一致する。このように実際に消費される平均電力との対応がとれることから、複素電力の定義において複素共役を用いる。P_{re} は有効電力と呼ばれ、P_{im} は無効電力と呼ばれる。なお、複素電力の定義において $\tilde{P}^{\mathrm{C}}=\tilde{V}^*\tilde{I}$ (上付きの C は、便宜上 $\tilde{P}$ と区別するために付けたものである) と電圧側を複素共役にしている教科書もあるが、どちらで定義しても本質的には同じである。なぜなら、$\tilde{V}^*\tilde{I}=(\tilde{V}\tilde{I}^*)^*$ であるから $\tilde{P}^{\mathrm{C}}=\tilde{P}^*$、つまり $\tilde{P}^{\mathrm{C}}$ と $\tilde{P}$ は複素共役の関係にある。よって、有効電力 P_{re} はどちらの定義でも同じである。また無効電力 P_{im} は $\tilde{P}^{\mathrm{C}}$ と $\tilde{P}$ で符号が異なるが、この符号の意味は電圧を基準にするか電流を基準にするかの違いであり、この符号の違いそのものに物理的な意味はない。

　図 7.1 の回路において負荷で消費される複素電力は式 (7.1) で求められる。図 7.1 は理想電圧源からみれば内部抵抗と負荷の直列接続であるから、負荷で消費される複素電力はキルヒホッフの電圧則により理想電圧源 $\tilde{V}_G$ を用いた形でも導出でき、式 (7.1) の右辺が得られる。また、負荷における有効電力 P_{re} および無効電力 P_{im} は、式 (7.2) となる。

　ここで、負荷で消費される電力を最大にする条件について考える。ここでの電力とは有効電力のことである。無効電力は電源と負荷の間を行ったり来たりする電力であり、無効電力の平均電力は 0 となるため、実際の消費電力としては寄与しない。また、ここでは内部抵抗 Z_G と負荷

Z_L の関係性をパラメータとする。すなわち、$Z_G=0$ や $Z_L=R$（抵抗のみ）のように独立で指定できる値は認めず、Z_G と Z_L の関係性のみに注目する。

以上の前提条件から、理想電圧源の電圧 $\tilde{V}_G$ が与えられたときに負荷で消費される電力を最大化する。$Z_G=R_G+jX_G$、$Z_L=R_L+jX_L$ としたとき、有効電力 P_{re} は式 (7.1) および式 (7.2) により以下のように書き換えられる。

$$P_{re} = \frac{R_L}{(R_G+R_L)^2+(X_G+X_L)^2}|\tilde{V}_G|^2 = \frac{1}{\left(\sqrt{R_L}-\frac{R_G}{\sqrt{R_L}}\right)^2+4R_G+\frac{(X_G+X_L)^2}{R_L}}|\tilde{V}_G|^2$$

P_{re} を最大化するには上式右辺の分母を最小化すれば良いから、$R_G=R_L$ および $X_G=-X_L$ のときに P_{re} は最大となる。つまり、Z_G と Z_L の関係性としては式 (7.3) を満たすとき、すなわち Z_G が Z_L の複素共役となるときに電力が最大となる。これを最大電力供給の定理と呼ぶ。また、最大電力供給時に負荷で消費される有効電力 P_{max} は式 (7.4) と計算される。

7-2 電圧反射係数

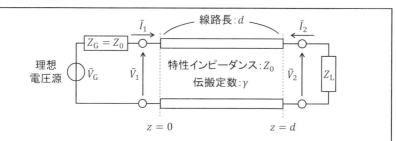

〔図7.2〕分布定数線路を含む一般的な回路

分布定数線路の任意の位置 z における電圧と電流の一般解

$$\tilde{V} = \frac{\tilde{V}_G}{2}e^{-\gamma z} + \frac{\tilde{V}_G}{2}e^{-\gamma d}\frac{Z_L-Z_0}{Z_L+Z_0}e^{-\gamma(d-z)} \quad \cdots\cdots\cdots\cdots \quad (7.5)$$

$$\tilde{I} = \frac{\tilde{V}_G}{2Z_0}e^{-\gamma z} - \frac{\tilde{V}_G}{2Z_0}e^{-\gamma d}\frac{Z_L-Z_0}{Z_L+Z_0}e^{-\gamma(d-z)} \quad \cdots\cdots\cdots \quad (7.6)$$

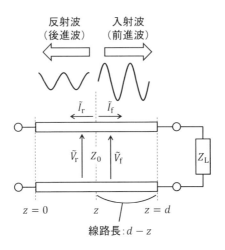

〔図 7.3〕分布定数線路上の入射波（前進波）と反射波（後進波）

負荷 Z_L の位置（$z=d$）における電圧反射係数

$$\Gamma_d = \frac{Z_\mathrm{L} - Z_0}{Z_\mathrm{L} + Z_0} \quad\cdots\cdots\cdots\cdots\cdots\cdots\cdots\cdots\cdots\cdots (7.7)$$

電圧反射係数を用いた負荷インピーダンス表現

$$\frac{Z_\mathrm{L}}{Z_0} = \frac{1 + \Gamma_d}{1 - \Gamma_d} \quad\cdots\cdots\cdots\cdots\cdots\cdots\cdots\cdots\cdots\cdots (7.8)$$

【単位系】
　Γ_d：電圧反射係数（単位：無次元）

　本節では、分布定数線路を含む一般的な回路において発生する電圧反射係数について述べる。
　図 7.2 は分布定数線路を含む一般的な回路である。電源は電圧振幅 $\tilde{V}_\mathrm{G}$ をもつ理想電圧源と内部抵抗 Z_G で表現する。分布定数線路の終端部分には負荷 Z_L を接続する。分布定数線路は、6-4 節で示した図 6.3 と同様

に特性インピーダンスを Z_0 とし、線路長を d とする。また、線路を伝搬する電圧および電流の角周波数 ω とし、伝搬定数を γ とする。分布定数線路の入力端の位置を $z=0$、出力端の位置を $z=d$ とすると、分布定数線路部分の電圧および電流は6-4節のときと同様に以下の通りとなる。

$$\tilde{V}_1 = A + B, \quad \tilde{V}_2 = Ae^{-\gamma d} + Be^{\gamma d}$$
$$Z_0 \tilde{I}_1 = A - B, \quad Z_0(-\tilde{I}_2) = Ae^{-\gamma d} - Be^{\gamma d}$$

ただし、特性インピーダンスは6-3節で示した式(6.15)で与えられる。

ここで内部抵抗 Z_G が特性インピーダンスを Z_0 に等しいとする。これは6-5節で述べたように電源の出力インピーダンスを特性インピーダンスに一致させる手法であり、これにより出力端から電源側（図7.2の $\tilde{V}_2$ から左側）をみたときの出力インピーダンスを常に特性インピーダンスに一致させることができる。このとき、電源側および負荷側においてキルヒホッフの法則を適用すると次の2つの式が得られる。

$$\tilde{V}_G = Z_0 \tilde{I}_1 + \tilde{V}_1, \quad \tilde{V}_2 = Z_L(-\tilde{I}_2)$$

以上の6つの式を連立方程式として解くと、定数 A、B が以下の式で得られる。

$$A = \frac{\tilde{V}_G}{2}, \quad B = \frac{\tilde{V}_G}{2} \frac{Z_L - Z_0}{Z_L + Z_0} e^{-2\gamma d}$$

つまり、図7.2の回路から分布定数線路上の任意の位置 z における電圧および電流の一般解が式(7.5)および式(7.6)のように求められたことになる。

ここで、式(7.5)および式(7.6)を6-3節で記した前進波と後進波に分離すると、図7.3において

$$\tilde{V}_f = \frac{\tilde{V}_G}{2} e^{-\gamma z}, \quad \tilde{I}_f = \frac{\tilde{V}_G}{2Z_0} e^{-\gamma z}$$

$$\tilde{V}_r = \frac{\tilde{V}_G}{2} e^{-\gamma d} \frac{Z_L - Z_0}{Z_L + Z_0} e^{-\gamma(d-z)}, \quad \tilde{I}_r = -\frac{\tilde{V}_G}{2Z_0} e^{-\gamma d} \frac{Z_L - Z_0}{Z_L + Z_0} e^{-\gamma(d-z)}$$

という形で書き分けることができる。前進波 $\tilde{V}_\mathrm{f}$ および $\tilde{I}_\mathrm{f}$ に関しては、電圧 $\tilde{V}_\mathrm{G}/2$ および電流 $\tilde{V}_\mathrm{G}/(2Z_0)$ が $z=0$ から入射され、距離 z の伝搬を経て減衰および位相変化

$$e^{-\gamma z} = e^{-\alpha z}e^{-j\beta z}$$

が生じたことを表している。よって、このときの前進波は入射波として扱われる。一方、後進波 $\tilde{V}_\mathrm{r}$ および $\tilde{I}_\mathrm{r}$ に関しては、電圧 $\tilde{V}_\mathrm{G}e^{-\gamma d}/2$ および電流 $\tilde{V}_\mathrm{G}e^{-\gamma d}/(2Z_0)$ が $z=d$ から反射し、距離 $d-z$ の伝搬を経て減衰および位相変化

$$e^{-\gamma(d-z)} = e^{-\alpha(d-z)}e^{-j\beta(d-z)}$$

が生じたことを表している。$\tilde{V}_\mathrm{G}e^{-\gamma d}/2$ の $e^{-\gamma d}$ は、もともと $z=0$ で入射された電圧が $z=d$ まで辿り着いたときの減衰分および位相変化分である。よって、このときの後進波は反射波として扱われる。

ここで反射波 $\tilde{V}_\mathrm{r}$ および $\tilde{I}_\mathrm{r}$ には、$(Z_\mathrm{L}-Z_0)/(Z_\mathrm{L}+Z_0)$ という上述の伝搬に起因しない定数が存在する。この定数を $z=d$ の位置における電圧反射係数 Γ_d と定義し、式（7.7）で表す。Γ_d は特性インピーダンスと負荷によって一意に決まる値であるが、ここで分布定数線路が無損失、つまり Z_0 が実数の場合についての負荷に対する Γ_d を調べる。まず負荷が短絡の場合、$Z_\mathrm{L}=0$ より $\Gamma_d=-1$ となる。負荷が開放の場合、$1/Z_\mathrm{L}=0$ より $\Gamma_d=1$ となる。Z_L が複素数の場合 Γ_d も複素数となるが、Z_L の大きさ $|Z_\mathrm{L}|$ が 0 から ∞ の間に収まることから、Γ_d の大きさ $|\Gamma_d|$ も必然的に -1 から 1 の間に収まることになる。つまり $|\Gamma_d| \leq 1$ が成立する。さらに Z_L が実数、つまり抵抗負荷の場合には Γ_d も実数となるが、$Z_\mathrm{L}=Z_0$ を満たす場合においてのみ $\Gamma_d=0$ となる。ここで、式（7.5）および式（7.6）に $Z_\mathrm{L}=Z_0$ を代入すると右辺の第2項がどちらも0になることがわかる。つまり、$\Gamma_d=0$ の状態では任意の位置 z において反射波が存在せず、入射波のみが観測されることになる。このように反射波が存在しない回路状態のことを「整合」と呼ぶ。整合についての詳細は 7-6 節以降に記す。

なお、$Z_\mathrm{L}=Z_0$（Z_0 は実数）のとき、式（7.5）の電圧の一般解は $z=0$ にお

いて $\tilde{V}=\tilde{V}_G/2$ となる。これは、図 7.2 において電源から負荷側（図 7.2 の $\tilde{V}_1$ から右側）をみた入力インピーダンスを新たな負荷と再定義したとき、7-1 節で記した最大電力供給の定理における負荷の印加電圧に等しい。なぜなら $Z_L=Z_0$ のとき、6-5 節の式 (6.24) より入力インピーダンスが $Z_i=Z_0$ となるからである。ここでは電源の内部抵抗も $Z_L=Z_0$ としているため $Z_G=Z_i=Z_0$ が成立し、Z_0 を実数としている（虚部が存在しない）ため最大電力供給の定理の条件である式 (7.3) が成立する。

また、未知の負荷 Z_L に対して特性インピーダンス Z_0 と出力端での電圧反射係数 Γ_d がわかれば、式 (7.8) を用いて負荷インピーダンスの値を求めることができる。このインピーダンスの求め方は 7-4 節で述べるスミス図表と深く関わる。

7-3 定在波と電圧定在波比

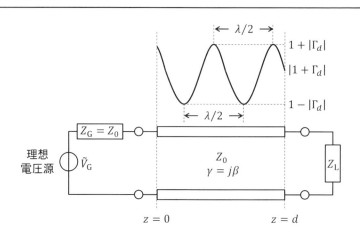

〔図 7.4〕定在波と電圧定在波比

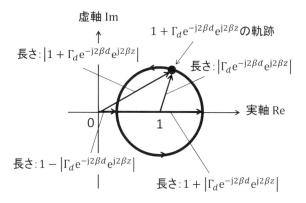

〔図 7.5〕電圧定在波の複素平面上の軌跡（$|\tilde{V}_\text{G}/2|=1$ で規格化）

無損失分布定数線路上における電圧反射係数

$$\Gamma \equiv \frac{\tilde{V}_\text{r}}{\tilde{V}_\text{f}} = \frac{Z_\text{L} - Z_0}{Z_\text{L} + Z_0} e^{-j2\beta d} e^{j2\beta z} = \Gamma_d e^{-j2\beta d} e^{j2\beta z} \quad \cdots\cdots\cdots\cdots \quad (7.9)$$

無損失分布定数線路上の電圧定在波の絶対値

$$|\tilde{V}| = \left|\frac{\tilde{V}_G}{2}e^{-j\beta z} + \frac{\tilde{V}_G}{2}\frac{Z_L - Z_0}{Z_L + Z_0}e^{-j2\beta d}e^{j\beta z}\right| = \left|\frac{\tilde{V}_G}{2}\right|\left|1 + \Gamma_d e^{-j2\beta d}e^{j2\beta z}\right|$$
…… (7.10)

電圧定在波の絶対値の最大値および最小値

$$|\tilde{V}|_{\max} = \left|\frac{\tilde{V}_G}{2}\right|\left(1 + |\Gamma_d e^{-j2\beta d}|\right) = \left|\frac{\tilde{V}_G}{2}\right|(1 + |\Gamma|) \quad \cdots\cdots (7.11)$$

$$|\tilde{V}|_{\min} = \left|\frac{\tilde{V}_G}{2}\right|\left(1 - |\Gamma_d e^{-j2\beta d}|\right) = \left|\frac{\tilde{V}_G}{2}\right|(1 - |\Gamma|) \quad \cdots\cdots (7.12)$$

電圧反射係数 Γ に対する電圧定在波比（VSWR）

$$\rho \equiv \frac{|\tilde{V}|_{\max}}{|\tilde{V}|_{\min}} = \frac{1 + |\Gamma|}{1 - |\Gamma|} \quad \cdots\cdots\cdots\cdots\cdots\cdots\cdots\cdots (7.13)$$

【単位系】

ρ：電圧定在波比（単位：無次元）

（VSWR: Voltage Standing Wave Ratio）

　入射波と反射波が混在する分布定数線路上においては、お互いの波が重なることによって定在波と呼ばれる一定の波の分布が存在する。本節では定在波について解析する。

　図 7.4 は図 7.2 と同じ分布定数線路を含む回路であるが、ここでは分布定数線路を無損失とし、伝搬定数を $\gamma = j\beta$ とする。任意の位置 z における電圧反射係数 Γ は、その位置での入射波と反射波の比で定義され、式 (7.9) で表される。なお、図 7.4 において $z=d$ の位置の電圧反射係数は当然 7-2 節で示した式 (7.7) に等しい。

　分布定数線路上の電圧定在波は入射波と反射波の重なりであるから、電圧定在波は電圧の一般解である式 (7.5) そのものであり、電圧定在波の絶対値は式 (7.10) となる。式 (7.10) の右辺において $|\tilde{V}_G/2|$ は定数であるから $|1+\Gamma_d e^{-j2\beta d}e^{j2\beta z}|$ の変化に応じて電圧定在波が変化する。ここ

で $\Gamma_d \mathrm{e}^{-\mathrm{j}2\beta d}\mathrm{e}^{\mathrm{j}2\beta z}$ は、複素数 $\Gamma_d \mathrm{e}^{-\mathrm{j}2\beta d}$ に複素平面上の単位円の軌跡 $\mathrm{e}^{\mathrm{j}2\beta z}$ を掛けたものであるから、$1+\Gamma_d \mathrm{e}^{-\mathrm{j}2\beta d}\mathrm{e}^{\mathrm{j}2\beta z}$ の複素平面上の軌跡は図 7.5 に示すようになる。図 7.5 は電圧定在波の振幅成分 $|\tilde{V}_G/2|$ を 1 で規格化した場合の電圧定在波の軌跡に等しい。図 7.5 より、$|1+\Gamma_d \mathrm{e}^{-\mathrm{j}2\beta d}\mathrm{e}^{\mathrm{j}2\beta z}|$ の最大値は $1+|\Gamma_d \mathrm{e}^{-\mathrm{j}2\beta d}|$ となり、最小値は $1-|\Gamma_d \mathrm{e}^{-\mathrm{j}2\beta d}|$ となることがわかる。よって、電圧定在波の絶対値の最大値 $|\tilde{V}|_{\max}$ および最小値 $|\tilde{V}|_{\min}$ はそれぞれ式 (7.11) および式 (7.12) となる。$\mathrm{e}^{\mathrm{j}2\beta z}$ は先にも述べたように複素平面上の単位円の軌跡に過ぎないから、$|\Gamma_d \mathrm{e}^{-\mathrm{j}2\beta d}|=|\Gamma_d \mathrm{e}^{-\mathrm{j}2\beta d}\mathrm{e}^{\mathrm{j}2\beta z}|=|\Gamma|$ とすることができる。さらに $|\mathrm{e}^{-\mathrm{j}2\beta d}|=1$ であるから $|\Gamma_d|=|\Gamma|$ とすることもできる。

　電圧定在波の絶対値の最大値および最小値の比を電圧定在波比 (VSWR) と呼ぶ。電圧定在波比 ρ はその定義から式 (7.13) が得られ、電圧反射係数を用いて電圧定在波比を表すことができる。

　式 (7.9) をみると、$\mathrm{e}^{\mathrm{j}(2\beta z+2n\pi)}=\mathrm{e}^{\mathrm{j}2\beta z}$ (n は整数) より Γ は z に対する周期性をもち、この周期を Δz とすると $2\beta\Delta z=2\pi$ すなわち $\Delta z=\pi/\beta=\lambda/2$ となる。つまり、電圧反射係数 Γ は分布定数線路上の波長の 1/2（半波長）を周期とする周期関数となる。また、式 (7.11) および式 (7.12) より電圧定在波の最大値および最小値も半波長を周期とする周期関数となる。ここで、$z=d$ の位置における電圧定在波の絶対値は $|\tilde{V}|=|\tilde{V}_G/2||1+\Gamma_d|$ であるから、$|\tilde{V}_G/2|=1$ で規格化したときの分布定数線路上の電圧定在波の絶対値は図 7.4 のように描くことができる。

　分布定数線路上の電圧値を実測することによる電圧反射係数の求め方について触れる。電圧定在波の絶対値の最大値および最小値はそれぞれ半波長を周期とすることから、分布定数線路上に沿って電圧値を測定すれば、電圧の最大値と最小値が $\lambda/4$ 毎に繰り返し観測されることになる。この最大値と最小値の比が電圧定在波比 ρ であり、式 (7.13) を変形すれば

$$|\Gamma|=|\Gamma_d|=\frac{1-\rho}{1+\rho}$$

が得られることから、電圧反射係数の絶対値が求まる。さらに負荷 Z_L

の位置から分布定数線路側（図7.4の$z=d$の位置から左側）に向かって最初に電圧の最小値が得られる位置を$z=d_\mathrm{m}$とすると、この位置での電圧反射係数は式（7.9）より

$$\Gamma_{d_\mathrm{m}} = \Gamma_d e^{-j2\beta d} e^{j2\beta d_\mathrm{m}}$$

となる。また、この位置での電圧反射係数は式（7.12）より図7.5の$1-|\Gamma_d e^{-j2\beta d} e^{j2\beta z}|$の位置に対応することがわかる。電圧反射係数は半波長で一周期となるから、図7.5中の円で示した$1+\Gamma_d e^{-j2\beta d} e^{j2\beta z}$の軌跡も半波長で一周することになる。よって、$1-|\Gamma_d e^{-j2\beta d} e^{j2\beta z}|$の位置から角度$\alpha=2\pi d_\mathrm{m}/(\lambda/2)$分だけ時計回りに円周上を移動した位置での複素平面上の値が$1+\Gamma_d$となることから、Γ_dが求められたことになる。Γ_dが求まれば、あとは任意の位置zにおける電圧反射係数Γは式（7.9）から求まる。

なお上記の電圧測定において、「最初に電圧の最小値が得られる位置」ではなく「最初に電圧の最大値が得られる位置」を測定しても同様の手順で電圧反射係数を求めることができるが、実測においては電圧の最小値を採用すべきである。なぜなら、電圧の最小値の方が明らかに容易に実測でき、測定精度も高いからである。規格化された電圧の最大値は式（7.11）より$1+|\Gamma|$であり、7-2節で述べたように$|\Gamma|\leq 1$であるから、電圧の最大値が得られる範囲は$1\leq 1+|\Gamma|\leq 2$である。一方、規格化された電圧の最小値は式（7.12）より$1-|\Gamma|$であるから、電圧の最小値が得られる範囲は$0\leq 1-|\Gamma|\leq 1$である。つまり、もともとの理想電圧源の出力電圧に対して電圧の最大値の変動範囲は高々2倍程度であるが、電圧の最小値は0まであり得る。特にマイクロ波回路の測定機器は電圧値を対数値（10-1節で示すデシベル値）で表示することが多いので、電圧変動比で換算すると電圧の最小値の方が圧倒的に測定しやすい。また、定在波の電圧値を測定することは図7.5において原点から$1+\Gamma_d e^{-j2\beta d} e^{j2\beta z}$の位置までのベクトルの長さ$|1+\Gamma_d e^{-j2\beta d} e^{j2\beta z}|$を求めることに等しい。ここで、電圧が最小となる$1-|\Gamma|$および最大となる$1+|\Gamma|$の周辺で比較すると、$1-|\Gamma|$周辺の方が原点に近いので、微小長さ$dz$分だけ変化させたときに長さ$|1+\Gamma_d e^{-j2\beta d} e^{j2\beta z}|$の変化量が大きくなる。よって、電圧の最小値を実測する方が位置の測定精度が良くなる。

▷第7章 スミス図表とインピーダンス整合

7-4 スミス図表

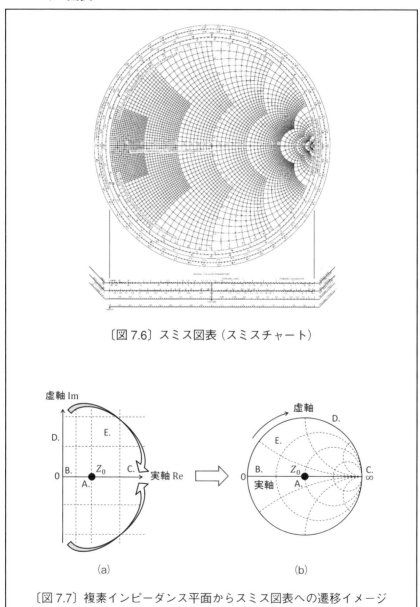

〔図7.6〕スミス図表(スミスチャート)

〔図7.7〕複素インピーダンス平面からスミス図表への遷移イメージ

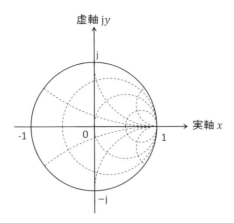

〔図 7.8〕スミス図表の複素平面上での再設定

規格化インピーダンス（特性インピーダンス Z_0 を実数とする）

$$\hat{Z} \equiv \frac{Z}{Z_0}, \quad \hat{Z} = \hat{R} + j\hat{X} = \frac{R}{Z_0} + j\frac{X}{Z_0} \quad \cdots\cdots\cdots\cdots\cdots\cdots (7.14)$$

規格化インピーダンスと電圧反射係数の関係

$$\hat{Z} = \hat{R} + j\hat{X} = \frac{1+\Gamma}{1-\Gamma} \quad \cdots\cdots\cdots\cdots\cdots\cdots\cdots\cdots (7.15)$$

複素平面と規格化インピーダンスとの関係（図 7.8）

$$\hat{Z} = \hat{R} + j\hat{X} = \frac{1+x+jy}{1-x-jy} \quad \cdots\cdots\cdots\cdots\cdots\cdots (7.16)$$

$$\hat{R} = \frac{1-x^2-y^2}{(1-x)^2+y^2}, \quad \hat{X} = \frac{2y}{(1-x)^2+y^2} \quad \cdots\cdots\cdots (7.17)$$

▷第7章 スミス図表とインピーダンス整合

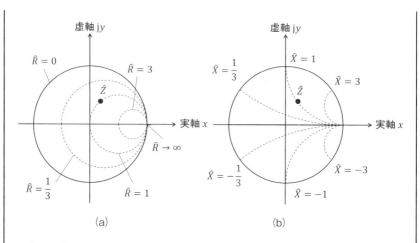

〔図7.9〕スミス図表と規格化された抵抗成分およびリアクタンス成分

規格化抵抗成分のスミス図表(複素平面)上の軌跡

$$\left(x - \frac{\hat{R}}{\hat{R}+1}\right)^2 + y^2 = \left(\frac{1}{\hat{R}+1}\right)^2 \quad \cdots\cdots (7.18)$$

規格化アドミタンス成分のスミス図表(複素平面)上の軌跡

$$(x-1)^2 + \left(y - \frac{1}{\hat{X}}\right)^2 = \left(\frac{1}{\hat{X}}\right)^2 \quad \cdots\cdots (7.19)$$

　スミス図表(スミスチャートとも呼ぶ)は1939年にスミス(Smith)により発明された複素インピーダンス図表である。スミス図表は複素インピーダンスの値を示すのみならず、電圧反射係数や電圧定在波の情報も含み、さらにインピーダンス－アドミタンス変換やインピーダンス整合にも用いることができる極めて多機能な図表である。図7.6は一般的なスミス図表であり、一見すると円形で複雑な座標系に思われるが、スミス図表の概略イメージと本質的な部分を理解しておけばすぐに馴染めるので、マイクロ波工学の設計を行うための必須項目として是非理解し

たい。なお、図7.6は手書き用のスミス図表であるが、最近ではコンピュータ上でもスミス図表にプロットできるソフト等も開発されている。マイクロ波計測器であるネットワークアナライザやマイクロ波回路シミュレータでもスミス図表を扱うことができ、データ入出力が可能である。

まず、スミス図表を理解する上での概略イメージをおさえるために、図7.7に示す複素インピーダンス平面からスミス図表への遷移イメージを用いる。複素インピーダンス平面からスミス図表への遷移を端的に記すと以下の通りとなる。

- A. 特性インピーダンス Z_0 を円の中心に据える。
- B. インピーダンス $Z=0$ を円の左側に据える。
- C. インピーダンス $Z \to \infty$ を円の右側に据え、円の中心に対して $Z=0$ と $Z \to \infty$ を結ぶ直線が円の直径となるようにする。
- D. 虚軸の $j\infty$（上側）と $-j\infty$（下側）を実軸の $Z \to \infty$ の位置まで引っ張ってくる。このとき、虚軸が円周となるようにする。
- E. 円内にプロットされる規格化インピーダンス Z/Z_0 が電圧反射係数 Γ に対応するようにインピーダンス値の目盛を定める（図7.8と関連）

このイメージをもとに、以下にスミス図表の作り方について詳述する。

まず本節の冒頭に述べたように、スミス図表は「複素インピーダンス図表」である。よって図7.7（a）に示す複素インピーダンス平面が起点となる。この複素インピーダンス平面は、一般的な複素平面の右半分、つまりインピーダンス $Z=R+jX$ において $R \geq 0$ の範囲のみを対象とする。言い換えれば、抵抗成分 R が負になる状況は考慮しないものとする。次に、測定対象となる回路あるいは分布定数線路に対して基準となる特性インピーダンス Z_0 を定める。この Z_0 はスミス図表の利用者が自由に定めても良いが、実際の測定器や測定対象となる回路等の特性インピーダンスは $Z_0=50\Omega$ に規定されることがほとんどである。よって本節においても $Z_0=50\Omega$ として話を進める。このとき、Z_0 は図7.7（a）のA.に示すように実軸上にプロットされる。次に重要となるのが、図7.7（a）のB. およびC. に示す実軸上の $Z=0$ および $Z \to \infty$ の扱いであり、$Z=Z_0$、

$Z=0$、$Z\to\infty$ となる 3 点が図 7.7 (b) のスミス図表に示す円の中心、左端、右端となるように設定する。つまり、$Z=0$ を表す点と $Z\to\infty$ を表す点を結ぶ線分が円の直径となり、$Z=Z_0$ を表す点がその円の中心となる。また、図表を扱いやすくするために円の半径を 1 とする。一方で複素インピーダンス平面の虚軸については、虚軸が半径 1 の円の円周となるようにスミス図表上にフィットさせる。このとき、実軸に関しては $Z=0$ ($R=0$) が円の左端、$Z\to\infty$ ($R\to\infty$) が円の右端となるように定義したことにより、虚軸についても $Z=0$ ($X=0$) が円の左端、$Z\to\infty$ ($X\to\pm\infty$) が円の右端となる。ただし、リアクタンス成分 X には正負が存在するため、$X>0$ は上側の半円の円周とし、$X<0$ は下側の半円の円周とする。以上により、複素インピーダンス平面の実軸と虚軸がスミス図表上の直径および円周に変換されたことになる。

次に重要となるのが、実際のインピーダンス値をどのようにスミス図表上に反映させるかである。このときスミス図表が優れているのは、式 (7.8) で求めた負荷インピーダンスと電圧反射係数の関係をスミス図表に対応させることができる点である。実際の対応関係について記す前に、規格化インピーダンス $\hat{Z}$ を導入する。$\hat{Z}$ は式 (7.14) で定義されるように、インピーダンス Z を特性インピーダンス Z_0 で規格化した値である。ここでも $Z_0=50\Omega$ の実数とする。規格化インピーダンスを用いると、式 (7.8) は式 (7.15) に書き換えられる。ただし、式 (7.8) の電圧反射係数 Γ_d を一般的な電圧反射係数とする意味で添え字の d を削除する。$\hat{R}$ および $\hat{X}$ は Z_0 で規格化された抵抗成分およびリアクタンス成分である。ここで、電圧反射係数 Γ を図 7.8 に示す複素平面上に設定する。すなわち、実軸を x、虚軸を jy として

$$\Gamma = x + jy$$

と設定すると、式 (7.9) の Γ の定義式および $|\Gamma|\leq 1$ という Γ の性質から、Γ は複素平面上の単位円内に値をもつことがわかる。上式を式 (7.15) に代入すると規格化インピーダンスおよび規格化された抵抗成分とリアクタンス成分は式 (7.16) および式 (7.17) のようになる。すなわち、式

(7.15) と式 (7.16) により、規格化インピーダンスと電圧反射係数のどちらもが、実軸を x、虚軸を jy とする複素平面上にプロットでき、しかもどちらも複素平面上の単位円の中にのみ値をとることがわかる。したがって、一つの単位円中の値に対して、図7.7 (b) の座標軸においては規格化インピーダンスを示すことができ、同時に図7.8 の複素平面上においては電圧反射係数を示すことができる。このように規格化インピーダンスと電圧反射係数の両方の値を同じ図表内に示すことができるのがスミス図表の優れている点である。

さらに図7.8 に示した複素平面において、規格化された抵抗成分 $\hat{R}$ およびリアクタンス成分 $\hat{X}$ の軌跡は式 (7.18) および式 (7.19) のように表すことができる。式 (7.18) は中心座標が $(\hat{R}/(\hat{R}+1), 0)$、半径が $1/(\hat{R}+1)$ となる円の軌跡であり、$\hat{R}=0$ のときに円の半径が1で最大となり、$\hat{R}$ が大きくなるにつれて円の半径が小さくなるとともに円の中心座標が $+x$ 方向にずれ、最終的に $\hat{R} \to \infty$ において中心座標 (1,0) の位置で円の半径が0となる。よって $\hat{R}$ の変化に対する軌跡は図7.9 (a) のようになる。一方、式 (7.19) は中心座標が $(1, j/\hat{X})$、半径が $|1/\hat{X}|$ となる円の軌跡であり、$\hat{X}$ の変化に対する軌跡は図7.9 (b) のような円弧の集合となる。このとき、$\hat{X}$ は正負の両方を取り得ること、虚軸を表すスミス図表の円周の外側は使用しないことに注意する。図7.6 に示した実際のスミス図表にも $\hat{R}$ および $\hat{X}$ の軌跡が予め描かれており、スミス図表上の値から規格化インピーダンスを即座に読み取ることができる。

▷第7章 スミス図表とインピーダンス整合

7-5 スミス図表の使用方法

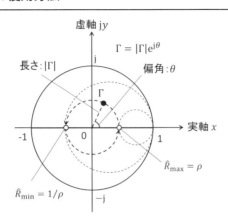

〔図 7.10〕スミス図表と電圧反射係数および電圧定在波比

電圧反射係数とスミス図表（複素平面）の関係

$$\Gamma \equiv x + jy = |\Gamma|e^{j\theta} \quad \cdots\cdots\cdots\cdots\cdots\cdots\cdots\cdots\cdots\cdots \quad (7.20)$$

電圧定在波比とスミス図表の関係

$$\rho = \frac{R_{\max}}{Z_0} = \hat{R}_{\max}, \quad \frac{1}{\rho} = \frac{R_{\min}}{Z_0} = \hat{R}_{\min}, \quad \hat{R}_{\max} = \hat{R}_{\min}e^{j\pi} \quad (7.21)$$

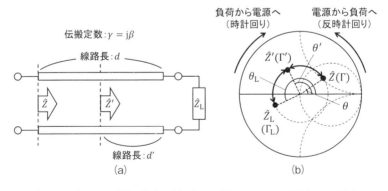

〔図 7.11〕分布定数線路の線路上の位置とスミス図表との対応

線路上の位置に対する電圧反射係数の変化

$$\Gamma' = \Gamma e^{j(\theta'-\theta)} = |\Gamma|e^{j\theta'}, \; \Gamma_L = \Gamma e^{j(\theta_L-\theta)} = |\Gamma|e^{j\theta_L}, \; |\Gamma| = |\Gamma'| = |\Gamma_L| \quad (7.22)$$

線路上の位置に対する規格化インピーダンスの変化

$$\hat{Z}' = \frac{1+\Gamma'}{1-\Gamma'} = \frac{1+\Gamma e^{j(\theta'-\theta)}}{1-\Gamma e^{j(\theta'-\theta)}} = \frac{1+\Gamma e^{j2\beta(d'-d)}}{1-\Gamma e^{j2\beta(d'-d)}} = \frac{1+\Gamma e^{j4\pi(d'-d)/\lambda}}{1-\Gamma e^{j4\pi(d'-d)/\lambda}} \quad (7.23)$$

規格化された負荷インピーダンス

$$\hat{Z}_L = \frac{1+\Gamma_L}{1-\Gamma_L} = \frac{1+\Gamma e^{j(\theta_L-\theta)}}{1-\Gamma e^{j(\theta_L-\theta)}} = \frac{1+\Gamma e^{-j2\beta d}}{1-\Gamma e^{-j2\beta d}} = \frac{1+\Gamma e^{-j4\pi d/\lambda}}{1-\Gamma e^{-j4\pi d/\lambda}} \quad (7.24)$$

$\hat{Z}_L$ を用いた $\hat{Z}$ の表現

$$\hat{Z} = \frac{1+\Gamma}{1-\Gamma} = \frac{\hat{Z}_L + j\tan\beta d}{1+j\hat{Z}_L \tan\beta d} = \frac{\hat{Z}_L + j\tan(2\pi d/\lambda)}{1+j\hat{Z}_L \tan(2\pi d/\lambda)} \quad \cdots\cdots (7.25)$$

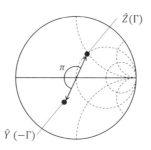

〔図7.12〕スミス図表上でのインピーダンス・アドミタンス変換

規格化アドミタンス

$$\hat{Y} = \frac{1}{\hat{Z}} = \frac{1-\Gamma}{1+\Gamma} = \frac{1+(-\Gamma)}{1-(-\Gamma)} = |\Gamma|e^{j(\theta+\pi)} \quad \cdots\cdots\cdots\cdots\cdots (7.26)$$

▷第7章　スミス図表とインピーダンス整合

　本節では実測に基づくスミス図表の使用方法を説明する。実測においては規格化インピーダンス $\hat{Z}$ や電圧反射係数 Γ は未知である。一方で電圧定在波比 ρ は計測可能なパラメータであり、特性インピーダンス Z_0 や周波数 f は測定者が設定するパラメータである。

　スミス図表上の電圧反射係数 Γ は、図 7.10 に示す複素平面上では式 (7.20) で表現できる。いま、分布定数線路のない負荷 Z_L のみの回路において Γ が実数となる場合、すなわち $Z_L = R$ の場合を考える。このとき、7-2 節の式 (7.8) から、以下の式が得られる。

$$\frac{R}{Z_0} = \hat{R} = \frac{1+\Gamma}{1-\Gamma}$$

ここで Γ が正の実数であれば $\Gamma = |\Gamma|$ となるから、7-3 節の式 (7.13) と比較すると、

$$\hat{R} = \rho$$

となる。つまり、負荷抵抗 R に対する規格化された抵抗成分 $\hat{R}$ は、電圧定在波比 ρ そのものである。ただし、Γ が正の実数となるのは $R > Z_0$ を満たすときである。$R < Z_0$ のとき Γ は負の実数となるが、この場合には

$$\frac{R}{Z_0} = \hat{R} = \frac{1-|\Gamma|}{1+|\Gamma|} = \frac{1}{\rho}$$

となる。つまり $R < Z_0$ の場合、$\hat{R}$ は電圧定在波比の逆数となる。以上より、電圧定在波比とスミス図表との関係は式 (7.21) で表すことができる。

　次に、分布定数線路の線路上の位置とスミス図表との対応について調べる。Z_0 で規格化された負荷インピーダンス $\hat{Z}_L$ に線路長 d の分布定数線路が接続された図 7.11 (a) の回路において、分布定数線路は無損失と仮定し、伝搬定数 β や波長 λ は 6-2 節の式 (6.12) を介して周波数 f から求められるとする。この回路全体の規格化インピーダンスを $\hat{Z}$ とし、負荷からみて線路長が d' の位置（電源からみて線路長が $d-d'$ の位置）の規格化インピーダンスを $\hat{Z}'$ とする。このとき、電源から負荷に向か

って分布定数線路上を移動すると、電圧反射係数は図 7.11 (b) のスミス図表に示すように大きさ $|\Gamma|$ を変えずに偏角が θ から反時計回りに θ' を経由して θ_L に至る。この動きは 7-3 節の図 7.5 に示した $1+\Gamma_d e^{-j2\beta d}e^{j2\beta z}=1+\Gamma$ の軌跡から明らかである。つまり、図 7.5 の虚軸を実数の正方向に 1 だけずらせば電圧反射係数 Γ の軌跡そのものであり、それはスミス図表上における電圧反射係数と当然一致する。よって、分布定数線路上の移動に対する電圧反射係数 Γ から Γ' および Γ_L への変化は式 (7.22) で表すことができる。ここで、電源から負荷に向かって分布定数線路上を移動すると電圧反射係数は反時計回りに回転移動することから、逆に負荷から電源に向かって分布定数線路上を移動すると電圧反射係数は時計回りに回転移動する。また、電圧反射係数の軌跡は一回転したときに元の電圧反射係数と同じ値をとる。この一回転が $e^{j2\beta \Delta d}=e^{j2\pi}$ に対応することから、$\Delta d = n\lambda/2$ (n は整数) のとき、つまり半波長毎に電圧反射係数 Γ は同じ値をとる。このことは 7-3 節で述べた Γ の周期性とも一致する。またスミス図表は電圧反射係数と同時に規格化インピーダンス $\hat{Z}$ の値も示していることから、線路上の位置に応じて $\hat{Z}$ は変化する。負荷からみて線路長が d' の位置での規格化インピーダンス $\hat{Z}'$ は式 (7.23) で表すことができ、規格化された負荷インピーダンス $\hat{Z}_L$ は式 (7.24) で表すことができる。規格化インピーダンスも線路上の移動に対して半波長毎の周期性を有する。この半波長毎のインピーダンスの周期性は、6-5 節で記した半波長線路の式 (6.25) と同様の現象である。また、回路全体の規格化インピーダンス $\hat{Z}$ は $\hat{Z}_L$ を用いて式 (7.25) のように表すことができる。これは、6-5 節で記した入力インピーダンスを表す式 (6.21) の規格化したものに等しい。

以上をふまえて、再び図 7.10 のスミス図表に着目すると、未知の $\hat{Z}$ あるいは Γ に対して分布定数線路の線路長を半波長伸ばせば、Γ の軌跡は必ずスミス図表の実軸上を 2 回交差する。規格化された抵抗成分を用いてこの 2 つの交点を $\hat{R}_{max}$ および $\hat{R}_{min}$ (ただし $\hat{R}_{max} > \hat{R}_{min}$) と定めると、図 7.5 の軌跡から $\hat{R}_{max}$ および $\hat{R}_{min}$ はまさしく定在波が最大および最小になる位置と一致する。したがって、電圧定在波比 ρ、および未知の $\hat{Z}$

から定在波が最小となる位置までの分布定数線路の線路長 d_m を実測できれば、$\hat{R}_\mathrm{min}=1/\rho$ となるスミス図表の実軸上の点から $\theta_\mathrm{m}=2\beta d_\mathrm{m}=4\pi d_\mathrm{m}/\lambda$ だけ反時計回りに回転させた位置が求める $\hat{Z}$ および Γ である。このように、スミス図表を使えば、電圧定在波の実測から未知のインピーダンスを求めることができる。

最後に規格化アドミタンス $\hat{Y}=\hat{G}+\mathrm{j}\hat{B}$ について述べる。規格化アドミタンスは規格化インピーダンスの逆数であり、式 (7.26) で表される。ここで、電圧反射係数 Γ を通じて規格化アドミタンスと規格化インピーダンスの関係性を見ると、Γ を $-\Gamma$ にすることで規格化インピーダンスが規格化アドミタンスに変換される。これは、図 7.12 のスミス図表上において偏角 π 分だけ回転させたことに等しい。あるいは、スミス図表上における規格化インピーダンスの原点対称の位置が規格化アドミタンスである。この偏角 π の回転は、波長に換算すると 1/4 波長に相当する。よって、1/4 波長の分布定数線路を回路に付加することでインピーダンスをアドミタンスに変換することができる。これは、6-5 節で記した 1/4 波長線路の式 (6.26) と同様の現象である。

スミス図表の中心に対して偏角 π 分だけ反時計回りに回転させれば、規格化インピーダンスは規格化アドミタンスに変換される。これは、インピーダンス用として使用しているスミス図表を半回転させれば、アドミタンス用のスミス図表になることを意味する。実際に規格化アドミタンスを基準に使用したい場合は、スミス図表自体を半回転させるのではなく、規格化インピーダンスに対して常に 1/4 波長線路を加えるか、もしくはスミス図表の実軸左端を開放 ($\hat{Y}=0$)、右端を短絡 ($\hat{Y}\to\infty$) とみなしてスミス図表をそのまま使用する。後者の使用方法の場合、

$$\hat{Y} = \hat{G} + \mathrm{j}\hat{B} = 1/\hat{Z} = 1/(\hat{R}+\mathrm{j}\hat{X})$$

の関係性から、インピーダンス用もしくはアドミタンス用のどちらでスミス図表を使用しているかさえ気をつければ同じスミス図表を使用しても差し支えない。例えばインピーダンス用のスミス図表の $\hat{R}=3$ を表す円はアドミタンス用としてスミス図表をみれば、やはり $\hat{G}=3$ を表す円

として使用でき、$\hat{X}=-1/3$ を表す円弧は $\hat{B}=-1/3$ を表す円弧として使用できる。なお、$\hat{X}$ と $\hat{B}$ に関しては計算上では符号が反転するが、この符号反転はスミス図表上で半回転させたことに等しい（$e^{j\pi}=-1$）ので、スミス図表上では $\hat{X}$ と $\hat{B}$ の符号は反転させないことに注意する。また電圧反射係数測定の際の電圧定在波の最小位置は、規格化インピーダンスにおいてはスミス図表の左半面の実軸上に存在するが、規格化アドミタンスにおいてはスミス図表の右半面の実軸上に存在する点にも注意する。

7-6 インピーダンス整合

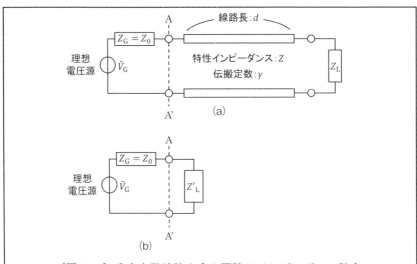

〔図 7.13〕分布定数線路を含む回路のインピーダンス整合

特性インピーダンス Z をもつ分布定数線路を含む回路の
インピーダンス整合

$$Z'_L = Z \frac{Z_L + jZ \tan \beta d}{Z + jZ_L \tan \beta d} = Z_0 \quad \cdots\cdots\cdots\cdots\cdots\cdots (7.27)$$

▷第7章　スミス図表とインピーダンス整合

　インピーダンス整合とは、負荷に供給される電力が最大となるように回路を調整することであり、7-1 節で記した集中定数線路における最大電力供給条件も一種のインピーダンス整合状態を表している。ここでは分布定数線路を含む回路のインピーダンス整合について述べる。

　図 7.13 (a) は分布定数線路を含む一般的な回路であり、電源の内部インピーダンスを $Z_G=Z_0$ (Z_0 は実数で、通常は 50Ω) とし、分布定数線路の特性インピーダンスを Z、負荷インピーダンスを Z_L とする。ここで、分布定数線路の特性インピーダンスが Z_0 ではなく一般的な値として Z としている点に注意する。

　図 7.13 (a) の電源から負荷側をみた回路は、6-5 節で記した分布定数線路を含む回路の入力インピーダンスと同じであるから、この入力インピーダンスを新たな負荷 Z'_L とみなせば、図 7.13 (a) の回路は図 7.13 (b) の集中定数回路に変換される。図 7.13 (b) の集中定数回路における最大電力供給条件は既に 7-1 節で述べており、式 (7.3) より $Z^*_G=Z_G=Z'_L=Z_0$ が最大電力供給条件であることは容易に求まる ($Z_G=Z_0$ の実数としたため、複素共役 Z^*_G は Z_G に等しい)。よって、6-5 節で記した入力インピーダンスを表す式 (6.21) を用いれば、特性インピーダンス Z をもつ分布定数線路を含む回路のインピーダンス整合条件は、式 (7.27) となる。

　ここで分布定数線路の特性インピーダンスを $Z=Z_0$ とすると、式 (7.27) のインピーダンス整合条件は

$$Z_L + jZ_0 \tan\beta d = Z_0 + jZ_L \tan\beta d$$

となる。Z_0 は実数であるから、上式が恒等的に成立するのは $Z_L=Z_0$ のときである。つまり、負荷インピーダンスを Z_0 に調整できれば特性インピーダンス Z_0 をもつ回路のインピーダンス整合を満たすことができる。このインピーダンス整合の特徴は βd に依存しない点である。これはすなわち、電源の周波数や回路内の波長および線路長に依存しないことを意味する。実際の機器においては、特性インピーダンスを $Z_0=50\Omega$ として、電源のインピーダンスや負荷インピーダンスをあらかじめ 50Ω にすることで広い周波数範囲でのインピーダンス整合を実現する。

一方で、未知の負荷インピーダンスを用いる場合や、状態によって負荷インピーダンスが変化する場合には、負荷インピーダンスが Z_0 となる保証がない。このような場合は、電源からみたときの負荷インピーダンスが Z_0 となるように、つまり式 (7.27) を満たすように分布定数線路部分を調整することで、電源からの最大電力供給条件を満たすことができる。

　インピーダンス整合条件は、電圧反射係数やスミス図表とも密接な繋がりがある。図 7.13 (b) の回路において式 (7.27) のインピーダンス整合条件が満たされるというのは、負荷インピーダンス Z'_L がスミス図表において

$$\hat{Z} = \frac{Z'_L}{Z_0} = \frac{1+\Gamma}{1-\Gamma} = 1$$

となる位置にあることを意味する。これはスミス図表上における円の中心のことである。また、上式やスミス図表より $\hat{Z}=1$ は $\Gamma=0$ と等価である。つまり、インピーダンス整合とは電圧反射係数が 0 となる条件と等価である。これは、図 7.13 に示す電源と分布定数線路との境界線 A-A' において、電源からの入射波が境界線で一切反射せずに分布定数線路側に全て透過することを意味している。言い換えれば、電源からの出力電力が分布定数線路側に最大供給されていることを意味する。

7-7 単一スタブによるインピーダンス整合

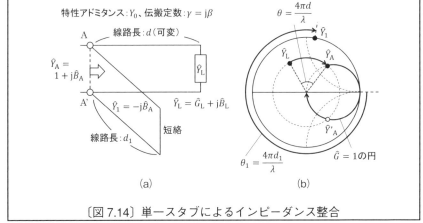

〔図7.14〕単一スタブによるインピーダンス整合

　実際のマイクロ波回路においては、電源のインピーダンスや負荷インピーダンスを分布定数線路の特性インピーダンスに一致させることができない場合がある。例えば、温度等の環境条件でインピーダンスが変化する場合や、運用上の都合により特性インピーダンス以外のインピーダンスで設計しなければならない場合がある。このような場合、整合回路を別途挿入して回路の整合を図る必要がある。

　まず、最も基本となる単一スタブによるインピーダンス整合について説明する。図7.14 (a) に示すように、特性アドミタンス $Y_0(=1/Z_0)$ の分布定数線路の終端に規格化された負荷アドミタンス $\hat{Y}_L=\hat{G}_L+j\hat{B}_L$ を接続した回路を考える。図7.14 (b) はアドミタンス用のスミス図表であり、$\hat{Y}_L$ が図7.14 (b) の位置にあるものとする。このとき、$\hat{Y}_L$ から電源側に向かって規格化アドミタンス $\hat{Y}$ の分布定数線路上を線路長 d だけ進むと、位置 A-A'から負荷側をみたアドミタンスは図7.14 (b) の $\hat{Y}_A$ で表すことができる。この $\hat{Y}_L$ から $\hat{Y}_A$ への軌跡は7-5節の図7.11 (b) と同様の動きであり、円の中心から $\hat{Y}_L$ までの距離を半径とした円上を時計回りに進む。この移動に伴う偏角 θ の変化は $\theta=4\pi d/\lambda$ であり、$d=\lambda/2$ となるときに $\hat{Y}_A$ は円上を一周して $\hat{Y}_L$ に戻る。

ここで $\hat{Y}_A$ の軌跡を確認すると、$\hat{Y}_A$ が円上を一周する間にスミス図表上の $\hat{G}=1$ の円を必ず2回横切ることがわかる。最初に $\hat{G}=1$ の円を横切るときの線路長を改めて d とおくと、位置 A-A' から負荷側をみた規格化アドミタンスは $\hat{Y}_A=1+j\hat{B}_A$ となる。よって、インピーダンス整合（この場合はアドミタンス整合であるが、どちらでも同じである。）となる $\hat{Y}=1$ を実現するには、サセプタンス $\hat{Y}_1=-j\hat{B}_A$ を A-A' の位置で並列接続すれば、回路全体の規格化アドミタンスが $\hat{Y}=\hat{Y}_A+\hat{Y}_1=1$ となり、インピーダンス整合が実現される。

　サセプタンス $\hat{Y}_1=-j\hat{B}_A$ は、6-5節の式 (6.22) に示したように終端を短絡させた分布定数線路で実現可能である。終端短絡はスミス図表の $\hat{Y}\to\infty$、つまり円の右端の位置であり、線路長 d_1 を変化させれば虚軸に相当するスミス図表の最も外側の円周上を時計回りに移動する。よって $\hat{Y}_1=-j\hat{B}_A$ となるように線路長 d_1 を設定すれば良い。このときスミス図表上の $\hat{Y}_1$ は $\hat{Y}\to\infty$ の位置から時計回りに $\theta_1=4\pi d_1/\lambda$ だけ進んだ位置となる。よって、$\hat{Y}_A$ に $\hat{Y}_1$ を並列接続することは、スミス図表の $\hat{Y}_A$ が $\hat{G}=1$ の円上を時計回りに θ_1 だけ回転移動することを意味し、最終的に $\hat{Y}=1$ の位置にたどり着く。この終端短絡と分布定数線路の組み合わせのことをスタブと呼び、図 7.14 は一つのスタブを用いた整合手法であるから単一スタブ整合と呼ばれる。なお、先述の通り $\hat{Y}_A$ が円上を一周する間に $\hat{G}=1$ の円を必ず2回横切ることから、もう一つの交点 $\hat{Y}'_A$ の位置を用いてもインピーダンス整合は実現可能である。また、スタブの終端として開放端（$\hat{Y}=0$）を用いても原理的にはインピーダンス整合可能であるが、開放端を実現することが現実的に難しいことと、開放端からの電磁波漏洩問題もあるため、スタブの終端は通常は短絡終端を採用する。

7-8 二重スタブによるインピーダンス整合

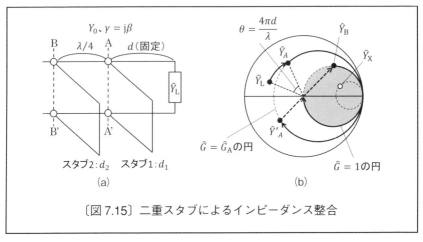

〔図7.15〕二重スタブによるインピーダンス整合

単一スタブによる整合手法は手法そのものがわかりやすく、また線路長 d が可変であることから、どの周波数（位相定数）に対してもインピーダンス整合を実現することができる。一方、実際の装置においてスタブ位置を自由に動かすこと、すなわち d を可変にすることは現実的には困難であり、実用的に使われるインピーダンス整合器においても負荷からスタブまでの距離が固定されることがほとんどである。よって、線路長 d を固定したままでのインピーダンス整合手法である二重スタブについて説明する。

二重スタブによるインピーダンス整合の原理は基本的には単一スタブと同じであり、規格化アドミタンスを如何にして $\hat{G}=1$ の円上に持ってくるかが焦点となる。図7.15（a）は二重スタブの回路図である。単一スタブと異なる点は規格化された負荷アドミタンス $\hat{Y}_L$ からスタブ1までの線路長 d が固定される点である。線路長 d が固定されることは、図7.15（b）に示す $\hat{Y}_L$ から $\hat{Y}_A$ への移動角 θ が固定されることを意味する。よって、$\hat{Y}_A$ が偶発的に $\hat{G}=1$ の円上にこない限り、単一スタブではインピーダンス整合が実現できない。そこで、スタブ1から $\lambda/4$ 離れた位置にもう1つのスタブ2を設置する。この2つのスタブ（二重スタブ）

によりインピーダンス整合を実現する。

　二重スタブのインピーダンス整合の原理は以下の通りである。まず、位置 A-A'での規格化アドミタンス $\hat{Y}_A$ が図 7.15 (b) のスミス図表の位置にあるとする。ここで、終端を短絡したスタブ 1 の線路長 d_1 を変化させれば、規格化アドミタンスは $\hat{G}=\hat{G}_A$ の円上を時計回りに回転移動する。ここで、スミス図表の中心に対する $\hat{Y}_A$ の回転対称先が $\hat{G}=1$ の円上のどこかにくるように d_1 を調整し、このときのスタブ 1 と $\hat{Y}_A$ との並列接続による合成規格化アドミタンスを $\hat{Y}'_A$ とする。すると、スタブ 1 から線路長 $\lambda/4$ 離れた位置 B-B'での規格化アドミタンス $\hat{Y}_B$ は、図 7.15 (b) のスミス図表に示すように $\hat{G}=1$ の円上に配置されることになる。なぜなら、7-5 節の図 7.12 で示したように、$\lambda/4$ 線路は規格化アドミタンス（インピーダンス）を偏角 π だけ回転させる効果、つまり規格化アドミタンスをスミス図表の中心に対する回転対称先に移動させる効果をもつからである。したがって、スタブ 1 の線路長 d_1 を調整して $\hat{Y}_B$ が $\hat{G}=1$ の円上にくるように $\hat{Y}_A$ を調整することが重要となる。$\hat{Y}_B$ が $\hat{G}=1$ の円上にくれば、後は単一スタブと同じ原理であり、スタブ 2 の線路長 d_2 を調整すれば $\hat{Y}=1$ となり、インピーダンス整合が実現される。

　ここで、位置 A-A'における規格化アドミタンス $\hat{Y}_A$ が図 7.15 (b) の灰色で示した $\hat{G}=1$ の円内（$\hat{G}>1$ の領域）にあるとき、二重スタブではインピーダンス整合が実現できない点に注意する。例えば $\hat{Y}_A$ が図 7.15 (b) の $\hat{Y}_X$ の位置にあったと仮定すると、スタブ 1 の線路長調整によって $\hat{Y}_X$ は $\hat{G}>1$ の円内を回転移動する。このとき、スタブ 1 の線路長に依らず、スミス図表の中心に対する $\hat{Y}_X$ の回転対称先が必ず $\hat{G}=1$ の円の外側（$\hat{G}<1$ の領域）にくることがわかる。つまり、スタブ 1 をどれだけ調整しても位置 B-B'における規格化アドミタンス $\hat{Y}_B$ の軌跡が $\hat{G}=1$ の円と交点を持たないため、スタブ 2 を調整してもインピーダンス整合が実現できない。よって、二重スタブによるインピーダンス整合には適用範囲が存在する。

7-9 三重スタブによるインピーダンス整合

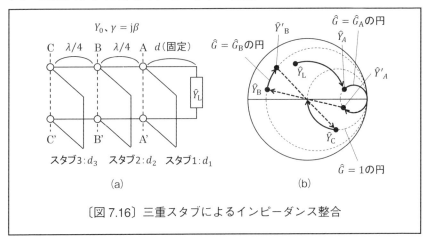

〔図 7.16〕三重スタブによるインピーダンス整合

　二重スタブの最大の問題点は、全ての負荷においてインピーダンス整合を実現できない点であった。この問題点を解決する方法が図 7.16 に示す三重スタブである。三重スタブとは図 7.16 (a) に示すように二重スタブのスタブ 2 からさらに線路長 $\lambda/4$ 離れた位置 C-C' にスタブ 3 を設置した整合方法である。三重スタブの最も重要な点は、たとえ位置 A-A' での規格化アドミタンス $\hat{Y}_A$ が図 7.16 (b) に示すスミス図表の $\hat{G}=1$ の円内（$\hat{G}>1$ の領域）にあったとしても、位置 B-B' での規格化アドミタンス $\hat{Y}_B$ を必ずスミス図表の $\hat{G}=1$ の円外（$\hat{G}<1$ の領域）に出すことができる点である。$\hat{Y}_B$ がスミス図表の $\hat{G}=1$ の円外に出さえすれば、スタブ 2 とスタブ 3 を用いた二重スタブとなるので、7-8 節で述べた二重スタブと全く同じ原理でインピーダンス整合が実現できる。位置 A-A' での規格化アドミタンス $\hat{Y}_A$ が最初からスミス図表の $\hat{G}=1$ の円外にあれば、スタブ 1 とスタブ 2 を用いた二重スタブでインピーダンス整合が実現できるので、スタブ 3 を使用する必要はない。したがって、三重スタブであれば規格化アドミタンスがどの位置にあっても必ずインピーダンス整合を実現することができる。

　実際のマイクロ波回路素子においても、三重スタブを用いた 3 スタブ

チューナを用いてインピーダンス整合をとることが多い。またマイクロ波回路の設計段階においては線路長を可変設定できるので、単一スタブを用いてインピーダンス整合を実現することも可能である。

7-10 $\lambda/4$ 変成器

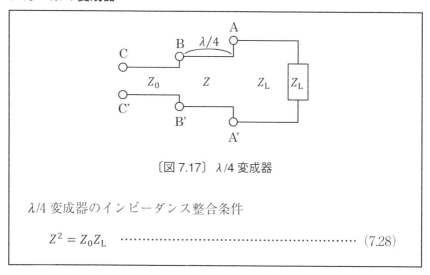

〔図7.17〕 $\lambda/4$ 変成器

$\lambda/4$ 変成器のインピーダンス整合条件

$$Z^2 = Z_0 Z_L \quad\quad\quad\quad\quad\quad\quad\quad\quad\quad\quad (7.28)$$

2つの異なる特性インピーダンス Z_0 と Z_L との間に、特性インピーダンス Z および線路長 $\lambda/4$ の分布定数線路を挿入することによりインピーダンス整合が実現できる場合がある。この挿入回路のことを $\lambda/4$ 変成器と呼ぶ。

図7.17に $\lambda/4$ 変成器の原理図を示す。位置A-A'から負荷をみたインピーダンスは Z_L であるから、位置B-B'から負荷をみたインピーダンス Z' は6-5節の式 (6.26) より $Z'=Z^2/Z_L$ となる。これが位置C-C'においてインピーダンス整合となるためには $Z'=Z_0$ となれば良い。したがって、$\lambda/4$ 変成器のインピーダンス整合条件は式 (7.28) で表すことができる。

ここで、これまでにも何度か述べてきたように実用上のマイクロ波回路において特性インピーダンス Z_0 は $50\,\Omega$ の実数を用いることがほとんどである。Z_0 が実数のとき、Z_L が複素数のような場合は $\lambda/4$ 変成器の

特性インピーダンス Z も複素数となり、実用上において設計が困難である。したがって、$\lambda/4$ 変成器は Z_0 および Z_L がともに実数、つまり入出力の特性インピーダンスがともに実数のような場合に利用されることがほとんどである。例えば、計測器類の特性インピーダンスは 50 Ω を用いる一方で、映像信号等の伝送線路（同軸線路）の特性インピーダンスは 75 Ω を用いられることが多い。このような場合に

$$Z' = \sqrt{50\Omega \cdot 75\Omega} \cong 61.2 \Omega$$

の特性インピーダンスをもつ $\lambda/4$ 変成器を用いれば、インピーダンス整合を保った状態で 50 Ω から 75 Ω へのインピーダンス変換が実現できる。

　以上が実際の回路設計において主に利用されるインピーダンス整合方法である。ここで注意すべき点は、単一スタブを除くいずれのインピーダンス整合手法も、整合の可否が線路長や波長に依存する点である。つまり、これらの整合方法は想定波長に対する整合手法としては有効であるが、想定と異なる波長の電磁波を入力した場合、負荷条件によってはインピーダンス整合が実現できない場合がある。また、広い周波数範囲に対して同時に整合条件を満たすことは原理上できない。

　なお、本節では紹介しなかった他の整合方法として、テーパ線路整合や集中定数整合があり[1]、これらも用途によって採用されることがある。特に、近年では高周波回路の集積化により GHz 帯であっても集中定数整合を用いることが多い。

参考文献
[1] 岡田文明、マイクロ波工学 −基礎と応用−、学献社、3.4 節、1993

第8章　導波路

本章では、主にマイクロ波帯の電磁波を伝搬させる線路である導波路について記す。まず、電磁波工学分野における波数を導入し、マクスウェル方程式から導出される電磁波の伝搬モードについて記す。また代表的な導波路である同軸線路、方形導波管、円形導波管について述べる。これら導波路の伝搬モードについては、導波路を伝搬する電磁界をイメージする上で極めて重要である。

　なお各導波路の電磁界の導出に関しては、微分方程式、円筒座標系、ベッセル関数等の非常に高度かつ多様な数学知識を必要とする。よって、本書では導出に関する大部分を省略し、エッセンスのみの記述に留める。その代わりに、電磁界分布のイメージの手助けとして電磁界解析ソフトウェア Femtet で表現した各導波路の電磁界分布を示す。電磁界導出の詳細については文献[1]を参照されたい。

8-1 波数

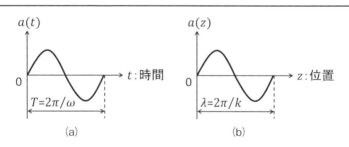

〔図8.1〕角周波数と周期 (a) および波長と波数 (b) の対応関係

波数 k

$$\gamma \equiv jk, \quad k = \beta - j\alpha \quad \cdots\cdots\cdots\cdots\cdots\cdots\cdots\cdots\cdots\cdots (8.1)$$

波数を用いた直交座標系でのヘルムホルツ方程式（x 方向の電界成分）

$$\frac{\partial^2 E_x}{\partial x^2} + \frac{\partial^2 E_x}{\partial y^2} + \frac{\partial^2 E_x}{\partial z^2} = -k^2 E_x \quad \cdots\cdots\cdots\cdots\cdots\cdots (8.2)$$

▷第8章　導波路

z 方向に伝搬する平面波の E_x 成分に対する一般解（A、B は定数）

$$E_x = Ae^{j(\omega t - kz)} + Be^{j(\omega t + kz)} \quad \cdots\cdots (8.3)$$

波数と波長の関係

$$\lambda \equiv \frac{2\pi}{k} \quad \cdots\cdots (8.4)$$

無損失媒質（$\sigma=0$）における波数（ε、μ は実数扱い）

$$k = \beta = \omega\sqrt{\varepsilon}\sqrt{\mu} \quad \cdots\cdots (8.5)$$

位相速度（6-2 節参照）

$$v_p \equiv \frac{\omega}{k} \quad \cdots\cdots (8.6)$$

群速度（6-2 節参照）

$$v_g \equiv \frac{d\omega}{dk} \quad \cdots\cdots (8.7)$$

【変数および単位系】
　　k：波数（単位：m^{-1})

　波数とは単位長さあたりに含まれる波（正弦波）の数のことであり、波数 k は伝搬定数 γ および虚数単位 j を用いて式 (8.1) で定義される。この定義式を、例えば 4-6 節に示した直交座標系 (x,y,z) における x 方向の電界成分 E_x に対するヘルムホルツ方程式に代入すると、式 (4.28) に式 (8.1) を代入することで式 (8.2) が得られる。ここで、無損失媒質（$\sigma=0$）において z 方向に伝搬する平面波について考えると、4-7 節で記した内容と同様の手続きで E_x 成分に対する一般解が式 (8.3) で得られる。ただし A、B は定数である。

　ここで、式 (8.3) に関して波数 k を用いた場合と伝搬定数 γ を用いた場合を比較すると、$e^{\pm \gamma z}$ が $e^{\pm jkz}$ に置き換えられただけである。ところが、式 (8.3) の時間に関する項 $e^{j\omega t}$ と e^{jkz} を比較すると、$e^{j\omega t}$ は時間 t とともに E_x が正弦波的に変化することを表す項であるから、e^{jkz} は位置 z とと

もに E_x が正弦波的に変化することを表す項となる。すなわち、図8.1に示すように時間 t を変数とした正弦波 $a(t)$ の角周波数 ω が位置 z を変数とした正弦波 $a(z)$ の波数 k に対応する。

このことから、正弦波 $a(t)$ の一周期分が周期 T に対応するのと同様に、正弦波 $a(z)$ の一周期分は伝搬する電磁波の長さに対応する。この一周期分の電磁波の長さのことを波長と呼ぶ。波長 λ は波数 k を用いて式(8.4)で定義される。これは周期 T と角周波数 ω との対応関係と同じである。

媒質が無損失媒質（$\sigma=0$）であるとき、波数 k は式 (8.5) に示すように位相定数 β と一致する。ただし、β は実数であるから式 (8.5) の右辺も実数となる必要がある。よって、式 (8.5) の右辺における誘電率 ε および透磁率 μ はどちらも実数扱いとする。

ここで、6-2節で述べた位相速度 v_p（波形が伝わる速度）および群速度 v_g（波のエネルギーが伝わる速度）について式 (8.6) および式 (8.7) で再度定義する。6-2節では位相定数 β に対して位相速度と群速度を定義したが、一般的には波数 k に対して定義する。ただし、無損失媒質であれば $k=\beta$ となり、波数で計算しても位相定数で計算しても同じ結果となる。

なお、電磁波工学の分野においては、波数と波長の関係は式 (8.4) で定義されるが、光工学の分野では波数を波長の逆数、すなわち $k\equiv1/\lambda$ で定義することがある。定義の違いであるためどちらの式も間違いではないが、電磁波工学の分野においては図8.1に示したように正弦波との対応関係があるため、式 (8.4) で波数と波長の関係を定義する。

▷第8章　導波路

8-2 電磁波の伝搬モード

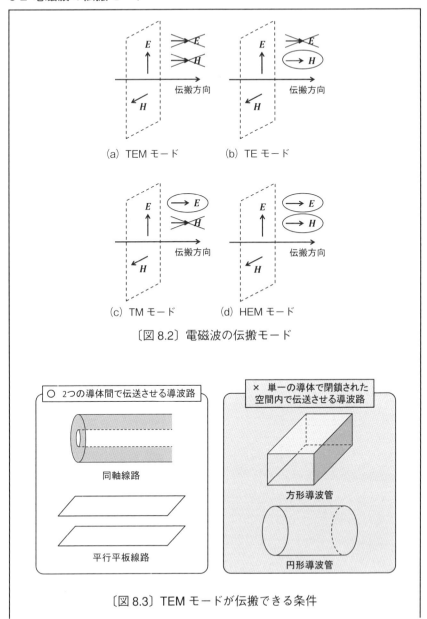

〔図 8.2〕電磁波の伝搬モード

〔図 8.3〕TEM モードが伝搬できる条件

無損失媒質（$\sigma=0$）において電磁波（正弦波）の伝搬方向を $+z$ 方向としたときの直交座標系でのヘルムホルツ方程式の z 方向成分

$$\frac{\partial^2 E_z}{\partial x^2}+\frac{\partial^2 E_z}{\partial y^2}=-(\gamma^2+\omega^2\varepsilon\mu)E_z=-(\gamma^2+k^2)E_z=-k_c^2 E_z \quad (8.8)$$

$$\frac{\partial^2 H_z}{\partial x^2}+\frac{\partial^2 H_z}{\partial y^2}=-(\gamma^2+\omega^2\varepsilon\mu)H_z=-(\gamma^2+k^2)H_z=-k_c^2 H_z \quad (8.9)$$

TEM モードの条件（図 8.2 (a)）

$$E_z=0, \quad H_z=0 \quad \cdots\cdots\cdots\cdots\cdots\cdots\cdots (8.10)$$

TE モードの条件（図 8.2 (b)）

$$E_z=0, \quad H_z\neq 0 \quad \cdots\cdots\cdots\cdots\cdots\cdots\cdots (8.11)$$

TM モードの条件（図 8.2 (c)）

$$E_z\neq 0, \quad H_z=0 \quad \cdots\cdots\cdots\cdots\cdots\cdots\cdots (8.12)$$

HEM モードの条件（図 8.2 (d)）

$$E_z\neq 0, \quad H_z\neq 0 \quad \cdots\cdots\cdots\cdots\cdots\cdots\cdots (8.13)$$

TEM モードにおける空間内の電位に対する微分方程式

$$\frac{\partial^2 V}{\partial x^2}+\frac{\partial^2 V}{\partial y^2}=0 \quad \cdots\cdots\cdots\cdots\cdots\cdots\cdots (8.14)$$

波源のない直交座標系 (x,y,z) の空間において、伝搬する電磁波の電界成分および磁界成分が 3-4 節および 3-5 節で示した正弦波で表されるとする。また、$+z$ 方向に伝搬する前進波のみを考える。このとき、電磁波が $+z$ 方向に伝わるものとして $e^{-\gamma z}$ なる因子をもたせる。この γ は媒質の伝搬定数を表すのではなく、電磁波に由来する伝搬定数として導入する。この定義により、$\partial/\partial z=-\gamma$ となる。

▷第8章　導波路

　$\sigma=0$ の無損失媒質における z 方向の電界 E_z および磁界 H_z について、4-6節で示した直交座標系でのヘルムホルツ方程式の式 (4.30) および式 (4.33) に波数 k と $\partial/\partial z=-\gamma$ を代入すると、E_z および H_z に対する微分方程式として式 (8.8) および式 (8.9) が得られる。式 (8.8) と式 (8.9) はそれぞれ E_z のみの式、H_z のみの式であるから、それぞれの微分方程式は独立に解くことができる。

　ここで、E_z と H_z が取り得る解の組み合わせを分類すると、式 (8.10) ～式 (8.13) に示すように4つの分類で表すことができる。以下、それぞれの分類について説明する。

　まず、式 (8.10) は図 8.2 (a) に示すように伝搬方向に対して電磁界成分をもたない伝搬モードである。このような電磁波伝搬モードを TEM モード (transverse electromagnetic mode) と呼ぶ。TEM モードの場合、式 (8.8) および式 (8.9) において $k_c^2 \neq 0$ としてマクスウェル方程式を解くと、全方向の電磁界成分が0となってしまい、電磁界が伝搬できない。よって、TEM モードとして意味のある電磁界を得るには $k_c^2=0$ となる必要がある。よって、

$$\gamma^2 + \omega^2 \varepsilon\mu = 0 \quad \text{すなわち} \quad \gamma = j\omega\sqrt{\varepsilon\mu} = jk$$

を満たす必要がある。結局のところ、TEM モードの場合には任意で設定した z 方向の電磁波の伝搬定数 γ は媒質の伝搬定数と一致することになる。また、この状況は4-7節の平面波と同じであり、よって平面波は TEM モードである。TEM モードの位相速度および群速度は

$$v_p = \frac{\omega}{k} = \frac{1}{\sqrt{\varepsilon}\sqrt{\mu}} = \frac{d\omega}{dk} = v_g$$

となるから、TEM モードの位相速度と群速度は一致する。特に媒質が真空の場合には

$$v_p = v_g = \frac{1}{\sqrt{\varepsilon_0 \mu_0}} = c$$

となり、群速度と位相速度はともに光速に一致する。4-7節においても平面波の位相速度が光速に一致することを証明済みである。

式(8.11)は図8.2 (b) に示すように伝搬方向に対して電界成分をもたない伝搬モードである。このような電磁波伝搬モードをTEモード（transverse electric mode）と呼ぶ。また、式(8.12)は図8.2 (c) に示すように伝搬方向に対して磁界成分をもたない伝搬モードである。このような電磁波伝搬モードをTMモード（transverse magnetic mode）と呼ぶ。TEモードおよびTMモードは8-4節以降で述べる導波管で用いられる伝搬モードであり、詳細は8-4節以降に記す。

最後に、式(8.13)は図8.2 (d) に示すように伝搬方向に対して電磁界成分をもつ伝搬モードである。このような電磁波伝搬モードをHEMモード（hybrid electromagnetic mode）と呼ぶ。HEMモードは混成モードあるいは単にハイブリッドモードとも呼ばれる。HEMモードは円筒誘電体導波路の伝搬モードである。円筒誘電体導波路については本書では省略するが、光ファイバの伝送線路の原点となる導波路である。円筒誘電体導波路の詳細に関しては文献[2]を参照されたい。

ここで、TEMモードに関してマクスウェル方程式から導かれる電位分布について調べる。4-6節に示した直交座標系でのマクスウェル方程式において$E_z=0$および$H_z=0$を代入すると、式(4.24)および式(4.27)から次式が得られる。

$$\frac{\partial E_y}{\partial x} - \frac{\partial E_x}{\partial y} = 0, \qquad \frac{\partial H_y}{\partial x} - \frac{\partial H_x}{\partial y} = 0$$

また、ガウスの法則の微分形である4-4節の式(4.16)および式(4.17)において、電荷がないもの（$\rho=0$）とし、$E_z=0$および$H_z=0$を代入すると、

$$\frac{\partial E_x}{\partial x} + \frac{\partial E_y}{\partial y} = 0, \qquad \frac{\partial H_x}{\partial x} + \frac{\partial H_y}{\partial y} = 0$$

が得られる。ここで空間内の電位Vを導入すると、2-3節の式(2.10)より

$$E_x = -\frac{\partial V}{\partial x}, \qquad E_y = -\frac{\partial V}{\partial y}$$

となる。これを上記4つのマクスウェル方程式に代入すると、最初の2式は無条件で満足されるため、後の2式から式 (8.14) が導かれる。よって、TEM モードでは、式 (8.14) に示す微分方程式が電位に対して満たされる必要がある。また電位 V の代わりに磁位 U について解いても、全く同様にして式 (8.14) の V を U に置き換えた式が導かれる。

　式 (8.14) に示す電位の条件が加わったことにより、平面波を除く一般的な導波路において TEM モードが伝搬できる条件が存在する。図 8.3 の左側に示した同軸線路や平行平板線路のように、独立した2導体間で電磁波を伝送させる導波路の場合には、式 (8.14) の条件を満たしつつ伝搬する電磁波が存在するため、TEM モードで伝搬させることが可能である。一方、図 8.3 の右側に示した方形導波管や円形導波管のように単一の導体で閉鎖された空間内で電磁波を伝送させる導波路の場合には、TEM モードでは伝搬できない。なぜなら、単一導体で閉鎖された空間では単一導体の電位を同電位（例えば $V=0$）とすることが境界条件となるため、式 (8.14) の条件を満たすには空間内のいたるところで $V=0$ となる必要があるからである。このとき、空間内には電位分布が存在しないので、当然のことながら電界が発生しない。よって磁界も発生することがないので、結局のところ空間内に電磁界が存在できないことがわかる。TEM モードで伝送したい場合には、必ず2つの独立した導体をもつ導波路を用意する必要がある。なお、本書では平行平板線路については省略するため、平行平板線路の詳細に関しては文献 [1,2] を参照されたい。

8-3 同軸線路

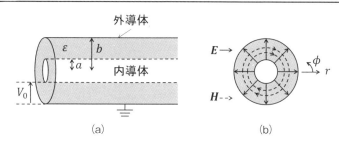

〔図 8.4〕同軸線路

同軸線路に印加される放射方向（r 方向）の電界

$$E_r = \frac{V_0}{\ln(b/a)} \frac{1}{r} \quad \cdots\cdots\cdots\cdots\cdots\cdots\cdots\cdots\cdots\cdots (8.15)$$

同軸線路に印加される方位角方向（ϕ 方向）の電界

$$H_\phi = \frac{E_r}{\zeta} = \frac{\sqrt{\varepsilon}}{\sqrt{\mu}} \frac{V_0}{\ln(b/a)} \frac{1}{r} \quad \cdots\cdots\cdots\cdots\cdots\cdots\cdots (8.16)$$

同軸線路に流れる電流

$$I = \int_0^{2\pi} a[H_\phi]_{r=a} \, d\phi = \frac{\sqrt{\varepsilon}}{\sqrt{\mu}} \frac{2\pi V_0}{\ln(b/a)} \quad \cdots\cdots\cdots\cdots\cdots (8.17)$$

同軸線路の特性インピーダンス（$\mu = \mu_0$）

$$Z_0 = \frac{V_0}{I} = 2\pi \frac{\sqrt{\mu_0}}{\sqrt{\varepsilon}} \ln \frac{b}{a} \cong \frac{138\,\Omega}{\sqrt{\varepsilon_r}} \log_{10} \frac{b}{a} \quad \cdots\cdots\cdots\cdots (8.18)$$

　同軸線路はマイクロ波帯に限らず高周波信号を伝送するために最も利用される導波路である。同軸線路の構造を図 8.4 に示す。同軸線路は内導体と呼ばれる円柱状の導体と、外導体と呼ばれる中空の円筒上の導体が

▷第8章　導波路

同心円状に配置された構造をもつ。内導体と外導体の間には、導体間の絶縁を確保するためや同軸線路の同心円構造を維持するために一般的にはポリエステルやテフロン等の絶縁体（誘電体）を充填することが多い。

　同軸線路はTEMモードで使用されることがほとんどであるため、本節では同軸線路のTEMモードについてのみ解析する。同軸線路は円柱構造をもつため、直交座標系(x,y,z)よりも円柱座標系(r,ϕ,z)を用いる方が解きやすい。直交座標系と円柱座標系の関係は

$$x = r\cos\phi, \qquad y = r\sin\phi, \qquad z = z$$

で与えられる。この座標変換を用いて式 (8.14) に示した電位の微分方程式を円柱座標系で表現すると

$$\frac{\partial^2 V}{\partial r^2} + \frac{1}{r}\frac{\partial V}{\partial r} + \frac{1}{r^2}\frac{\partial^2 V}{\partial \phi^2} = 0$$

となる。この微分方程式に対して境界条件を定めてやれば、変数分離法と呼ばれる数学的手法によって解析的に解くことができる。ここでは、図8.4 (a) に示すように同軸線路における境界条件を$r=a$のとき$V=V_0$、$r=b$のとき$V=0$と定める。また、$r=a$上および$r=b$上では電位Vはϕ方向によらず一定である。これらの境界条件により、電位で表される微分方程式を解くことができる。さらに、求めた電位から

$$E_r = -\frac{\partial V}{\partial r}, \qquad E_\phi = -\frac{1}{r}\frac{\partial V}{\partial \phi}$$

を計算すると、E_rに関しては式 (8.15) が得られ、また$E_\phi=0$が得られる。ただし、lnは自然対数の底eに対する対数であり、次式で定義される。

$$\ln x \equiv \log_e x$$

さらに、4-7節の式 (4.41) で示した波動インピーダンスζを導入すると、同軸線路の場合には

$$H_r = -\frac{E_\phi}{\zeta}, \qquad H_\phi = \frac{E_r}{\zeta}, \qquad \left(\zeta = \frac{\sqrt{\mu}}{\sqrt{\varepsilon}}\right)$$

となり、$H_r=0$ が得られ、H_ϕ に関しては式 (8.16) が得られる。

　以上より、同軸線路を伝搬する TEM モードは図 8.4 (b) に示すような電磁界分布となり、以下の特徴がある。

- 電界成分は放射方向（r 方向）のみである。
- 磁界成分は方位角方向（ϕ 方向）のみである。
- 電界および磁界の大きさは伝送する電磁波の周波数に依存しない。すなわち、理論上において同軸線路はどの周波数に対しても同じ電界分布および磁界分布で伝送する。
- 同軸線路内の電界と磁界の比は同軸線路上の伝搬方向の位置によらず波動インピーダンスで規定される。
- 同軸線路の位相速度と群速度は一致する（TEM モードの特徴）。
- 同軸線路内の波数および波長は、内導体および外導体の半径、つまり同軸線路の寸法には依存しない。

　さらに、H_ϕ に対して 2-5 節のアンペールの法則を適用することで同軸線路上に流れる電流を求めることができる。式 (2.20) を用いて内導体表面（$r=a$ 上）を流れる電流を求めると、式 (8.17) が得られる。よって内導体と外導体との間の電位差 V_0 をこの電流値で割れば、式 (8.18) に示すように同軸線路の特性インピーダンス Z_0 が求められる。ただし、内導体と外導体との間には誘電体が充填されるため、透磁率は $\mu=\mu_0$ とする。

　式 (8.18) より、同軸線路の特性インピーダンスは充填される誘電体の誘電率および内導体と外導体の半径の比のみで規定され、一般的にはこの特性インピーダンスが 50 Ω（映像信号伝送用は 75 Ω）となるように同軸線路を設計する。同軸線路を 50 Ω や 75 Ω で設計する大きな理由は、同軸線路に損失を考慮したときの減衰定数 α が最も小さくなる

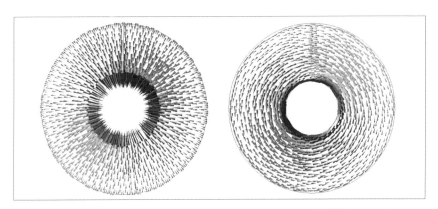

〔図 8.5〕同軸線路の TEM モードの電界ベクトル分布（左）および
磁界ベクトル分布（右）のシミュレーション結果

特性インピーダンスが約 77 Ω になるためである[2]。なお、内導体の半径が大きいほど内導体表面を流れる電流の表面積が大きくなるため、より大きな電力を伝送できる。

最後に、図 8.5 に同軸線路の TEM モードの電界ベクトル分布および磁界ベクトル分布のシミュレーション結果を示す。電界ベクトルと磁界ベクトルの向きは、電磁波が紙面の手前から奥に向かって伝搬するように規定している。図 8.5 より電界ベクトルは放射方向のみ、磁界ベクトルが方位角方向のみとなっていることがわかる。また、電界および磁界の大きさは、同軸線路の外導体から内導体に向かうにつれて大きくなるが、電界と磁界の比は一定であり、その比は波動インピーダンスで規定される。

8-4 方形導波管の TE モード伝搬

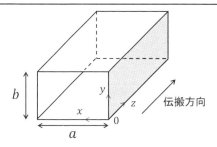

〔図 8.6〕方形導波管

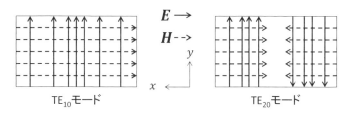

〔図 8.7〕方形導波管断面における TE モードの電磁界分布の例

TE モードにおける電磁界分布（m、n は 0 以上の整数）

$$E_x = \frac{j\omega\mu_0 k_y}{k_c^2} H_{mn} \cos k_x x \sin k_y y \quad \cdots\cdots (8.19)$$

$$E_y = -\frac{j\omega\mu_0 k_x}{k_c^2} H_{mn} \sin k_x x \cos k_y y \quad \cdots\cdots (8.20)$$

$$E_z = 0 \quad \cdots\cdots (8.21)$$

$$H_x = \frac{\gamma k_x}{k_c^2} H_{mn} \sin k_x x \cos k_y y \quad \cdots\cdots (8.22)$$

$$H_y = \frac{\gamma k_y}{k_c^2} H_{mn} \cos k_x x \sin k_y y \quad \cdots\cdots (8.23)$$

$$H_z = H_{mn} \cos k_x x \cos k_y y \quad \cdots\cdots (8.24)$$

$$k_x = \frac{m\pi}{a}, \quad k_y = \frac{n\pi}{b} \quad \cdots\cdots\cdots\cdots\cdots\cdots\cdots\cdots\cdots\cdots\cdots (8.25)$$

$$k_c^2 = k_x^2 + k_y^2 \quad \cdots\cdots\cdots\cdots\cdots\cdots\cdots\cdots\cdots\cdots\cdots\cdots\cdots (8.26)$$

　方形導波管は、図8.6に示すように長辺をa、短辺をbとした長方形を断面にもつ直方体形状の金属管であり、電磁波は図8.6に示す直交座標系においてz方向に伝搬する。導波管は大電力のマイクロ波を伝送する導波路として一般的に利用される。導波管の内部は特別な理由がない限りは中空、つまり方形導波管の内部は空気である。乾燥空気の比誘電率は20℃において1.000536であり[3]、ほぼ真空の誘電率に等しい。また、透磁率は真空の透磁率を用いても差し支えない。よって、導波管の解析においては導波管内部を真空とみなすこととする。

　導波管に関しては、8-2節でも述べたように周囲を単一の金属で囲まれているという構造上、TEMモードの電磁波は伝搬できない。よって、本節ではTEモードでの伝搬について述べ、TMモードでの伝搬については次節で述べる。

　TEモードにおいては、式(8.11)の定義より$E_z=0$となる。また金属（良導体）の内部では電界は存在しないことから、導波管の周壁を境界面とするときの境界条件は電界の接線成分が0となる。すなわち

$$E_x = 0 \ (y = 0, \ y = b), \quad E_y = 0 \ (x = 0, \ x = a)$$

が電界に関する境界条件である。また、4-6節に示した直交座標系でのマクスウェル方程式である式(4.22)～式(4.26)に$E_z=0$、$\sigma=0$、$\varepsilon=\varepsilon_0$、$\mu=\mu_0$、$\partial/\partial z=-\gamma$（ただし$\gamma$は8-2節で記した$z$方向の伝搬を表す$e^{-\gamma z}$なる電磁波の伝搬定数）を代入して電界成分を求めると

$$E_x = \frac{-j\omega\mu_0}{\omega^2\varepsilon_0\mu_0 + \gamma^2}\frac{\partial H_z}{\partial y}, \quad E_y = \frac{j\omega\mu_0}{\omega^2\varepsilon_0\mu_0 + \gamma^2}\frac{\partial H_z}{\partial x}$$

が得られる。よって磁界に関する境界条件は

$$\frac{\partial H_z}{\partial y} = 0 \ (y=0, \ y=b), \qquad \frac{\partial H_z}{\partial x} = 0 \ (x=0, \ x=a)$$

となる。以上の境界条件をもとに、式 (8.9) のヘルムホルツ方程式を解けば H_z を求めることができる。このヘルムホルツ方程式は、同軸線路のときと同様に変数分離法と呼ばれる数学的手法によって解析的に解くことができ、さらに上述の境界条件を当てはめると、最終的に方形導波管の TE モードの電磁界分布は式 (8.19)～式 (8.24) のように求めることができる。ただし、H_{mn} は H_z の振幅であり、各式中の定数 k_x および k_y は式 (8.25) で与えられ、定数 k_c は式 (8.26) で与えられる。すなわち、方形導波管の TE モードにおける電磁界は x 方向（断面の長辺方向）および y 方向（断面の短辺方向）のそれぞれに対して三角関数で表現されることがわかる。

ここで、式 (8.19)～式 (8.24) の添え字 m、n について説明する。式 (8.25) を式 (8.24) に代入すると、0 以上の整数 m、n に対して

$$H_z = H_{mn} \cos\frac{m\pi}{a}x \cos\frac{n\pi}{b}y$$

となり、これは式 (8.9) のヘルムホルツ方程式の解 H_z のことである。つまり、ヘルムホルツ方程式の解が三角関数で表現され、かつ境界条件が導波管の周壁のみで設定されるため、三角関数の周期性により解 H_z が m、n に応じて無数に存在することを表している。以上より、TE モードの電磁界分布は 0 以上の整数 m、n の組み合わせに対して、それぞれが独立に存在できることになる。よって、整数 m、n の組み合わせに対する TE モードの電磁界分布のことを TE$_{mn}$ モードと呼ぶ。また、TE$_{mn}$ モードに対応する H_z の振幅を H_{mn} とする。ただし $m=0$ かつ $n=0$ の組み合わせに限り、式 (8.19)～式 (8.24) より H_z 以外の電磁界成分が全て 0 となってしまうため、$m=0$、$n=0$ の組み合わせは採用できないことに注意する。

図 8.7 に方形導波管断面における TE モードの例として、$m=1$、$n=0$ の組み合わせである TE$_{10}$ モード、および $m=2$、$n=0$ の組み合わせであ

る TE₂₀ モードの電磁界分布を示す。方形導波管の TE モードは電磁界分布が三角関数で表されるため、m、n の組み合わせと電磁界分布の極値の数が一致するという点で見た目にわかりやすい。例えば、TE₁₀ モードであれば x 方向（長辺方向）に対して電界の最大値つまり極値が 1 つあり、y 方向（短辺方向）に対しては電界の極値がない分布となる。また、TE₂₀ モードであれば、x 方向に対して電界の極値が 2 つ、y 方向に対して電界の極値がない分布となる。

特に TE₁₀ モードは方形導波管の基本モードであるため、8-7 節で詳述する。

8-5 方形導波管の TM モード伝搬

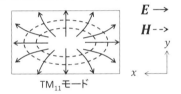

〔図 8.8〕方形導波管断面における TM モードの電磁界分布の例

TM モードにおける電磁界分布（m、n は 1 以上の整数）

$$E_x = -\frac{\gamma k_x}{k_c^2} E_{mn} \cos k_x x \sin k_y y \quad \cdots\cdots (8.27)$$

$$E_y = -\frac{\gamma k_y}{k_c^2} E_{mn} \sin k_x x \cos k_y y \quad \cdots\cdots (8.28)$$

$$E_z = E_{mn} \sin k_x x \sin k_y y \quad \cdots\cdots (8.29)$$

$$H_x = \frac{j\omega\varepsilon_0 k_y}{k_c^2} E_{mn} \sin k_x x \cos k_y y \quad \cdots\cdots (8.30)$$

$$H_y = -\frac{j\omega\varepsilon_0 k_x}{k_c^2} E_{mn} \cos k_x x \sin k_y y \quad \cdots\cdots (8.31)$$

$$H_z = 0 \quad \cdots\cdots (8.32)$$

方形導波管の TM モード伝搬は、式 (8.12) の定義より $H_z=0$ とすれば、後は前節で示した TE モード伝搬と全く同じ境界条件を用いて求めることができる。TM モードのヘルムホルツ方程式の解は TE モードと同様に三角関数で表現され、式 (8.27) ～式 (8.32) で導かれる。式中の定数 k_x および k_y は前節の式 (8.25) で与えられ、定数 k_c は式 (8.26) で与えられる。

　式 (8.27) ～式 (8.32) および三角関数の周期性により、TM モードの電磁界分布も整数 m、n の組み合わせに対して、それぞれが独立に存在できることになる。よって、整数 m、n の組み合わせに対する TM モードの電磁界分布のことを TM_{mn} モードと呼ぶ。また、TM_{mn} モードに対応する E_z の振幅を E_{mn} とする。ただし、TM モードの場合は式 (8.29) に $m=0$ または $n=0$ を代入すると $E_z=0$ となるため、TM モードは TEM モードとなる。しかし導波管では TEM モードは伝搬できないため、$m=0$ または $n=0$ は採用できないことに注意する。すなわち、TM モードにおける整数 m、n はいずれも 1 以上とする必要があり、TM_{00} モード、TM_{10} モード、TM_{01} モードは存在しない。

　図 8.8 に方形導波管断面における TM モードの例として、$m=1$、$n=1$ の組み合わせである TM_{11} モードの電磁界分布を示す。方形導波管の TM モードの電磁界分布も三角関数で表されるため、m、n の組み合わせと電磁界分布の極値の数が一致する。図 8.8 の磁界に着目すると、TM_{11} モードは x 方向（長辺方向）に対して磁界が 0 つまり磁界の極値が 1 つ存在し、y 方向（短辺方向）に対して磁界の極値が 1 つ存在する分布となる。

8-6 方形導波管の遮断周波数・位相速度・管内波長

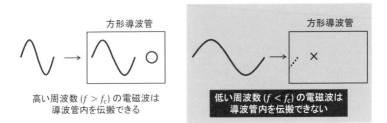

〔図 8.9〕方形導波管の遮断周波数

方形導波管の遮断周波数

$$f_c = \frac{\omega_c}{2\pi} = \frac{k_c}{2\pi\sqrt{\varepsilon_0 \mu_0}} = \frac{ck_c}{2\pi} = \frac{c}{2\pi}\sqrt{\left(\frac{m\pi}{a}\right)^2 + \left(\frac{n\pi}{b}\right)^2} \quad \cdots\cdots (8.33)$$

方形導波管の遮断波長

$$\lambda_c = \frac{c}{f_c} = \frac{2\pi}{k_c} = 2\pi \Big/ \sqrt{\left(\frac{m\pi}{a}\right)^2 + \left(\frac{n\pi}{b}\right)^2} \quad \cdots\cdots\cdots (8.34)$$

方形導波管内を伝搬する電磁波の位相速度

$$v_p = \frac{\omega}{\beta} = \frac{\omega}{\sqrt{k^2 - k_c^2}} = \frac{c}{\sqrt{1-(\omega_c/\omega)^2}} = \frac{c}{\sqrt{1-(f_c/f)^2}} \quad \cdots (8.35)$$

方形導波管内を伝搬する電磁波の位相速度 v_p と群速度 v_g の関係

$$v_p v_g = c^2 \quad \cdots\cdots\cdots\cdots\cdots\cdots\cdots\cdots\cdots\cdots\cdots\cdots\cdots (8.36)$$

方形導波管内を伝搬する電磁波の管内波長(λ は自由空間波長)

$$\lambda_g = \frac{v_p}{f} = \frac{2\pi}{\sqrt{k^2 - k_c^2}} = \frac{\lambda}{\sqrt{1-(\lambda/\lambda_c)^2}} \quad \cdots\cdots\cdots\cdots (8.37)$$

方形導波管において電磁波に由来する伝搬定数 γ は 8-2 節の式 (8.8) もしくは式 (8.9) より

$$\gamma^2 + k^2 = \gamma^2 + \omega^2 \varepsilon_0 \mu_0 = k_c^2 \quad \text{すなわち} \quad \gamma = \sqrt{k_c^2 - k^2}$$

となる。この式は k_c も k も実数であるから、$k_c > k$ のとき γ が実数となり、$k_c < k$ のとき γ が純虚数となる。ここで γ は電磁波が $+z$ 方向(伝搬方向)に伝わるものとして $\mathrm{e}^{-\gamma z}$ なる因子を与えたものであるから、γ が実数となる場合、電磁波は伝搬方向に進むにつれて $\mathrm{e}^{-\gamma z}$ の因子により指数関数的に減衰することとなる。一方、γ が純虚数の場合は改めて $\gamma = \mathrm{j}\beta$ とおけば $\mathrm{e}^{-\gamma z} = \mathrm{e}^{-\mathrm{j}\beta z}$ となり、電磁波は位相定数 β をもって減衰することなく伝搬する。

　よって、方形導波管において電磁波が減衰なく伝搬するためには

$$k_c < k = \omega\sqrt{\varepsilon_0 \mu_0} = 2\pi f c$$

なる条件が満たされなければならない。ここで、$k_c = k$ となる周波数を遮断周波数 f_c と呼び、方形導波管における f_c は式 (8.33) で表される。すなわち、方形導波管においては $f > f_c$ の周波数をもつ電磁波のみが伝搬可能であるため、方形導波管は高域通過フィルタ (HPF: High Pass Filter) の機能を有することがわかる。一般的に導波管内の電磁波伝搬において、導波管は HPF の機能を有する。

　また式 (8.33) より、遮断周波数 f_c は伝搬モードを表す整数 m、n の組み合わせによって変化し、m や n が大きくなるにつれて f_c が高くなることがわかる。なお、方形導波管においては TE_{mn} モードと TM_{mn} モードの遮断周波数は同じになるだけでなく、伝搬定数も同じになる。このような場合を「伝搬モードが縮退している」と呼ぶ。また遮断周波数における自由空間中 (真空中) の波長のことを遮断波長と呼び、式 (8.34) で表す。

　電磁波が導波管内を伝搬できる条件である $k_c < k$ のとき、$\gamma = \mathrm{j}\beta$ とおくと導波管内を伝搬する電磁波の位相速度が式 (8.35) のように求められる。すなわち、導波管内における位相速度は電磁波の周波数に依存する

ことがわかる。これは4-7節で述べた平面波や8-3節で述べた同軸線路における位相速度の性質とは大きく異なる特徴である。もう一つの大きな特徴は、導波管内における位相速度v_pが光速cよりも速い点である。一見、速度が光速を超えることは物理法則に矛盾するように思えるが、これは位相速度があくまで「波形(伝搬するモード)が伝わる速度」であること、つまりエネルギーそのものを伝達する速度ではないことに由来する。ここで、導波管においては位相速度v_pと群速度v_gの関係が式(8.36)で与えられる[1]。群速度は「波のエネルギーが伝わる速度」であるから、式(8.36)より導波管内では「波形が伝わる速度」は光速を超えるが「波のエネルギーが伝わる速度」は光速を超えないことがわかる。つまりエネルギーの伝達速度が光速を超えないことから、位相速度が光速を超えても物理法則には矛盾しない。なお、伝搬する電磁波の周波数fが遮断周波数f_cに近づくにつれて、位相速度は無限大に近づき、一方で群速度は0に近づく。$f=f_c$で位相速度は無限大、群速度は0となるため、波のエネルギーが伝わる速度が0、つまり電磁波は導波管内を伝搬できないことがわかる。

　さらに、位相速度が周波数に依存するため、導波管内での波長は自由空間中(例えば平面波)の波長とは異なる長さとなる。この導波管内での波長のことを管内波長と呼び、管内波長λ_gは式(8.37)で表される。ただし式(8.37)中のλは自由空間波長であることに注意する。式(8.37)より、導波管内を伝搬する電磁波の管内波長λ_gはλよりも必ず長くなることがわかり、$f=f_c$のとき管内波長は無限大になる。このように、導波管内の波長は自由空間波長とは異なる長さをもつだけでなく、同じ周波数でも伝搬モードによって管内波長が異なる。よって、導波管を用いたインピーダンス整合等の設計においては管内波長で議論する必要があることに留意する。

8-7 方形導波管の基本モード（TE₁₀ モード）

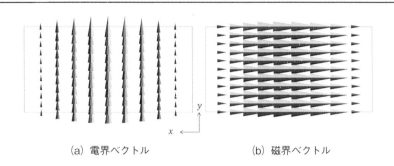

(a) 電界ベクトル　　　　　　(b) 磁界ベクトル

〔図 8.10〕方形導波管の基本モード（TE₁₀ モード）における
断面電磁界のシミュレーション結果

TE_{10} モードにおける電磁界分布

$$E_x = 0 \quad\quad\quad\quad\quad\quad\quad\quad\quad\quad\quad\quad (8.38)$$

$$E_y = -\frac{j\omega\mu_0 a}{\pi} H_{10} \sin\frac{\pi}{a}x \quad\quad\quad\quad\quad\quad (8.39)$$

$$E_z = 0 \quad\quad\quad\quad\quad\quad\quad\quad\quad\quad\quad\quad (8.40)$$

$$H_x = \frac{\gamma a}{\pi} H_{10} \sin\frac{\pi}{a}x = -\frac{\gamma}{j\omega\mu_0} E_y = -\frac{\beta}{\omega\mu_0} E_y \quad (8.41)$$

$$H_y = 0 \quad\quad\quad\quad\quad\quad\quad\quad\quad\quad\quad\quad (8.42)$$

$$H_z = H_{10} \cos\frac{\pi}{a}x \quad\quad\quad\quad\quad\quad\quad\quad (8.43)$$

TE_{10} モードにおける電磁波の伝搬定数

$$\gamma = j\beta = j\sqrt{\omega^2\varepsilon_0\mu_0 - k_c^2} = j\sqrt{\frac{\omega^2}{c^2} - \frac{\pi^2}{a^2}} \quad (8.44)$$

TE_{10} モードの遮断周波数

$$f_{c10} = \frac{c}{2a} \quad\quad\quad\quad\quad\quad\quad\quad\quad\quad (8.45)$$

TE$_{10}$ モードの管内波長（λ は自由空間波長）

$$\lambda_{g10} = \frac{\lambda}{\sqrt{1-(\lambda/2a)^2}} \quad \cdots\cdots\cdots\cdots\cdots\cdots\cdots\cdots\cdots\cdots\cdots \text{(8.46)}$$

TE$_{10}$ モードの波動インピーダンス

$$\zeta_{10} = \frac{-E_y}{H_x} = \frac{\omega\mu_0}{\beta} \quad \cdots\cdots\cdots\cdots\cdots\cdots\cdots\cdots\cdots\cdots\cdots \text{(8.47)}$$

　前節までに、方形導波管内の電磁波伝搬モードとして TE$_{mn}$ モードおよび TM$_{mn}$ モードを述べたが、各モードの遮断周波数 f_c は式 (8.33) で与えられ、かつ m や n が大きくなるにつれて f_c が高くなることから、f_c には最小値が存在する。f_c が最小となる伝搬モードのことを基本モードと呼ぶ。通常、方形導波管の断面寸法の規格は $a \approx 2b$ となることが多いため、方形導波管の基本モードは $m=1$、$n=0$ のとき、すなわち TE$_{10}$ モードが基本モードとなる。

　基本モード以外の伝搬モードを高次モードと呼ぶ。方形導波管において基本モードの次に遮断周波数が低い高次モードは TE$_{20}$ モードである。ここで、TE$_{10}$ モードの遮断周波数を f_{c10}、TE$_{20}$ モードの遮断周波数を f_{c20} とすると、$f_{c10} < f < f_{c20}$ を満たす周波数 f は方形導波管において基本モードのみが伝搬可能となり、導波管内の電磁界解析において高次モードを考えなくて良い点で解析が極めて楽になる。よって、導波管内の電磁波伝搬は原則として基本モードで伝送する。

　方形導波管の基本モードである TE$_{10}$ モードの電磁界分布は、式 (8.19)〜式 (8.26) に $m=1$、$n=0$ を代入することで式 (8.38)〜式 (8.43) で表される。また電磁波の伝搬定数 $\gamma = j\beta$ は式 (8.44) で与えられる。ここで H_{10} は TE$_{10}$ モードにおける z 方向の磁界振幅である。式(8.38)〜式(8.43) に示すように、TE$_{10}$ モードの電磁界成分は E_y, H_x, H_z のみとなり、元々の TE$_{mn}$ モードを表す式 (8.19)〜式 (8.24) と比較しても極めてわかりやすい式となっている。

TE_{10} モードの遮断周波数 f_{c10} および管内波長 λ_{g10} は式 (8.45) および式 (8.46) で与えられる。また、TE_{10} モードの波動インピーダンス ζ_{10} も式 (8.47) のように計算できる。ただし式 (8.47) 中の E_y に負の符号をつけた理由は、電磁波の伝搬方向を $+z$ 方向と定義しているからである。

　なお、導波管における特性インピーダンスに関しては電界 E_y の積分によって求められる電位 V が積分路によって異なるため、一義的な特性インピーダンスを与えることができない[1]。しかしながら、波動インピーダンスは式 (8.47) で定義できるため、特に誘電体を挿入するような導波管の解析の場合には波動インピーダンスを把握しておくことは重要である。

　図 8.10 は電磁界解析ソフトウェア Femtet で表現した方形導波管の基本モード（TE_{10} モード）の断面電磁界のシミュレーション結果であり、8-4 節の図 8.7 に示した TE_{10} モードの概略図に対応する。また、図 8.11 および図 8.12 は TE_{10} モードで $+z$ 方向に伝搬する電磁波の電界ベクトル分布および磁界ベクトル分布のシミュレーション結果である。図 8.11 を見ると、TE_{10} モードの電界が y 方向成分しかもたず、半波長毎に電界の向きが y 方向と $-y$ 方向で交互に変化していることがわかる。また、図 8.12 より TE_{10} モードの磁界は x 方向成分と z 方向成分をもち、渦を巻くような分布となっている。また、渦の巻き方は半波長毎に時計回りと反時計回りで交互に変化する。さらに、図 8.13 は図 8.11 および図 8.12 を x-z 平面でみたときの電磁界ベクトルの分布である。図 8.13 を見ると電界が 0 となる（ドットがない）位置 z においては導波管中心部の磁界も 0 となり、電界の大きさが最大となる（ドットの大きさが最大となる）位置 z においては導波管中心部の磁界も最大（x 方向の矢印の大きさが最大）となることがわかる。方形導波管の基本モードにおいては、図 8.11 ～図 8.13 に示した電磁界分布を保ちながら z 方向に電磁波が伝搬する。

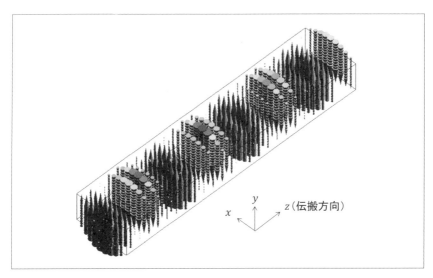

〔図 8.11〕方形導波管の基本モード（TE$_{10}$ モード）の
電界ベクトル分布のシミュレーション結果

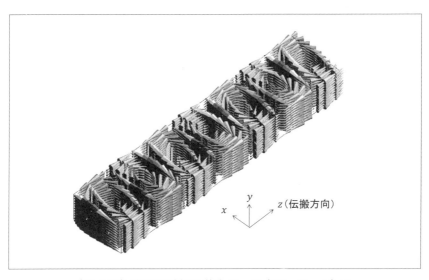

〔図 8.12〕方形導波管の基本モード（TE$_{10}$ モード）の
磁界ベクトル分布のシミュレーション結果

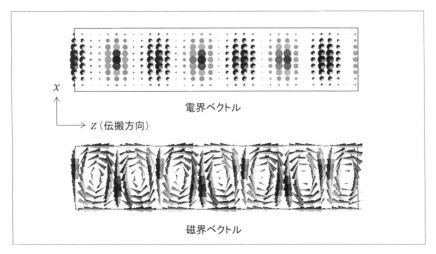

〔図 8.13〕x-z 平面でみたときの方形導波管の基本モード（TE$_{10}$ モード）の電磁界ベクトル分布のシミュレーション結果

8-8 円形導波管の TE モード伝搬・TM モード伝搬

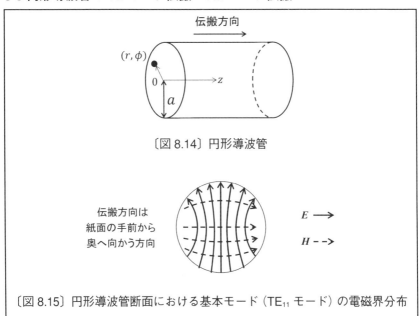

〔図 8.14〕円形導波管

〔図 8.15〕円形導波管断面における基本モード（TE$_{11}$ モード）の電磁界分布

▷第8章　導波路

無損失媒質（$\sigma=0$）において電磁波（正弦波）の伝搬方向を $+z$ 方向としたときの円柱座標系でのヘルムホルツ方程式の z 方向成分

$$\frac{\partial^2 E_z}{\partial r^2} + \frac{1}{r}\frac{\partial E_z}{\partial r} + \frac{1}{r^2}\frac{\partial^2 E_z}{\partial \phi^2} = -(\gamma^2 + \omega^2\varepsilon\mu)E_z = -(\gamma^2 + k^2)E_z = -k_c^2 E_z$$
…… (8.48)

$$\frac{\partial^2 H_z}{\partial r^2} + \frac{1}{r}\frac{\partial H_z}{\partial r} + \frac{1}{r^2}\frac{\partial^2 H_z}{\partial \phi^2} = -(\gamma^2 + \omega^2\varepsilon\mu)H_z = -(\gamma^2 + k^2)H_z = -k_c^2 H_z$$
…… (8.49)

ベッセルの微分方程式

$$x^2 \frac{d^2 y}{dx^2} + x\frac{dy}{dx} + (x^2 - m^2)y = 0 \quad \cdots\cdots (8.50)$$

ベッセルの微分方程式の解（A、B は定数）

$$y(x) = A J_m(x) + B Y_m(x) \quad \cdots\cdots (8.51)$$

ベッセル関数（第1種ベッセル関数）

$$J_m(x) = \sum_{N=0}^{\infty} \frac{(-1)^m}{N!(N+m)!}\left(\frac{x}{2}\right)^{2N+m} \quad \cdots\cdots (8.52)$$

ノイマン関数（第2種ベッセル関数）

$$Y_m(x) = \frac{J_m(x)\cos m\pi - J_{-m}(x)}{\sin m\pi} \quad \cdots\cdots (8.53)$$

TE モードにおける電磁界分布（m は 0 以上、n は 1 以上の整数）

$$E_r = \frac{j\omega\mu_0 m}{k_c^2} H_{mn} \frac{J_m(k_c r)}{r} \sin(m\phi - \phi_0) \quad \cdots\cdots (8.54)$$

$$E_\phi = \frac{j\omega\mu_0}{k_c} H_{mn} J'_m(k_c r) \cos(m\phi - \phi_0) \quad \cdots\cdots (8.55)$$

$$E_z = 0 \quad \cdots\cdots (8.56)$$

$$H_r = -\frac{\gamma}{k_c} H_{mn} J'_m(k_c r) \cos(m\phi - \phi_0) \quad \cdots\cdots (8.57)$$

$$H_\phi = \frac{\gamma m}{k_c^2} H_{mn} \frac{J_m(k_c r)}{r} \sin(m\phi - \phi_0) \cdots\cdots\cdots\cdots (8.58)$$

$$H_z = H_{mn} J_m(k_c r) \cos(m\phi - \phi_0) \cdots\cdots\cdots\cdots (8.59)$$

$$k_c = \frac{\rho'_{mn}}{a} \cdots\cdots\cdots\cdots (8.60)$$

TMモードにおける電磁界分布（m は 0 以上、n は 1 以上の整数）

$$E_r = -\frac{\gamma}{k_c} E_{mn} J'_m(k_c r) \cos(m\phi - \phi_0) \cdots\cdots\cdots\cdots (8.61)$$

$$E_\phi = \frac{\gamma m}{k_c^2} E_{mn} \frac{J_m(k_c r)}{r} \sin(m\phi - \phi_0) \cdots\cdots\cdots\cdots (8.62)$$

$$E_z = E_{mn} J_m(k_c r) \cos(m\phi - \phi_0) \cdots\cdots\cdots\cdots (8.63)$$

$$H_r = -\frac{j\omega\varepsilon_0 m}{k_c^2} E_{mn} \frac{J_m(k_c r)}{r} \sin(m\phi - \phi_0) \cdots\cdots\cdots\cdots (8.64)$$

$$H_\phi = -\frac{j\omega\varepsilon_0}{k_c} E_{mn} J'_m(k_c r) \cos(m\phi - \phi_0) \cdots\cdots\cdots\cdots (8.65)$$

$$H_z = 0 \cdots\cdots\cdots\cdots (8.66)$$

$$k_c = \frac{\rho_{mn}}{a} \cdots\cdots\cdots\cdots (8.67)$$

〔表8.1〕 $J'_m(\rho)=0$ 根 ρ'_{mn}（TE モード）

n（下） m（右）	0	1	2
1	3.832	1.841	3.054
2	7.016	5.331	6.706
3	10.173	8.536	9.969

〔表8.2〕 $J_m(\rho)=0$ 根 ρ_{mn}（TM モード）

n（下） m（右）	0	1	2
1	2.405	3.832	5.136
2	5.520	7.016	8.417
3	8.654	10.173	11.620

円形導波管は図 8.14 に示すように半径 a の円を断面にもつ円筒形状の金属体である。円形導波管はその形状より同軸線路と同様に円柱座標系 (r, ϕ, z) を用いて解くことができる。直交座標系におけるヘルムホルツ方程式である式 (8.8) および式 (8.9) を円柱座標系に変換すると、式 (8.48) および式 (8.49) が得られる。TE モードの伝搬を考える場合には式 (8.49) を、TM モードの伝搬を考える場合には式 (8.48) をそれぞれ変数分離法と呼ばれる手法を用いて解けば良い。また、円形導波管の境界条件は $r=a$ において $E_\phi=0$ および $E_z=0$ である。

ここで、TE モードの伝搬について式 (8.49) に変数分離法 $H_z = R(r)\,\Phi(\phi)$ を適用すると、r 方向および ϕ 方向に対する個々の微分方程式が以下のように得られる。

$$r^2 \frac{\mathrm{d}^2 R}{\mathrm{d}r^2} + r \frac{\mathrm{d}R}{\mathrm{d}r} + ((k_c r)^2 - m^2) y = 0$$

$$\frac{\mathrm{d}^2 \Phi}{\mathrm{d}\phi^2} + m^2 \Phi = 0$$

ただし m は定数である。ϕ 方向の微分方程式は単振動方程式であるから、一般解は

$$\Phi(\phi) = C_1 \cos m\phi + C_2 \sin m\phi = C \cos(m\phi - \phi_0)$$

という三角関数で容易に得られる。ただし ϕ_0 は定数である。ここで ϕ 方向には 2π の周期性をもつことより、定数 m は 0 以上の整数となる必要がある ($\cos(-x)=\cos x$ より、負の整数は考慮する必要はない)。一方、r 方向の微分方程式は、式 (8.50) に示すベッセル (Bessel) の微分方程式において、$x=k_c r$ とした場合に一致し、定数 m が整数の場合における一般解は式 (8.51) で与えられる[2]。ここで $J_m(x)$ はベッセル関数あるいは第 1 種ベッセル関数と呼ばれ、式 (8.52) で与えられる。また $Y_m(x)$ はノイマン (Neumann) 関数あるいは第 2 種ベッセル関数と呼ばれ、式 (8.53) で与えられる。ただし、$x=0$ において $Y_m(x) \to -\infty$ となるため、$Y_m(x)$ を円形導波管の一般解に含めてしまうと $r=0$ において $H_z \to -\infty$ となって

しまい不適切である。よって、円形導波管においては式 (8.51) に示した一般解の定数を $B=0$ とする必要がある。

　以上をふまえ、TE モードにおける電磁界分布はベッセル関数および三角関数を用いて式 (8.54)〜式 (8.60) で求められる。ただし $J'_m(k_c r)$ は $J_m(k_c r)$ の r に対する微分であり、式 (8.60) の ρ'_{mn} は $J'_m(k_c r)=0$ の n 番目の根を表す。したがって円形導波管の TE モードは方形導波管のときと同様に整数 m、n の組み合わせにより伝搬モードが無数に存在する。そこで、整数 m、n の組み合わせのときの伝搬モードを TE_{mn} モードと呼ぶ。ただし、m は 0 以上の整数、n は 1 以上の整数である。

　同様にして、TM モードにおける電磁界分布も式 (8.61)〜式 (8.67) で求められる。ただし式 (8.67) の ρ_{mn} は $J_m(k_c r)=0$ の n 番目の根を表す。よって、TM モードも TE モードと同様に伝搬モードが無数に存在し、整数 m、n の組み合わせのときの伝搬モードを TM_{mn} モードと呼ぶ。

　ここで円形導波管の基本モードについて調べる。遮断周波数は 8-6 節の式 (8.33) と同じく

$$f_c = \frac{\omega_c}{2\pi} = \frac{k_c}{2\pi\sqrt{\varepsilon_0 \mu_0}}$$

で得られるから、式 (8.60) および式 (8.67) に示した k_c が最小となるときのモードが基本モードである。ここで、整数 m、n に対する ρ'_{mn} の値の一部を表 8.1 に、ρ_{mn} の値の一部を表 8.2 に示す。整数 m、n が大きくなるにつれて ρ'_{mn} および ρ_{mn} の値は大きくなるため、表 8.1 および表 8.2 に示した ρ'_{mn} および ρ_{mn} の値を調べれば十分である。表 8.1 および表 8.2 を見ると k_c が最小となるのは $m=1$、$n=1$ のときの ρ'_{mn} である。ゆえに、円形導波管の基本モードは TE_{11} モードとなる。

　図 8.15 は円形導波管の基本モードである TE_{11} モードの導波管断面における電磁界分布の概略図である。ここで注意すべき点は、方形導波管の場合は電磁界分布が三角関数で表現されるので整数 m、n と電磁界分布との対応関係が明確に存在するが、円形導波管は必ずしも整数 m、n と電磁界分布との対応関係が存在しないことである。なぜなら整数 m、

n はあくまでベッセル関数 $J_m(k_c r)=0$ あるいは $J'm(k_c r)=0$ の n 番目の根であるという次数を表しているに過ぎないからであり、整数 m、n と電磁界分布との対応関係は見いだすことはできない。例えば図 8.15 に示した TE_{11} モードの電磁界分布は方形導波管における TE_{10} モードの電磁界分布に似ており、ここからも円形導波管における整数 m、n と電磁界分布の対応関係が崩れていることがわかる。

最後に電磁界解析ソフトウェア Femtet で表現した円形導波管の TE_{11} モードの電磁界シミュレーション結果を図 8.16 ～ 図 8.18 に示す。図 8.16 は円形導波管断面における電界ベクトルおよび磁界ベクトルであり、図 8.15 に対応する。また、図 8.17 は電界ベクトルの分布、図 8.18 は磁界ベクトルの分布である。これらのシミュレーション結果に示すように、円形導波管 TE_{11} モードの電磁界分布は図 8.10 ～ 図 8.12 に示した方形導波管 TE_{10} モードの電磁界分布に対応することがわかる。

以上、マイクロ波工学において最も基本的な導波路である同軸線路、方形導波管、円形導波管について記した。マイクロ波帯の導波路には他にも誘電体基板を用いたストリップ線路、マイクロストリップ線路、コプレーナ線路等がある。これらの線路は本書では省略するため、文献[1,2,4] を参考にされたい。

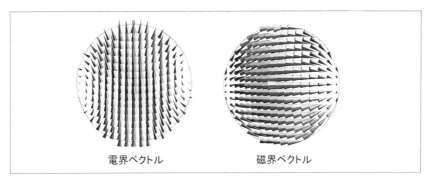

電界ベクトル　　　磁界ベクトル

〔図 8.16〕円形導波管断面の基本モード（TE_{11} モード）における断面電磁界のシミュレーション結果

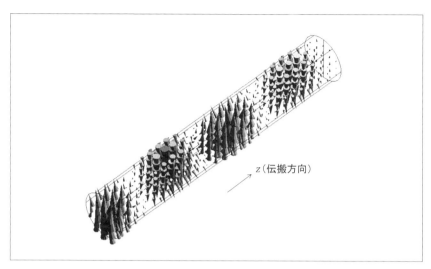

〔図 8.17〕円形導波管の基本モード（TE$_{11}$ モード）の
電界ベクトル分布のシミュレーション結果

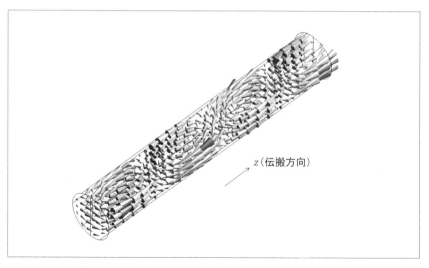

〔図 8.18〕円形導波管の基本モード（TE$_{11}$ モード）の
磁界ベクトル分布のシミュレーション結果

参考文献
[1] 中島将光、マイクロ波工学　−基礎と原理−、森北出版、1975
[2] 岡田文明、マイクロ波工学　−基礎と応用−、学献社、1993
[3] 国立天文台編、平成 25 年理科年表、丸善出版、2012
[4] 小西良弘、実用マイクロ波技術講座　理論と実際　第 1 巻、日刊工業新聞社、2001

第9章　共振器

本章では、マイクロ波加熱応用において小さなマイクロ波電力で電磁界強度を高めたい場合に利用される共振器について述べる。共振現象は自然界に広くみられる物理現象であり、片持ち梁の共振あるいはギターの弦の部分にも共振現象が見られる。電気回路や電磁波工学にも共振現象は存在し、ラジオやテレビのチャネル周波数を合わせる同調回路やダイポールアンテナのアンテナ共振等が挙げられる。マイクロ波加熱応用においては、特に方形導波管を用いた短絡板共振器や直方体空洞共振器が良く利用される。

　マイクロ波加熱応用においては、共振器を用いて単一の電磁界共振モードで被加熱物を加熱する場合をシングルモードと呼ぶ。一方、電子レンジの庫内のように特定の電磁界共振モードをもたずに加熱する場合をマルチモードと呼ぶ。このように電磁界分布が共振状態かどうかで呼び名を変えるほど、マイクロ波加熱と共振現象は密接に関係している。

　本章では、まず電気回路における共振現象およびQ値について述べ、次に分布定数線路共振器について述べる。最後に方形導波管を用いた共振器として、短絡板共振器および直方体空洞共振器に関して電磁界シミュレータを用いたシミュレーション結果とともに記す。

9-1 電気回路における共振現象および Q 値

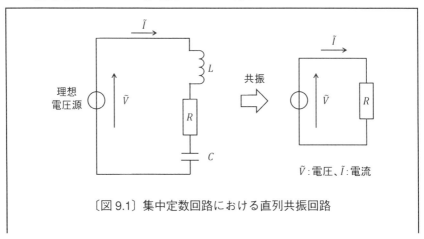

〔図9.1〕集中定数回路における直列共振回路

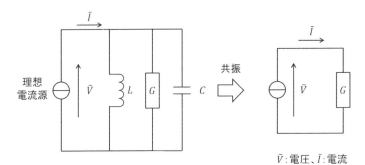

〔図 9.2〕集中定数回路における並列共振回路

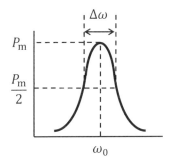

〔図 9.3〕共振回路の周波数特性

集中定数回路における共振周波数（角周波数 ω の正弦波の場合）

$$\omega_0 = \frac{1}{\sqrt{LC}} \quad \cdots\cdots\cdots\cdots\cdots\cdots\cdots\cdots\cdots\cdots\cdots\cdots\cdots \quad (9.1)$$

Q 値

$$Q \equiv \frac{W}{-dW/dt} \quad \cdots\cdots\cdots\cdots\cdots\cdots\cdots\cdots\cdots\cdots\cdots \quad (9.2)$$

直列共振回路における Q 値

$$Q = \frac{\omega_0 L}{R} = \frac{1}{\omega_0 CR} = \frac{1}{R}\sqrt{\frac{L}{C}} \quad \cdots\cdots\cdots\cdots\cdots \quad (9.3)$$

並列共振回路における Q 値

$$Q = \frac{1}{\omega_0 L G} = \frac{\omega_0 C}{G} = \frac{1}{G}\sqrt{\frac{C}{L}} \quad \cdots\cdots\cdots\cdots\cdots\cdots\cdots\cdots\cdots\cdots (9.4)$$

共振回路の周波数特性から求まる Q 値

$$Q = \frac{\omega_0}{\Delta \omega} \quad \cdots\cdots\cdots\cdots\cdots\cdots\cdots\cdots\cdots\cdots\cdots\cdots\cdots\cdots\cdots\cdots (9.5)$$

【単位系】
　W：系に蓄えられるエネルギーの時間平均値（単位：J/s）
　$-dW/dt$：1 秒間あたりに系で失われるエネルギー（単位：J/s）
　Q：Q 値（単位：無次元）
　$\Delta \omega$：半値幅（単位：rad/s）

　電気回路においては、インダクタおよびキャパシタが存在することにより、ある特定の周波数において回路内にエネルギーが蓄積されて電圧振幅もしくは電流振幅が最大となる現象が見られる。この現象を共振と呼ぶ。

　図 9.1 は集中定数回路における直列共振回路であり、抵抗、インダクタ、キャパシタが理想電圧源に対して直列に接続されている。理想電圧源の複素電圧 $\tilde{V}$ および回路の複素電流 $\tilde{I}$ がともに角周波数 ω の正弦波である場合、この回路のインピーダンス Z は

$$Z = R + j\omega L + 1/j\omega C$$

となる。ただし抵抗を R、インダクタンスを L、キャパシタンスを C とする。ここで Z の大きさ $|Z|$ は

$$|Z| = \sqrt{R^2 + (\omega L - 1/\omega C)^2}$$

で与えられるから、$\tilde{V}$ に対する $\tilde{I}$ が最大となるのは $|Z|$ が最小のとき、すなわち

$$\omega L - 1/\omega C = 0$$

を満たす角周波数 ω のときである。上式を満たす状態を直列共振と呼び、このときの ω を共振周波数と呼ぶ（厳密には共振角周波数であるが、慣例により共振角周波数のことも共振周波数と呼ぶ）。共振周波数を ω_0 とすると、ω_0 は式 (9.1) と求めることができる。また直列共振時のインピーダンスは $Z=R$ となる。

　一方、図 9.2 は集中定数回路における並列共振回路であり、抵抗、インダクタ、キャパシタが理想電流源に対して並列に接続されている。理想電流源の複素電流 $\tilde{I}$ および回路の複素電圧 $\tilde{V}$ がともに角周波数 ω の正弦波である場合、この回路のアドミタンス Y は

$$Y = G + j\omega C + 1/j\omega L$$

となる。ただし、コンダクタンスを $G(=1/R)$ とする。ここで Y の大きさ $|Y|$ は

$$|Y| = \sqrt{G^2 + (\omega C - 1/\omega L)^2}$$

で与えられるから、$\tilde{I}$ に対する $\tilde{V}$ が最大となるのは $|Y|$ が最小のとき、すなわち

$$\omega C - 1/\omega L = 0$$

を満たす角周波数 ω のときである。上式を満たす状態を並列共振と呼び、このときの ω を共振周波数と呼ぶ。共振周波数を ω_0 とすると、ω_0 は直列共振と同様に式 (9.1) と求めることができる。すなわち、図 9.1 および図 9.2 に示した最も単純な直列共振回路および並列共振回路では、共振周波数はどちらも同じ値となる。また並列共振時のアドミタンスは $Y=G$ となる。

　ここで、回路の共振特性を表す指標として Q 値を導入する。Q 値は「共振の良さ（quality）」を表す数値であり、「系（この場合は回路全体）に蓄えられるエネルギーの時間平均値を 1 秒間あたりに系で失われるエネル

ギーで割った値」として定義される。この定義によりQ値は式 (9.2) で表される。しかし、実際には式 (9.2) の定義式からQ値を導くことはなく、別の様々な方法によってQ値を求めることができる。

　直列共振においてQ値を求める最も簡単な方法の一つは、共振時におけるインダクタへの印加電圧 $\tilde{V}_L$ もしくはキャパシタへの印加電圧 $\tilde{V}_C$ の実効値と理想電圧源の電圧 $\tilde{V}$ の比を求める方法である。共振時、つまり角周波数 ω_0 のときの $\tilde{V}_L$ および $\tilde{V}_C$ はそれぞれ以下の式で表される。

$$\tilde{V}_L = j\omega_0 L \tilde{I} = \frac{j\omega_0 L}{R}\tilde{V}, \quad \tilde{V}_C = \frac{\tilde{I}}{j\omega_0 C} = \frac{\tilde{V}}{j\omega_0 CR}$$

回路は共振状態であるから、当然 $\tilde{V}_L+\tilde{V}_C=0$ であり、$\tilde{V}=R\tilde{I}$ である。よって、$|\tilde{V}_L/\tilde{V}|$ もしくは $|\tilde{V}_C/\tilde{V}|$ を求めることでQ値を式 (9.3) のように求めることができる。全く同様の手順で並列共振におけるQ値も式 (9.4) のように求めることができる。

　また、Q値は共振回路の周波数特性からも求めることができる。共振回路における消費電力を P とすると共振周波数 ω_0 において P は最大値 P_m をとる。ここで角周波数 ω を $\omega>\omega_0$ あるいは $\omega<\omega_0$ の領域で変化させると、図9.3に示すように消費電力が $P_m/2$ となる周波数が $\omega>\omega_0$ の領域で1つ、$\omega<\omega_0$ の領域で1つ存在することがわかる。この $P_m/2$ が得られる周波数幅 $\Delta\omega$ のことを半値幅と呼び、ω_0 および $\Delta\omega$ がわかれば、Q値は式 (9.5) で求めることができる。この方法は回路素子が未知数であっても消費電力の周波数特性あるいは電圧振幅もしくは電流振幅の周波数特性を実測すればQ値が求まるので、実測向きの方法である。なお、電圧振幅もしくは電流振幅を実測する場合、半値幅は振幅が1/2となる幅ではなく $1/\sqrt{2}$ となる幅を測定する点に注意する。なぜなら、もともと式 (9.5) は電力に対する半値幅であり、電力は電圧の2乗あるいは電流の2乗に比例するからである。

9-2 内部 Q 値と外部 Q 値

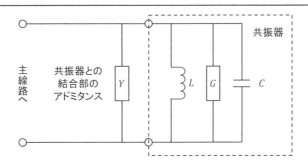

〔図 9.4〕内部 Q 値と外部 Q 値を表す等価回路

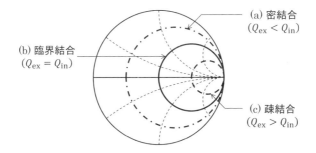

〔図 9.5〕共振器と外部回路との結合

内部 Q 値

$$Q_{\mathrm{in}} = \frac{\omega_0 C}{G} \quad\quad\quad\quad\quad\quad\quad\quad\quad\quad\quad\quad (9.6)$$

外部 Q 値

$$Q_{\mathrm{ex}} = \frac{\omega_0 C}{Y} \quad\quad\quad\quad\quad\quad\quad\quad\quad\quad\quad\quad (9.7)$$

負荷 Q 値

$$\frac{1}{Q_{\mathrm{L}}} = \frac{1}{Q_{\mathrm{in}}} + \frac{1}{Q_{\mathrm{ex}}} = \frac{\omega_0 C}{G+Y} \quad\quad\quad\quad\quad\quad (9.8)$$

共振器は当然のことながら回路に接続して利用される。よって、共振器単体における共振特性とともに、回路に接続されたときの共振特性も重要である。

図 9.4 は並列共振回路（共振器）との結合部をアドミタンス Y で示した等価回路である。ここで「共振器との結合部」とは、電源回路を含む共振器以外の回路全体のことではなく、共振器と主回路とを接続する結合部分のことを指す。図 9.2 と同様に並列共振回路のコンダクタンスを G、インダクタンスを L、キャパシタンスを C とすると、共振周波数 ω_0 は式 (9.1) となり、回路の Q 値は式 (9.4) で与えられる。この共振回路単独での Q 値のことを「内部 Q 値」と呼ぶ。内部 Q 値 Q_in を式 (9.6) で表す。

一方、共振器との結合部のアドミタンス Y を実数とするなら、図 9.4 における共振周波数 ω_0 は変化がなく、Y に対する Q 値 Q_ex は式 (9.7) で与えられる。この Q 値のことを「外部 Q 値」と呼ぶ。一般的には、結合部のアドミタンスを特性アドミタンス Y_0 としておくと、入力から見たときの整合状況がわかりやすい。

主線路からみれば、図 9.4 の共振回路全体の Q 値は結合部を含めた形で表されるべきである。ここで、全体の Q 値を Q_L とすると、Q_L は Q_in と Q_ex を用いて、式 (9.8) のように並列回路のような形式で表される。この Q_L のことを「負荷 Q 値」と呼ぶ。このように、回路全体をみたときの負荷 Q 値で考えると、共振器の内部 Q 値だけではなく、結合部に起因する外部 Q 値も重要であることがわかる。

ここで、結合部のアドミタンスを特性アドミタンス Y_0 とし、Y_0 で規格化されたスミス図表を用いると、Q_in と Q_ex の関係性によってスミス図表上で描かれる周波数特性の軌跡が以下の 3 種類に分類される。

(A) $Q_\text{ex} < Q_\text{in}$ のとき、周波数特性の軌跡は図 9.5 (a) のように規格化されたコンダクタンス $\hat{G} < 1$ 上の円周を描く。

(B) $Q_\text{ex} = Q_\text{in}$ のとき、周波数特性の軌跡は図 9.5 (b) のように規格化されたコンダクタンス $\hat{G} = 1$ 上の円周を描く。

(C) $Q_\text{ex} > Q_\text{in}$ のとき、周波数特性の軌跡は図 9.5 (c) のように規格化さ

れたコンダクタンス $\hat{G}>1$ 上の円周を描く。
　(A) の状態を「密結合」、(B) の状態を「臨界結合」、(C) の状態を「疎結合」と呼ぶ。主線路の特性アドミタンスを Y_0 とすると、(B) の臨界結合状態であれば回路全体でみたときに整合状態となる。よって、臨界結合のときは電源から発生したエネルギーは全て共振回路全体で消費されることとなる。

9-3 分布定数線路共振器

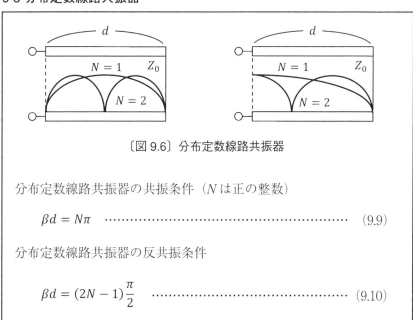

〔図 9.6〕分布定数線路共振器

分布定数線路共振器の共振条件（N は正の整数）

$$\beta d = N\pi \quad \cdots\cdots\cdots\cdots\cdots\cdots\cdots\cdots\cdots\cdots\cdots\cdots\cdots\cdots\cdots\cdots\cdots\cdots (9.9)$$

分布定数線路共振器の反共振条件

$$\beta d = (2N-1)\frac{\pi}{2} \quad \cdots\cdots\cdots\cdots\cdots\cdots\cdots\cdots\cdots\cdots\cdots\cdots\cdots (9.10)$$

　分布定数線路において出力端を短絡もしくは開放させることで簡易的な共振器構造となる。このような共振器を分布定数線路共振器と呼ぶ。
　図 9.6 は特性インピーダンス Z_0 の無損失分布定数線路において出力端を短絡させた場合の分布定数線路共振器である。この回路の入力インピーダンスは 6-5 節の式 (6.22) で示したように

$$Z_\mathrm{i} = jZ_0 \tan \beta d$$

であるから、位相定数 β の値によって $Z_i=0$ となったり、$Z_i \to \infty$ となったりする。ここでは $Z_i=0$ のときを共振（直列共振）と呼び、$Z_i \to \infty$（$Y_i=0$）のときを反共振（並列共振）と呼ぶことにする。

図9.6の分布定数線路共振器の共振条件は $\tan\beta d=0$ もしくは π となるときであるから、三角関数の周期性より式 (9.9) に示す共振条件が得られる。ただし N は正の整数である。このとき $Z_i=0$ より、入力端の電圧は電流値によらず0となる。出力端は短絡端であるから、出力端においてもやはり電圧は電流値によらず0となる。したがって、分布定数線路の電圧分布は図9.6 (a) に示すように両端が0となり、線路間に電圧の腹と節ができる。また、腹の数は式 (9.9) の N に一致する。

一方、図9.6の分布定数線路共振器の反共振条件は、$\tan\beta d=\pi/2$ もしくは $3\pi/2$ となるときであるから、三角関数の周期性より式 (9.10) に示す反共振条件が得られる。このとき、入力端の電圧は最大となり、電流は電圧値によらず0となる。したがって、分布定数線路の電圧分布は図9.6 (b) に示すように入力端が最大、出力端が0となる。

なお、図9.6の分布定数線路において出力端を開放とした場合にも共振器とみなすことができる。この場合、インピーダンスがアドミタンスの逆数であるのと同様に、式 (9.9) に示した短絡端の共振条件が開放端では反共振条件となり、式 (9.10) に示した短絡端の反共振条件が開放端では共振条件となる。さらに、出力端が純虚数つまりインダクタやキャパシタが接続された場合にも共振器とみなすことができる。この場合にも、位相定数 β を適切に選ぶことで $Z_i=0$ の共振や、$Z_i \to \infty$ の反共振をつくることができる。

9-4 方形導波管を用いた短絡板共振器

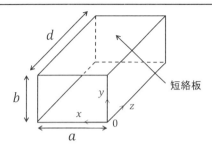

〔図 9.7〕方形導波管を用いた短絡板共振器

分布定数線路の共振条件（N は正の整数）

$$d = \frac{N}{2}\lambda_g \quad \cdots\cdots\cdots\cdots\cdots\cdots\cdots\cdots\cdots\cdots\cdots\cdots (9.11)$$

分布定数線路の反共振条件

$$d = \frac{2N-1}{4}\lambda_g \quad \cdots\cdots\cdots\cdots\cdots\cdots\cdots\cdots\cdots\cdots (9.12)$$

マイクロ波加熱応用においては、もっぱら方形導波管が用いられるため、本節では方形導波管の最も単純な共振器である短絡板共振器について述べる。

短絡板共振器は図 9.7 に示すように出力部を短絡板で仕切った方形導波管である。これは、9-3 節で示した分布定数線路共振器と全く同じ構造であり、分布定数線路共振器と全く同じ議論が成立する。よって、共振と反共振が存在し、共振条件は式 (9.11)、反共振条件は式 (9.12) で与えられる。ただし λ_g は管内波長であり $\beta\lambda_g = 2\pi$ である。

図 9.8 ～ 図 9.17 は電磁界解析ソフトウェア Femtet で表現した方形導波管の基本モード（TE_{10} モード）の共振条件における短絡板共振器内の電磁界分布のシミュレーション結果である。図 9.8、図 9.10、図 9.12、

図 9.14、図 9.16 は電界ベクトル分布を示し、図 9.9、図 9.11、図 9.13、図 9.15、図 9.17 は磁界ベクトル分布を示す。また、シミュレーション結果には電磁界の位相を反映させており、図 9.8、図 9.9 の状態を位相 0 度として、図 9.10、図 9.11 に位相 45 度のとき、図 9.12、図 9.13 に位相 90 度のとき、図 9.14、図 9.15 に位相 135 度のとき、図 9.16、図 9.17 に位相 180 度のときの電磁界ベクトル分布を表示している。

　このシミュレーション結果は、方形導波管を用いた短絡板共振器が有する二つの重要な特性を示している。一つは、電磁波の伝搬方向（図 9.7 の z 方向）に対して電界が最大となる位置と磁界が最大となる位置が $\lambda_g/4$ だけずれている点である。例えば、図 9.8 と図 9.13 を見比べると、磁界は短絡板から $\lambda_g/2$ 毎に x 方向の磁界 H_x が最大となる一方で、電界は短絡板から $\lambda_g/4$ だけずれた位置から $\lambda_g/2$ 毎に y 方向の電界 E_y が最大となる。もう一つは、電界が最大となる位相と磁界が最大となる位相が 90 度ずれている点である。例えば、図 9.8 と図 9.9 に示した位相 0 度のときには、電界が最大となり磁界が最小となる。一方、図 9.12 と図 9.13 に示した位相 90 度のときには、逆に電界が最小となり磁界が最大となる。このように、短絡板共振器では電界と磁界の位置関係と位相関係が共に 1/4 周期だけずれた状態となることがわかる。

▷第9章 共振器

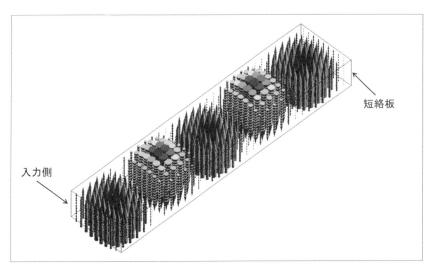

〔図9.8〕基本モード（TE$_{10}$モード）の共振条件における
短絡板共振器の電界ベクトル分布（位相0度）

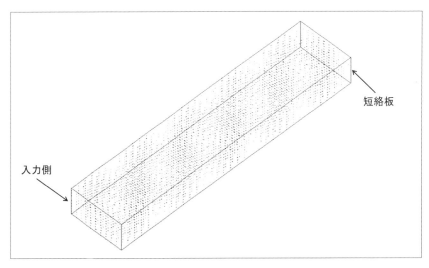

〔図9.9〕基本モード（TE$_{10}$モード）の共振条件における
短絡板共振器の磁界ベクトル分布（位相0度）

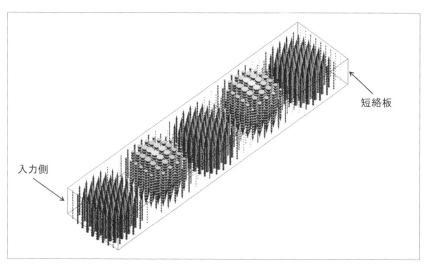

〔図 9.10〕基本モード（TE_{10} モード）の共振条件における
短絡板共振器の電界ベクトル分布（位相 45 度）

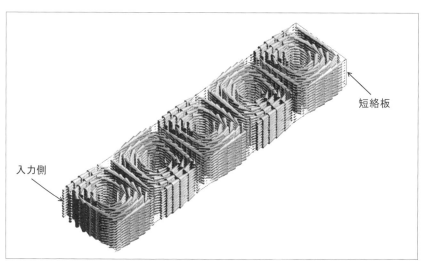

〔図 9.11〕基本モード（TE_{10} モード）の共振条件における
短絡板共振器の磁界ベクトル分布（位相 45 度）

▷第9章　共振器

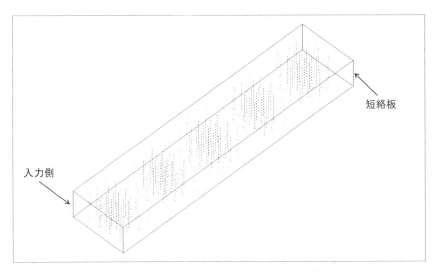

〔図9.12〕基本モード（TE$_{10}$モード）の共振条件における
短絡板共振器の電界ベクトル分布（位相90度）

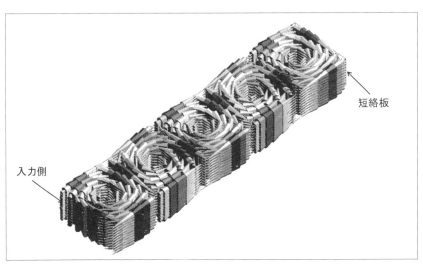

〔図9.13〕基本モード（TE$_{10}$モード）の共振条件における
短絡板共振器の磁界ベクトル分布（位相90度）

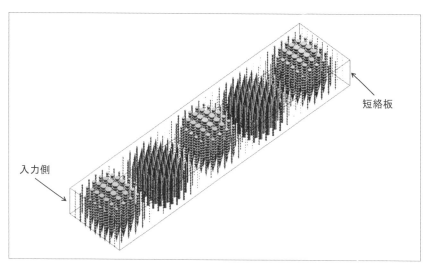

〔図 9.14〕基本モード（TE$_{10}$ モード）の共振条件における
短絡板共振器の電界ベクトル分布（位相 135 度）

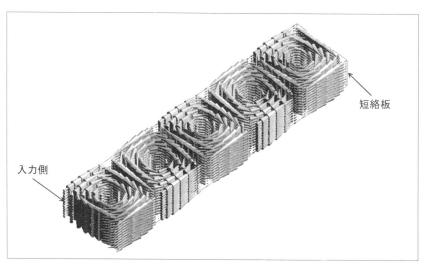

〔図 9.15〕基本モード（TE$_{10}$ モード）の共振条件における
短絡板共振器の磁界ベクトル分布（位相 135 度）

▷第9章　共振器

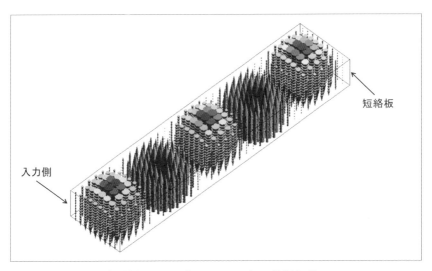

〔図9.16〕基本モード（TE₁₀ モード）の共振条件における
短絡板共振器の電界ベクトル分布（位相180度）

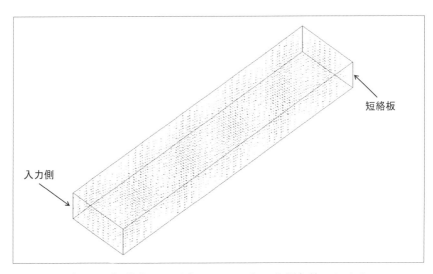

〔図9.17〕基本モード（TE₁₀ モード）の共振条件における
短絡板共振器の磁界ベクトル分布（位相180度）

9-5 直方体空洞共振器

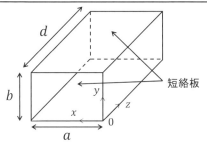

〔図 9.18〕直方体空洞共振器

直方体空洞共振器における TE モード共振の電磁界分布
(m、n、p は 0 以上の整数)

$$E_x = \frac{j\omega\mu_0 k_y}{k_c^2} H_{mnp} \cos k_x x \sin k_y y \sin k_z z \quad \cdots\cdots\cdots (9.13)$$

$$E_y = -\frac{j\omega\mu_0 k_x}{k_c^2} H_{mnp} \sin k_x x \cos k_y y \sin k_z z \quad \cdots\cdots (9.14)$$

$$E_z = 0 \quad \cdots\cdots\cdots\cdots\cdots\cdots\cdots\cdots\cdots\cdots\cdots\cdots\cdots\cdots (9.15)$$

$$H_x = -\frac{k_z k_x}{k_c^2} H_{mnp} \sin k_x x \cos k_y y \cos k_z z \quad \cdots\cdots\cdots (9.16)$$

$$H_y = -\frac{k_z k_y}{k_c^2} H_{mnp} \cos k_x x \sin k_y y \cos k_z z \quad \cdots\cdots\cdots (9.17)$$

$$H_z = H_{mnp} \cos k_x x \cos k_y y \sin k_z z \quad \cdots\cdots\cdots\cdots\cdots (9.18)$$

$$k_x = \frac{m\pi}{a}, \quad k_y = \frac{n\pi}{b}, \quad k_z = \frac{p\pi}{d} \quad \cdots\cdots\cdots (9.19)$$

$$k_c^2 = k_x^2 + k_y^2 \quad \cdots\cdots\cdots\cdots\cdots\cdots\cdots\cdots\cdots\cdots\cdots (9.20)$$

$$\omega^2 \varepsilon_0 \mu_0 = k_c^2 + k_z^2 = k_x^2 + k_y^2 + k_z^2 \quad \cdots\cdots\cdots\cdots (9.21)$$

▷第 9 章　共振器

直方体空洞共振器の共振波長 λ_0（λ_0 は自由空間波長）

$$\lambda_0 = \frac{1}{\sqrt{(m/2a)^2 + (n/2b)^2 + (p/2d)^2}} \quad \cdots\cdots\cdots\cdots (9.22)$$

　空洞共振器とは、文字通り境界で囲まれた部分が空洞となっている共振器である。ギターやバイオリンにおける空洞部分も一種の空洞共振器であり、音のエネルギーを空洞部に蓄積することで大きな音を響かせることができる。電磁界における空洞共振器は、電界や磁界のエネルギーを空洞部に蓄積することで大きな電磁界強度が得られる。

　前節でも述べたように、マイクロ波加熱応用においてはもっぱら方形導波管が用いられるため、方形導波管の両端部を短絡板で仕切った直方体空洞共振器の構造が採用されることが多い。本節では図 9.18 に示す直方体空洞共振器について説明する。なお、円筒導波管の両端部を短絡板で仕切った円筒空洞共振器も利用されることがあるが、本質的な議論は直方体空洞共振器と同じであるため本書では省略する。円筒空洞共振器の電磁界分布については文献 [1,2] を参考にされたい。

　内部が真空（$\varepsilon = \varepsilon_0$，$\mu = \mu_0$，$\sigma = 0$）の直方体空洞共振器の電磁界分布は、8-4 節および 8-5 節で示した方形導波管の電磁界分布の導出と全く同じ手順で導かれる。すなわち、直方体空洞共振器の共振モードも TE モードと TM モードが存在し、どちらのモードに関しても 8-2 節に示した式 (8.9) あるいは式 (8.8) のヘルムホルツ方程式を解けば良い。ここでは TE モード共振（$E_z = 0$）についてのみ述べる。

　直方体空洞共振器の境界条件は、直方体を形成する 6 面全てが金属で囲われていることから

$E_y = E_z = 0 \ (x = 0, a)$, $E_x = E_z = 0 \ (y = 0, b)$, $E_x = E_y = 0 \ (z = 0, d)$

が容易に導かれる。この境界条件において式 (8.9) の H_z に対するヘルムホルツ方程式を変数分離法という手法を用いて解けば H_z が導かれる。さらに H_z をマクスウェル方程式に代入すれば、最終的に TE 共振モー

ドの電磁界分布として式 (9.13) ～式 (9.21) が導かれる。

ここで、式 (9.13) ～式 (9.21) と 8-4 節で導出した方形導波管の TE モードを示す式 (8.19) ～式 (8.26) を見比べると、各電磁界成分においてほとんど同じような三角関数の式で表されていることがわかり、z 方向の両端を短絡板で仕切ったことによる z 方向の分布がやはり三角関数で表現されていることがわかる。よって TE モード共振は、方形導波管の TE$_{mn}$ モードに z 方向の分布を加えた TE$_{mnp}$ モードで表す。式 (9.13) ～式 (9.18) 中の H_{mnp} は TE$_{mnp}$ モード共振における磁界振幅である。

また式 (9.21) より、空洞共振器の共振波長 λ_0 が式 (9.22) となることが容易にわかる。ただし λ_0 は自由空間波長であり、実際に共振器の共振周波数を決めるのは管内波長である点に注意する。

図 9.19 ～図 9.22 は電磁界解析ソフトウェア Femtet で表現した直方体空洞共振器の各 TE モードにおける電磁界分布のシミュレーション結果である。それぞれ図 9.19 は TE$_{101}$ モード、図 9.20 は TE$_{102}$ モード、図 9.21 は TE$_{103}$ モード、図 9.22 は TE$_{201}$ モードの共振モードである。方形導波管は基本モードである TE$_{10}$ モードで用いられるため、直方体空洞共振器も TE$_{10p}$ モードで用いられることがほとんどであるが、ここでは高次モードの事例として TE$_{201}$ 共振モードについても示す。各図において、左図は電界ベクトル分布、右図は磁界ベクトル分布を示す。なお、前節でも述べたように共振器内では電界と磁界の位相関係が 90 度ずれるため、図中の電界と磁界の位相関係も 90 度ずらして表示させている点に注意する。すなわち、電界の大きさが最大となるときは磁界の大きさは最小であり、磁界の大きさが最大となるときは電界の大きさは最小である。ここでは、電界および磁界が最大となるときのベクトル分布を示す目的のため、便宜上位相を 90 度ずらした図を併載する。

図 9.19 ～図 9.22 より、方形導波管と同様に直方体空洞共振器においてもモードを示す整数 m、n、p の組み合わせが電磁界分布の極値の数に一致する。例えば図 9.21 に示す TE$_{103}$ 共振モードでは、x 方向に対しては電界の最大値つまり極値が 1 つ、y 方向に対しては電界の極値が 0、z 方向に対しては電界の極値が 3 つとなる分布が得られる。

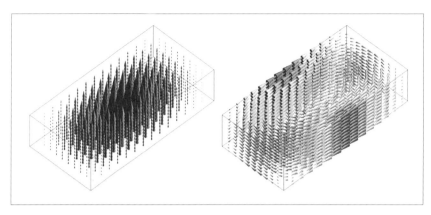

〔図9.19〕直方体空洞共振器の TE_{101} 共振モードの電界ベクトル分布（左図、位相0度）および磁界ベクトル分布（右図、位相90度）

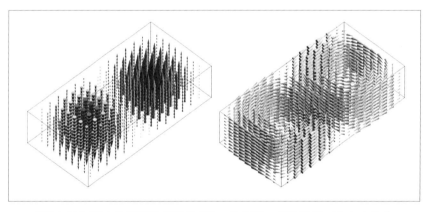

〔図9.20〕直方体空洞共振器の TE_{102} 共振モードの電界ベクトル分布（左図、位相0度）および磁界ベクトル分布（右図、位相90度）

　電磁界解析ソフトウェア Femtet は、直方体空洞共振器の寸法を設定することにより、各共振モードにおける共振周波数を出力させることができる。図9.19～図9.22 においては、直方体空洞共振器の寸法として WRJ-2 の方形導波管規格寸法（a=109.2mm、b=54.6mm）を採用し、z 方向の長さを d=221mm とした。このときの各共振モードの共振周波数を表9.1 に示す。ちなみに、この寸法はマイクロ波加熱で最も利用される

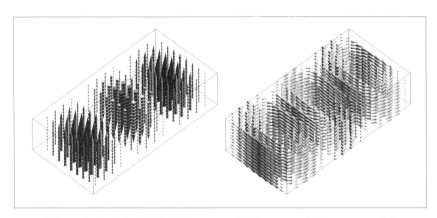

〔図9.21〕直方体空洞共振器の TE_{103} 共振モードの電界ベクトル分布
（左図、位相0度）および磁界ベクトル分布（右図、位相90度）

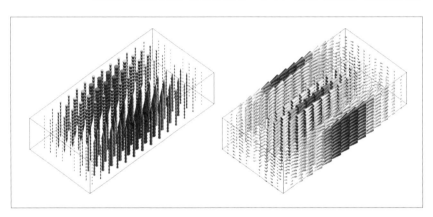

〔図9.22〕直方体空洞共振器の TE_{201} 共振モードの電界ベクトル分布
（左図、位相0度）および磁界ベクトル分布（右図、位相90度）

〔表9.1〕シミュレーションで求めたTE共振モードの共振周波数の
設計例（a=109.2mm、b=54.6mm、d=221mm）

共振モード	TE_{101}	TE_{102}	TE_{103}	TE_{201}
共振周波数	1.53GHz	1.93GHz	2.45GHz	2.83GHz

周波数 2.45GHz において TE_{103} 共振モードとなるように z 方向の長さ d を設計したものである。

以上のように、解析的手法あるいは電磁界解析ソフトウェアを用いることで、様々な共振器に対する所望周波数での電磁界共振を実現することができる。

参考文献
[1] 中島将光、マイクロ波工学　－基礎と原理－、森北出版、1975
[2] 岡田文明、マイクロ波工学　－基礎と応用－、学献社、1993

第10章　Sパラメータ

本章では、マイクロ波回路設計において必須の指標であるSパラメータ（散乱行列、S行列とも呼ぶ）について記す。まず、Sパラメータの大きさを表すときに必ず使用される単位であるデシベル（dB）について説明し、以降でSパラメータの定義ならびに物理的意味について述べる。

10-1 デシベル（dB）

> 基準値 A_n に対するデシベル（dB）表現
>
> $$A_{dB} \equiv 10 \log_{10} \frac{A}{A_n} \quad \cdots\cdots\cdots\cdots\cdots\cdots\cdots\cdots (10.1)$$
>
> デシベルを用いた電力単位 dBm、dBW
>
> $$P_{dBm} = 10 \log_{10} \frac{P}{1mW}, \quad P_{dBW} = 10 \log_{10} \frac{P}{1W} \quad \cdots\cdots (10.2)$$
>
> 電界および磁界の大きさに対するデシベル表現
>
> $$E_{dB} = 20 \log_{10} \frac{E}{E_n}, \quad H_{dB} = 20 \log_{10} \frac{H}{H_n} \quad \cdots\cdots\cdots\cdots (10.3)$$
>
> 【単位系】
> 　　A_{dB}、E_{dB}、H_{dB}：デシベル値（単位：dB）
> 　　P_{dBm}、P_{dBW}：電力のデシベル値（単位：dBm、dBW）

電磁波工学分野においては、電力や電界、磁界の大きさの空間分布が桁違いに変化することが多い。第9章で述べた共振器を例にとると、一つの空間内において電界や磁界の大きさが大きく異なり、例えば電界が1kV/m=1000V/m となる場所や 1mV/m=0.001V/m となる場所が一つの空間内に同居する。このとき、通常の数値（1kV/m や 1mV/m）で議論するとグラフ化したときに電界の大きい部分しか表示されない等、本質を見誤る可能性がある。よって、電磁波工学分野や電気電子工学分野においては、桁違いに変化する事象に対して「デシベル」を導入する。

▷第10章 Sパラメータ

　式 (10.1) はデシベルの定義であり、任意の数 A を基準値 A_n で割ったものに対して底が 10 の対数をとり、それを 10 倍したものがデシベルとなる。ここで、0 より大きい任意の数 A、B、N および任意の数 m に対し、対数とは $A=N^m$ に対して $m\equiv\log_N A$ で定義される値であり、以下の法則がある。

$\log_N N = 1$, 　　$\log_N 1 = 0$

$\log_N AB = \log_N A + \log_N B$, $\log_N A/B = \log_N A - \log_N B$, $\log_N A^m = m\log_N A$

例えば基準値 A_n を 1 として 1000 や 0.001 をデシベルで表示すると

$1000 = 10\log_{10}(1000)\,\mathrm{dB} = 10\log_{10}(10^3)\,\mathrm{dB} = 3\times 10\log_{10} 10\,\mathrm{dB} = 30\mathrm{dB}$

$0.001 = 10\log_{10}(0.001)\,\mathrm{dB} = 10\log_{10}(10^{-3})\,\mathrm{dB} = (-3)\times 10\log_{10} 10\,\mathrm{dB} = -30\mathrm{dB}$

となる。このように、デシベルを用いると 6 桁の差が 30dB と -30dB の差になり、数値として扱いやすくなる。また $A=A_\mathrm{n}$ のときには 0dB であり、さらに $A<A_\mathrm{n}$ となる場合にはデシベルの値は負となる。つまり、基準値との大小関係でデシベルの符号の正負が決まるため、数値を基準値と比較する際の大小関係が極めてわかりやすい。

　そこで、電磁波工学においては 1mW あるいは 1W を電力基準値とし、式 (10.2) に示すようにこの基準電力値に対する比をデシベルで表現することが多い。このときの電力単位を dBm あるいは dBW と表す。dB はデシベルのことであり、m や W は 1mW あるいは 1W に対応する。例えば 0.1W の電力をデシベルに換算すると、

$0.1\mathrm{W} = 10\log_{10}(100\mathrm{mW}/1\mathrm{mW})\,\mathrm{dBm} = 10\log_{10}(10^2)\,\mathrm{dBm} = 20\mathrm{dBm}$

$0.1\mathrm{W} = 10\log_{10}(0.1\mathrm{W}/1\mathrm{W})\,\mathrm{dBW} = 10\log_{10}(10^{-1})\,\mathrm{dBW} = -10\mathrm{dBW}$

となる。

　デシベルはいくつかの数値を覚えておくと便利である。特に

　　　$\log_{10} 1 = 0$, 　　$\log_{10} 2 \approx 0.3$, 　　$\log_{10} 3 \approx 0.47$, 　　$\log_{10} 10 = 1$

の 4 つを記憶しておけば、

$$\log_{10} 4 = \log_{10} 2^2 = 2\log_{10} 2, \ \log_{10} 5 = \log_{10}(10/2) = \log_{10} 10 - \log_{10} 2$$

等のように他の数値に対するデシベルも求めることができる。さらに、

$$10\log_{10}(1/2) = 10\log_{10} 1 - 10\log_{10} 2 \approx -3\mathrm{dB}$$

となることから、9-1節においてQ値を求める際の電力の半値幅は、電力の最大値を基準値として電力が-3dBとなる周波数幅を求めれば良いことがわかる。

　最後に、デシベルは電力ではなく電界や磁界の大きさにも適用することができる。ただし、電力密度が電界の2乗や磁界の2乗に比例することから、電界や磁界の大きさに対応するデシベルは式 (10.3) のように対数の10倍ではなく20倍したものになることに注意する。これは、もともと電力（あるいはエネルギー）に対するデシベルを式 (10.2) のように定義したことに基づく。よって電力の大きさが2倍となるときのデシベルが3dBとなることに対し、電界・磁界の大きさが2となるときのデシベルが6dBとなる。逆に、先に述べたQ値の半値幅をデシベルから求める際には、電力の場合も電界・磁界の大きさの場合も-3dBとなる周波数範囲で求める。このとき、電力の場合は最大値から1/2となる値の幅を求めるが、電界・磁界の大きさの場合は最大値から$1/\sqrt{2}$となる値の幅を求めることになる点に注意する。電界の大きさに関しては1V/mや1μV/mを基準にとることが多く、このときのデシベルの値を0dBV/m あるいは 0dBμV/mとする。一方で磁界の大きさに関しては1A/mや1μA/mを基準にとることが多く、このときのデシベルの値を0dBA/m あるいは 0dBμA/mとする。

10-2 Sパラメータ

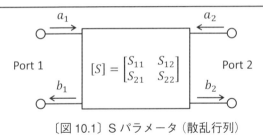

〔図 10.1〕Sパラメータ（散乱行列）

入射波 a と前進波の電圧 $\tilde{V}_\mathrm{f}$ および電流 $\tilde{I}_\mathrm{f}$ の関係
（Z_0：特性インピーダンス）

$$a \equiv \tilde{V}_\mathrm{f}/\sqrt{Z_0} = \tilde{I}_\mathrm{f}\sqrt{Z_0} \quad \cdots\cdots\cdots\cdots\cdots\cdots\cdots\cdots (10.4)$$

反射波（透過波）b と後進波の電圧 $\tilde{V}_\mathrm{r}$ および電流 $\tilde{I}_\mathrm{r}$ の関係

$$b \equiv \tilde{V}_\mathrm{r}/\sqrt{Z_0} = \tilde{I}_\mathrm{r}\sqrt{Z_0} \quad \cdots\cdots\cdots\cdots\cdots\cdots\cdots\cdots (10.5)$$

4端子回路の電圧 $\tilde{V}$ および電流 $\tilde{I}$

$$\tilde{V} = \tilde{V}_\mathrm{f} + \tilde{V}_\mathrm{r} = (a+b)/\sqrt{Z_0}, \quad \tilde{I} = \tilde{I}_\mathrm{f} - \tilde{I}_\mathrm{r} = (a-b)\sqrt{Z_0} \quad (10.6)$$

4端子回路における S パラメータ

$$\begin{bmatrix} b_1 \\ b_2 \end{bmatrix} = [S]\begin{bmatrix} a_1 \\ a_2 \end{bmatrix} = \begin{bmatrix} S_{11} & S_{12} \\ S_{21} & S_{22} \end{bmatrix}\begin{bmatrix} a_1 \\ a_2 \end{bmatrix} \quad \cdots\cdots\cdots\cdots\cdots (10.7)$$

各 S パラメータの要素

$$S_{11} = \left.\frac{b_1}{a_1}\right|_{a_2=0}, \quad S_{12} = \left.\frac{b_1}{a_2}\right|_{a_1=0}, \quad S_{21} = \left.\frac{b_2}{a_1}\right|_{a_2=0}, \quad S_{22} = \left.\frac{b_2}{a_2}\right|_{a_1=0} \quad (10.8)$$

S パラメータの要素表現（m、n は 1 か 2）

$$S_{mn} = x_{mn} + \mathrm{j}y_{mn} = |S_{mn}|\mathrm{e}^{\mathrm{j}\theta_{mn}} \quad \cdots\cdots\cdots\cdots\cdots\cdots (10.9)$$

Sパラメータの要素の振幅

$$|S_{mn}| = \sqrt{x_{mn}^2 + y_{mn}^2} = 20\log_{10}|S_{mn}|\ \text{dB} \quad \cdots\cdots\cdots\cdots (10.10)$$

Sパラメータの要素の偏角

$$\theta_{mn} = \tan^{-1}(y_{mn}/x_{mn}) \quad \cdots\cdots\cdots\cdots\cdots\cdots\cdots\cdots (10.11)$$

【単位系】
　　a_1、a_2：入射波（回路への入力波）
　　b_1、b_2：反射波・透過波（回路からの出力波）
　　S_{11}, S_{12}, S_{21}, S_{22}：Sパラメータの各要素（単位：無次元）

　マイクロ波工学において、第5章や第6章で記した4端子回路および4端子行列について、基本行列（F行列）やインピーダンス行列（Z行列）、インピーダンス行列（Y行列）の他にSパラメータ（S行列）と呼ばれる行列を頻繁に使用する。

　Sパラメータが第5章で記した他の4端子行列と大きく異なる点は、信号の入出力を電圧と電流では与えず、代わりに入射波と反射波（あるいは透過波）という波の形で与える点である。これにより、特に電磁波として入力する際の4端子回路における振る舞いを表すことができる。

　図10.1に示す4端子回路において、回路への入射波 a を前進波の電圧 $\tilde{V}_f$ あるいは電流 $\tilde{I}_f$ を用いて式（10.4）で定義する。同様に回路からの反射波（あるいは透過波）b を後進波の電圧 $\tilde{V}_r$ あるいは電流 $\tilde{I}_r$ を用いて式（10.5）で定義する。ここで Z_0 は回路の特性インピーダンスである。式（10.4）および式（10.5）により、回路の電圧 $\tilde{V}$ および電流 $\tilde{I}$ は式（10.6）のように導かれる。

　このような a、b を入出力に与えたときの4端子回路における4端子行列をSパラメータと呼び、式（10.7）に示す。また、各Sパラメータの要素は式（10.8）で与えられる。Sパラメータに関しては、入出力端のことをポート（Port）と呼び、添え字の数字に合わせてPort 1、Port 2と表記する。例えば、式（10.8）の S_{11} は「Port 2 からの入射波 a_2 を0とした

ときの Port 1 からの入射波 a_1 に対する Port 1 への反射波 b_1 の比」となり、S_{21} は「Port 2 からの入射波 a_2 を 0 としたときの Port 1 からの入射波 a_1 に対する Port 2 への透過波 b_2 の比」となる。

　ここで、電圧や電流が複素振幅で与えられることから入射波や反射波も複素数で与えられる。よって、Sパラメータの各要素も式 (10.9) に示すように複素数となるが、Sパラメータに関しては各要素の振幅 $|S_{mn}|$ および位相 θ_{mn} が重要となる。なぜなら、$|S_{mn}|$ および θ_{mn} は式 (10.10) および式 (10.11) を計算することにより求められるが、Sパラメータの測定においては逆に $|S_{mn}|$ と θ_{mn} を実測することで各要素が得られるからである。また $|S_{mn}|$ に関しては、そのままの値を用いることは稀であり、ほとんどの場合は式 (10.10) の右辺のようにデシベルに換算して表記する。

　なお、本書では4端子回路すなわち2つのポートをもつ回路について記したが、実際の回路におけるポート数は2つとは限らない。例えば、無反射終端器と呼ばれる素子は1ポートの回路であり、サーキュレータと呼ばれる素子は3ポート、方向性結合器と呼ばれる素子は4ポートである。このように各回路素子に応じてポート数が設定される。なお、本書では、上記の素子を含めたマイクロ波帯で用いられる回路素子については省略するため、様々なマイクロ波回路素子については文献 [1,2] を参照されたい。

10-3 Sパラメータの物理的意味

> Port m における反射係数 Γ_m
>
> $$\Gamma_m = S_{mm} \quad \cdots\cdots\cdots\cdots\cdots\cdots\cdots\cdots\cdots\cdots\cdots\cdots\cdots\cdots\cdots\cdots\cdots \quad (10.12)$$
>
> Port m での反射率（入射電力に対する反射電力の比）
>
> $$\eta_m = |S_{mm}|^2 \times 100\% = 10^{|S_{mm}|_{\mathrm{dB}}/10} \times 100\% \quad \cdots\cdots \quad (10.13)$$
>
> Port n から Port m への透過係数 T_{mn}
>
> $$T_{mn} = S_{mn} \quad (m \neq n) \quad \cdots\cdots\cdots\cdots\cdots\cdots\cdots\cdots\cdots\cdots \quad (10.14)$$
>
> 4端子回路における S パラメータの整合条件
>
> $$\begin{bmatrix} S_{11} & S_{12} \\ S_{21} & S_{22} \end{bmatrix} = \begin{bmatrix} 0 & 1 \\ 1 & 0 \end{bmatrix} \quad \cdots\cdots\cdots\cdots\cdots\cdots\cdots\cdots\cdots\cdots \quad (10.15)$$

Sパラメータは、電磁波の入射波、反射波、透過波を扱っていることから、各要素に物理的意味を見出すことができる。

まず要素 S_{mm} は、「Port m における入射波 a_m に対する反射波 b_m の比」のことであり、これは式 (10.12) に示すように Port m での電圧反射係数 Γ_m のことである。よって、S_{mm} を求めることは Γ_m を求めることに等しい。なお、Port m での反射率を百分率で求めたい場合は、式 (10.13) を計算すれば良い。特にデシベル表記（ここでは $|S_{mm}|_{\mathrm{db}}$ と記す）に対しては

$|S_{mm}|_{\mathrm{db}} = -3\mathrm{dB}$ のとき、反射率 50%

$|S_{mm}|_{\mathrm{db}} = -10\mathrm{dB}$ のとき、反射率 10%

$|S_{mm}|_{\mathrm{db}} = -20\mathrm{dB}$ のとき、反射率 1%

$|S_{mm}|_{\mathrm{db}} = -30\mathrm{dB}$ のとき、反射率 0.1%

あたりは覚えておくとよい。

要素 S_{mn} $(m \neq n)$ は「Port n からの入射波 a_n に対する Port m への透過波 b_m の比」であり、これは式 (10.14) に示すように Port n から Port m への透過係数 T_{mn} のことである。

▷第10章 Sパラメータ

　つまり、Sパラメータとは各ポートに対する電圧反射係数や透過係数を表した行列式である。したがって、回路の整合条件を表す際にもSパラメータは極めてわかりやすくなる。例えば4端子回路（2ポート回路）におけるSパラメータの整合条件は、各ポートの電圧反射係数が0となり、一方のポートからの入射波が全て他方のポートに透過すれば良いので、直ちに式 (10.15) が得られる。

　このように、Sパラメータはマイクロ波回路において重要な電圧反射係数や回路の整合と密接に関わる。よって、一般的にマイクロ波回路の状態はSパラメータで議論することがほとんどである。

参考文献
[1] 中島将光、マイクロ波工学　－基礎と原理－、森北出版、1975
[2] 岡田文明、マイクロ波工学　－基礎と応用－、学献社、1993

第11章　電磁界解析ソフトウェアを用いた設計例

本書の最後として、これまでの基礎を踏まえた電磁界解析ソフトウェアによるマイクロ波加熱応用に関連するマイクロ波回路設計について述べる。電磁界解析ソフトウェアはマクスウェル方程式を基礎方程式として回路内の電磁波伝搬を解くソフトウェアであり、回路内の電磁界分布の可視化や、Sパラメータの周波数特性等が計算機上で得られる。実際の装置を製作しなくとも、計算機上で寸法変更や周波数設定等が容易に行えることから、コスト面でも時間面でも非常に有益なツールである。

　本章では、電磁界解析ソフトウェア Femtet を用いた方形導波管に関する設計例について、マイクロ波加熱応用では比較的多く用いられる $\lambda/4$ 変成器の設計例、および直方体空洞共振器を模擬したマイクロ波加熱容器の設計例について紹介する。また、実際のマイクロ波加熱では温度上昇に伴い被加熱物の誘電率が変化する。この誘電率変化による直方体空洞共振器の共振周波数のずれについても解説する。

11-1 誘電体挿入による方形導波管での $\lambda/4$ 変成器の設計

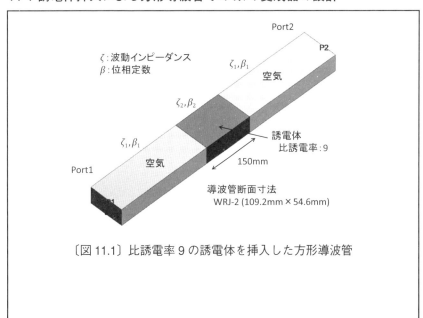

〔図 11.1〕比誘電率 9 の誘電体を挿入した方形導波管

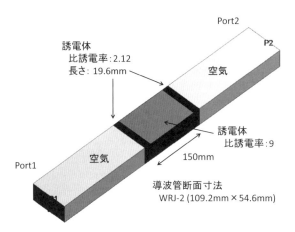

〔図11.2〕図11.1に比誘電率2.12の$\lambda/4$変成器を挿入した方形導波管

方形導波管基本モード（TE_{10}モード）の波動インピーダンス（式(8.47)）

$$\zeta_{10} = \frac{-E_y}{H_x} = \frac{\omega\mu_0}{\beta} \quad\cdots\cdots (11.1)$$

TE_{10}モードにおける電磁波の伝搬定数

$$\beta = \sqrt{\omega^2\varepsilon\mu_0 - k_c^2} = \sqrt{\frac{\omega^2\varepsilon_r}{c^2} - \frac{\pi^2}{a^2}} \quad\cdots\cdots (11.2)$$

TE_{10}モードにおける管内波長

$$\lambda_g = \frac{2\pi}{\beta} = 2\pi \Big/ \sqrt{\frac{\omega^2\varepsilon_r}{c^2} - \frac{\pi^2}{a^2}} \quad\cdots\cdots (11.3)$$

$\lambda/4$変成器のインピーダンス整合条件（式(7.28)）

$$Z^2 = Z_0 Z_L \quad\cdots\cdots (11.4)$$

方形導波管における$\lambda/4$変成器のインピーダンス整合条件

$$\zeta^2 = \zeta_1 \zeta_2 \quad \text{すなわち} \quad \beta^2 = \beta_1 \beta_2 \quad\cdots\cdots (11.5)$$

本節では、方形導波管に誘電体が挿入された場合における $\lambda/4$ 変成器の設計手順について述べる。図 11.1 のように、導波管断面寸法が導波管規格 WRJ-2 の断面寸法 (109.2mm×54.6mm) をもつ方形導波管において、比誘電率 9 の誘電体が挿入された場合を考える。図 11.1 のままでは空気層と誘電体層との境界面において電磁波が反射するため、図 11.2 に示すように 7-10 節で述べた $\lambda/4$ 変成器を用いて導波路全体の整合を試みる。

　図 11.1 の左下側を Port1 (入力側)、右上を Port2 (出力側) とし、設計周波数はマイクロ波加熱応用で最もよく利用される 2.45GHz とする。WRJ-2 の導波管においては、空気層 (ほとんどのマイクロ波加熱応用の設計において、空気は真空と見なしても差し支えない) における基本モード (TE_{10} モード) の遮断周波数は 1.37GHz であり、最初の高次モードとなる TE_{20} モードの遮断周波数は 2.75GHz となる。よって、周波数 2.45GHz の電磁波は空気層においては基本モードのみで伝搬する。なお、透磁率に関しては真空の透磁率 μ_0 を採用する。

　基本モードにおける方形導波管の波動インピーダンスは 8-7 節で述べたように式 (11.1) で表される。ここで、第 8 章においては導波管内が真空であるという前提条件で真空の誘電率 ε_0 を章全体で採用したが、ここでは誘電体を扱うため一般的な誘電率 $\varepsilon = \varepsilon_r \varepsilon_0$ の値を用いる。ε_r は比誘電率であり、ここでは ε_r は実数つまり誘電体では損失が発生しないものとする。このとき、TE_{10} モードにおける電磁波の伝搬定数 β および管内波長 λ_g は式 (11.2) および式 (11.3) の形で書き改められる。実際に空気層の β と λ_g を β_1 と λ_{g1}、比誘電率 9 の誘電体層の β と λ_g を β_2 と λ_{g2} として計算してみると

$$\beta_1 \approx \sqrt{\frac{(2\pi \times 2.45\text{GHz})^2}{(3 \times 10^8 \text{ m/s})^2} - \frac{\pi^2}{(109.2\text{mm})^2}} \approx 4.25 \times 10 \text{ m}^{-1}, \quad \lambda_{g1} = \frac{2\pi}{\beta_1} \approx 1.48 \times 10^{-1} \text{m}$$

$$\beta_2 \approx \sqrt{\frac{(2\pi \times 2.45\text{GHz})^2 \times 9}{(3 \times 10^8 \text{ m/s})^2} - \frac{\pi^2}{(109.2\text{mm})^2}} \approx 1.51 \times 10^2 \text{ m}^{-1}, \quad \lambda_{g2} = \frac{2\pi}{\beta_2} \approx 4.15 \times 10^{-2} \text{m}$$

▷第11章 電磁界解析ソフトウェアを用いた設計例

となる。このような導波路状況における $\lambda/4$ 変成器を考える。

$\lambda/4$ 変成器のインピーダンス整合条件は式 (11.4) で表されるが、導波管の場合には 8-7 節で述べたように一義的な特性インピーダンスを与えることができない。しかしながら、特性インピーダンスは波動インピーダンスと比例関係にあるため、式 (11.5) に示すようにインピーダンス整合条件を波動インピーダンスで代用することができる。すなわち、必要となる波動インピーダンス ζ は、空気層の波動インピーダンス ζ_1 と誘電体層の波動インピーダンス ζ_2 から求めることができ、式 (11.1) より実質的には伝搬定数から求めることができる。実際に必要となる伝搬定数 β を計算すると

$$\beta = \sqrt{(4.25 \times 10 \text{ m}^{-1}) \times (1.51 \times 10^2 \text{m}^{-1})} = 8.01 \times 10 \text{ m}^{-1}$$

となる。この伝搬定数を満たす方形導波管は、式 (11.2) より結局のところ以下の比誘電率 ε_{r2} をもつ別の誘電体を挿入することとなる。

$$\varepsilon_{r2} = \frac{c^2}{\omega^2}\left(\beta^2 + \frac{\pi^2}{a^2}\right) \approx \frac{(3 \times 10^8 \text{ m/s})^2}{(2\pi \times 2.45\text{GHz})^2}\left((80.1\text{m}^{-1})^2 + \frac{\pi^2}{(109.2\text{mm})^2}\right) \approx 2.12$$

$\lambda/4$ 変成器はこの比誘電率 ε_{r2}=2.12 の方形導波管に対して構成されるので、導波管の長さ d は管内波長より

$$d = \frac{\lambda_g}{4} = \frac{\pi}{2\beta} \approx 0.196\text{mm}$$

と計算される。図 11.2 は比誘電率 2.12、長さ 19.6mm の $\lambda/4$ 変成器を比誘電率 9 の誘電体の前後に挿入した方形導波管の図である。Port2 側を空気層に戻しているため、$\lambda/4$ 変成器は比誘電率 9 の誘電体の前後に必要である。

図 11.3 および図 11.4 は、図 11.1 に示した比誘電率 9 の誘電体のみを挿入した方形導波管の電界分布の様子および S パラメータのシミュレーション結果である。なお電界分布については基準値に対するデシベルで表示しているが、数値そのものは意味をなさないため色の濃淡による分

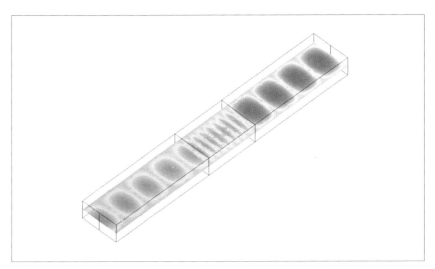

〔図 11.3〕比誘電率 9 の誘電体を挿入した方形導波管内の電界分布の様子

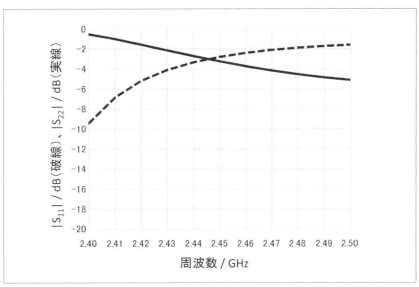

〔図 11.4〕比誘電率 9 の誘電体を挿入した方形導波管の S パラメータ

布の表示のみに留める。色の濃い部分が電界の大きい部分である。図11.3 より、誘電体部分の管内波長が空気層部分と比較して短くなっていることがわかる。また、図11.4より周波数2.45GHzにおいて$|S_{11}|=-2.8$dB、$|S_{21}|=-3.2$dBという結果が得られる。よってPort1での反射率は10-3節の式（10.13）より53%と計算され、Port1から入射された電磁波電力の半分以上が反射してPort1に戻ることがわかる。

　図11.5および図11.6は、図11.2に示した比誘電率2.12の$\lambda/4$変成器を挿入したときの電界分布の様子およびSパラメータのシミュレーション結果である。図11.6より、周波数2.45GHzにおいて$|S_{11}|=-8.6$dB、$|S_{21}|=-0.65$dBという結果が得られる。$\lambda/4$変成器の挿入によりPort1での反射率は14%と大きく改善されていることがわかる。

　しかしながら、14%の反射というのは十分な整合状態とは言い難いので、理論値からの微調整を試みる。調整するパラメータは比誘電率と$\lambda/4$変成器の長さである。この際、電磁界解析ソフトウェアに最適化機能があればその機能を用いれば良いし、最適化機能がなくとも理論値から大きく離れているとは考えにくいので、理論値周辺でパラメータを調査すれば良い。

　図11.7は微調整を加えた$\lambda/4$変成器であり、比誘電率を2.7、$\lambda/4$変成器の長さを20mmとした。図11.8および図11.9は、図11.7に示した比誘電率2.7の$\lambda/4$変成器を挿入したときの電界の大きさおよびSパラメータのシミュレーション結果である。図11.9より、周波数2.45GHzにおいて$|S_{11}|=-56$dB、$|S_{21}|=0$dBという結果が得られる。よってPort1に対する反射率は0.00025%となり、無反射と言っても差し支えないほどまで整合が取れることがわかる。

　このように、第10章までに述べた事項を用いて理論値を求めることは可能であるが、実際の設計においては微調整を加えることで理論値よりも適切な状況を実現できる。理論値からずれる大きな要因としては、多くの理論値は解析的に数式を得るための前提条件や仮定を導入していることが挙げられる。一方でシミュレーションに関しても全てが万能というわけではなく、電磁界を解くために対象物に作成したメッシュやグ

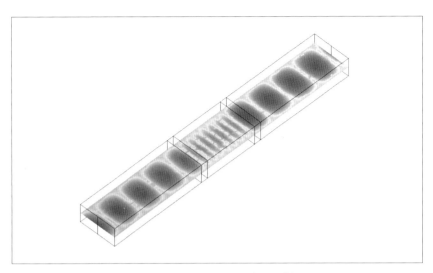

〔図 11.5〕比誘電率 2.12 の λ/4 変成器を挿入したときの
方形導波管内の電界分布の様子

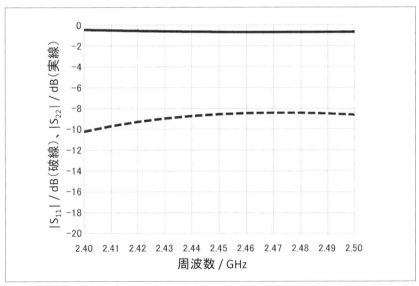

〔図 11.6〕比誘電率 2.12 の λ/4 変成器を挿入したときの
方形導波管の S パラメータ

▷第11章 電磁界解析ソフトウェアを用いた設計例

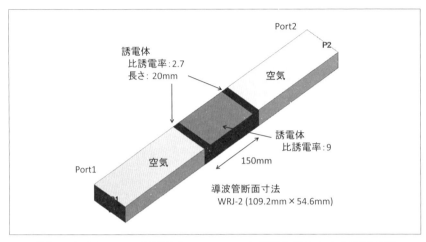

〔図11.7〕図11.1に比誘電率2.7のλ/4変成器を挿入した方形導波管

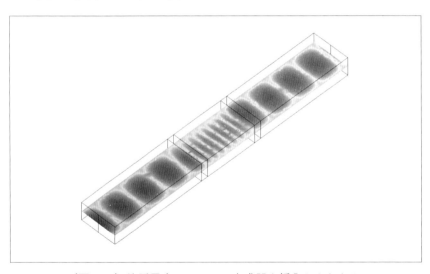

〔図11.8〕比誘電率2.7のλ/4変成器を挿入したときの
方形導波管内の電界分布の様子

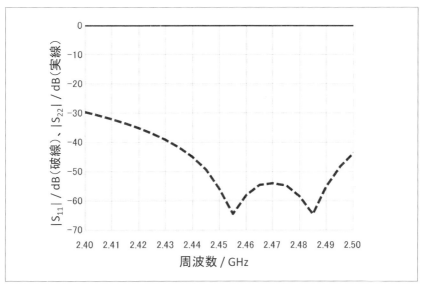

〔図 11.9〕比誘電率 2.7 の λ/4 変成器を挿入したときの
方形導波管の S パラメータ

リッドの部分のみを計算するため、やはり対象物を何らかの形で近似していることになる。加えて、理論値や設計で得られた値がそのまま実際に使えるとは限らない。例えば比誘電率 2.7 という材料が存在しなければ、その値に近い誘電体材料で代用するしかなく、代用材料の比誘電率を用いて再び設計をやり直す必要がある。したがって、解析的に求めた理論値や電磁界解析ソフトウェアで得られた設計値をそのまま鵜呑みにするのではなく、あくまで設計の助けとなるツールとして利用し、実際に装置等を製作したときには実測評価を行う必要がある。

11-2 直方体空洞共振器を模擬したマイクロ波加熱容器の設計

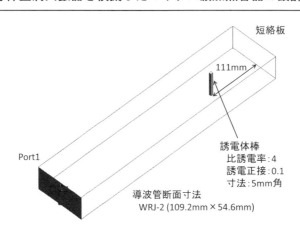

〔図 11.10〕誘電体棒を設置した方形導波管短絡板共振器

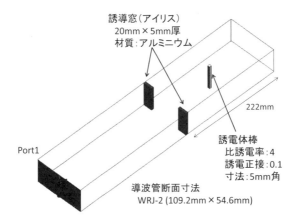

〔図 11.11〕図 11.10 に誘導窓を追加した直方体空洞共振器

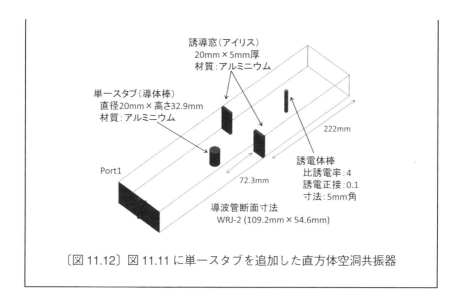

〔図11.12〕図11.11に単一スタブを追加した直方体空洞共振器

　本節では直方体空洞共振器を模擬したマイクロ波加熱容器の設計について、方形導波管の基本モードである TE_{10} モードを基にした直方体空洞共振器 TE_{103} 共振モードの設計例について述べる。本設計においては図11.10に示す方形導波管の短絡板共振器を出発点とし、図11.11に示す誘導窓を用いた直方体空洞共振器構造を経由して、最終的に図11.12に示すように単一スタブを挿入して整合をとる。

　直方体空洞共振器の TE_{10p} 共振モードは9-5節の図9.19～図9.21に示したように導波管長辺の中心線に沿って電界の大きさが最大となる位置と磁界の大きさが最大となる位置が $\lambda_g/4$ 毎に現れる。つまり、直方体空洞共振器の中では電界と磁界が分離される位置が存在し、電界のみが印加される位置、磁界のみが印加される位置に被加熱物を設置すると、電界のみおよび磁界のみのマイクロ波加熱特性を知ることができる。このように単一の共振モードを用いる場合をシングルモードと呼び、試験管サイズ程度の比較的小規模なマイクロ波加熱実験で広く利用される。また、単一の共振モードを用いない場合をマルチモードと呼ぶ。電子レンジにおけるマイクロ波加熱はマルチモードである。

▷第11章 電磁界解析ソフトウェアを用いた設計例

　図11.10は直方体空洞共振器の前段階となる方形導波管 TE_{10} モードの短絡板共振器である。前節と同様に、方形導波管は導波管規格 WRJ-2 の断面寸法（109.2mm×54.6mm）を採用し、設計周波数は2.45GHzとする。また、容器内には比誘電率4、誘電正接0.1（すなわち ε_r=4+j0.4）をもつ寸法5mm角の誘電体棒を設置し、この誘電体棒に対してPort1からマイクロ波を入射し、誘電体棒の位置で電界を最大にすることを考える。

　短絡板共振器の場合は、9-4節の式（9.12）に示すように反共振条件を満たす d の位置に誘電体棒を設置すれば、その位置でのインピーダンスが $Z \to \infty$ となり電界が最大、磁界が最小となる。式（9.12）において$N=2$を採用すると、管内波長は前節で求めた通り λ_g=0.148m であるから

$$d = \frac{2N-1}{4}\lambda_g = \frac{3}{4} \times 0.184\mathrm{m} = 0.111\mathrm{m}$$

と計算される。したがって、誘電体棒を短絡板から111mmの位置に設置する。

　図11.13、図11.14、図11.15は誘電体棒を設置した方形導波管短絡板共振器内の電界分布の様子、$|S_{11}|$ の周波数特性、$|S_{11}|$ のスミス図表を示す。電界分布の様子については、前節と同様に色の濃淡による分布の様子を表示するのみに留める。色の濃い部分が電界の大きい部分である。また、スミス図表においてはマーカ位置が周波数2.45GHzに対応し、Port1における導波管のインピーダンスで規格化した値をスミス図表の原点とする。図11.13に示すように、誘電体棒の位置には電界が印加されており、その位置から $\pm\lambda_g/4$ 毎離れた位置では電界の大きさが最小となることがわかる。よって、短絡板共振器でも十分にマイクロ波加熱できるように思えるが、図11.14をみると周波数2.45GHzにおいて $|S_{11}|$=−0.22dB（反射率95%）であり、ほとんどのマイクロ波がPort1に反射されることがわかる。図11.15のスミス図表をみても周波数2.45GHzにおいてほぼ円周上にあり、全く整合がとれていないことがわかる。よって、この状態から直方体空洞共振器の構造を取り込み、最終的に整合をとることを考える。

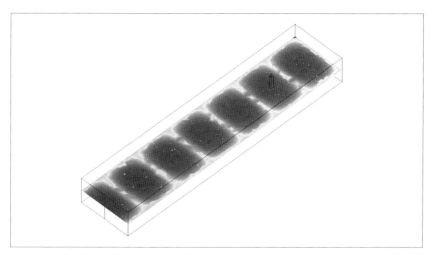

〔図11.13〕誘電体棒を設置した方形導波管短絡板共振器内の電界分布の様子

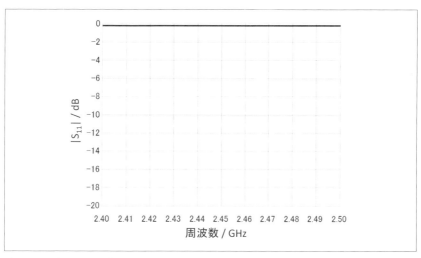

〔図11.14〕誘電体棒を設置した方形導波管短絡板共振器の$|S_{11}|$の周波数特性

　図11.11は図11.10の短絡板共振器に誘導窓を設置した直方体空洞共振器である。誘導窓はアイリスとも呼ばれ、ここでは誘導窓の厚さを5mm、左右の導波管壁からの幅を20mmとし、材質をアルミニウムとする。WRJ-2導波管の長辺が109.2mmであるから、電磁波が通過でき

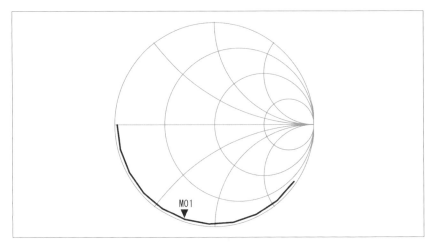

〔図 11.15〕誘電体棒を設置した方形導波管短絡板共振器の S_{11} のスミス図表
（マーカ位置は周波数 2.45GHz）

る幅は 69.2mm となる。この幅が狭いほど共振器の Q 値が高くなり電磁界の大きさが大きくなるが、一方で Q 値が高いことは僅かな寸法や位置のずれによって共振器周波数がずれることを意味する。よって、電磁界の大きさと設計の容易さ・製作誤差にはトレードオフの関係があることに注意する。

誘導窓の設置位置は、短絡板から 222mm の位置とする。これは短絡板共振器の短絡板から誘電体棒までの距離を倍にしたものであり、こうすると誘導窓の位置が短絡板共振器の共振条件つまり $Z=0$ となるので、短絡板共振器の電磁界分布から大きな変更なく TE_{103} 共振モードの直方体空洞共振器を構成することができる。ここで、TE_{10p} 共振モードの次数 p を奇数にすると、直方体空洞共振器の中央の位置で必ず電界が最大となるので、被加熱物を中央に設置する構造にしておけば多少の製作誤差があっても中央部には電界が最大となる領域が現れ、被加熱物に電界を印加することができる。一方で次数 p を偶数にすると、9-5 節の図 9.20 に示す TE_{102} 共振モードのように直方体空洞共振器の中央の位置で必ず磁界が最大となるので、磁界を印加させたい場合には p を偶数とす

ることが望ましい。なお、直方体空洞共振器の中央部以外でも電界の最大あるいは磁界の最大を得ることは原理上可能であるが、実際の加熱実験において実現することは困難である。なぜなら、直方体空洞共振器の中央部においては p に応じて電界か磁界が最大となる領域の発生が見込めるが、中央以外の位置に被加熱物を設置すると伝搬方向における共振器内の電磁界分布の対称性が崩れる可能性がある。したがって、挿入する被加熱物の電気定数によって電界あるいは磁界が最大となる位置がずれる恐れがある。シングルモードを用いて電界と磁界を分離したい場合には、原則として直方体空洞共振器の中央部に被加熱物を設置するような設計が望ましい。

図 11.16、図 11.17、図 11.18 は誘導窓を追加した直方体空洞共振器内の電界分布の様子、$|S_{11}|$ の周波数特性、S_{11} のスミス図表を示す。図 11.16 に示すように、直方体空洞共振器としてみた場合の中央部にあたる誘電体棒の位置には電界が印加されている。しかし、図 11.17 をみると周波数 2.45GHz において $|S_{11}|=-0.17$dB、(反射率 95%) であり、相変わらずほとんどのマイクロ波が Port1 に反射されることがわかる。また、

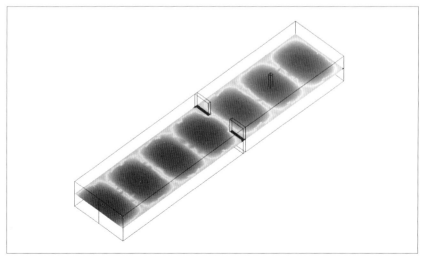

〔図 11.16〕誘導窓を追加した直方体空洞共振器内の電界の大きさ

▷第11章 電磁界解析ソフトウェアを用いた設計例

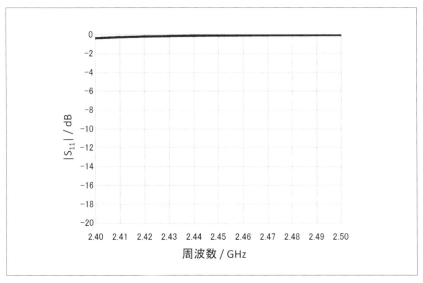

〔図 11.17〕誘導窓を追加した直方体空洞共振器の$|S_{11}|$の周波数特性

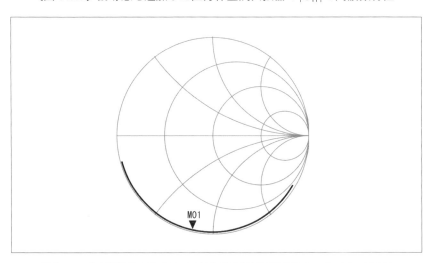

〔図 11.18〕誘導窓を追加した直方体空洞共振器のS_{11}のスミス図表
（マーカ位置は周波数 2.45GHz）

図 11.18 のスミス図表をみてもやはり周波数 2.45GHz においてほぼ円周上にあり、誘導窓を追加するだけでは整合がとれていないことがわかる。

そこで、図 11.12 に示す単一スタブをさらに追加して整合をとる。単一スタブは 7-7 節で述べたように、一つのスタブの位置と挿入長（ここでは導波管短辺方向の高さに相当）を可変とすることで整合状態を実現できる。ここではスタブをアルミニウム材質の円柱とし、スタブの直径を 20mm で固定する。このスタブが 7-7 節で述べた規格化されたサセプタンス成分 $\hat{Y}_1 = -j\hat{B}_A$ に対応し、高さを変えることで $\hat{B}_A$ が変化する。よってスタブの位置と長さをパラメータとすることで単一スタブをシミュレーションで実現することができる。しかし、実際には誘電体棒、誘導窓、スタブがそれぞれ物理的寸法をもつため、規格化アドミタンスは第 7 章で述べた整合過程の理論通りにはスミス図表上を移動しない。よって、電磁界解析ソフトウェアを用いた実際の設計においては最適化機能があればその機能を活用することが望ましい。

単一スタブを用いた調整結果の一例として、スタブ位置を誘導窓から 72.3mm、スタブの高さ 32.9mm としたときの直方体空洞共振器内の電界分布の様子、$|S_{11}|$ の周波数特性、S_{11} のスミス図表をそれぞれ図 11.19、図 11.20、図 11.21 に示す。図 11.20 より、先ほどまでの状況とは明らかに異なり、周波数 2.45GHz で $|S_{11}| = -13$dB と大きく低下していることがわかる。反射率で表すと 5% となり、ほとんどのマイクロ波が直方体空洞共振器内で消費されていることがわかる。また、図 11.21 をみれば、完全とは言えないまでも、周波数 2.45GHz でスミス図表の原点に明らかに近づいていることがわかる。このようにして、単一スタブを用いて整合に近い状態を実現することができる。

ここで、図 11.20 のグラフを用いてこの直方体空洞共振器の Q 値を求める。Q 値の求め方は 9-1 節で述べたように半値幅を求めれば良い。ただし、図 9.3 では共振器周波数における電力最大値に対する半値幅を求める手法を記したが、$|S_{11}|$ から半値幅を求める場合はそのまま $|S_{11}| = -3$dB となる周波数幅を求めれば、その幅が式 (9.5) の $\Delta\omega$（ここでは Δf）に対応する。図 11.20 より Δf はおよそ 45MHz となるので、Q 値は

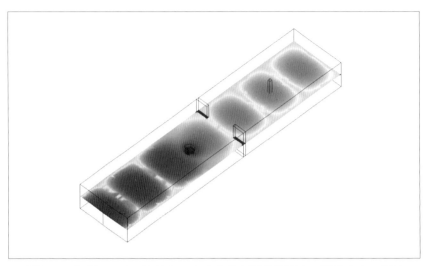

〔図11.19〕単一スタブを追加した直方体空洞共振器内の電界分布の様子

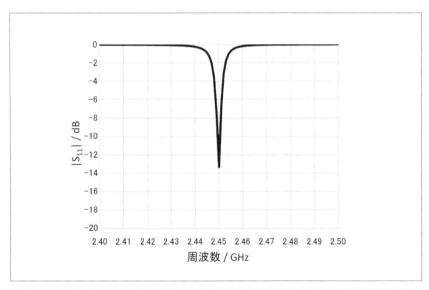

〔図11.20〕単一スタブを追加した直方体空洞共振器の$|S_{11}|$の周波数特性

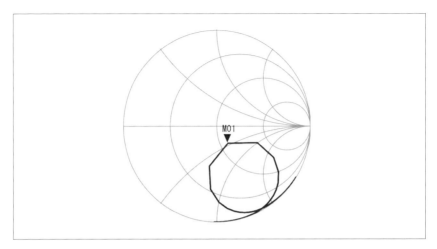

〔図 11.21〕単一スタブを追加した直方体空洞共振器の S_{11} のスミス図表
（マーカ位置は周波数 2.45GHz）

$$Q = \frac{\omega_0}{\Delta\omega} = \frac{f_0}{\Delta f} = \frac{2.45\text{GHz}}{45\text{MHz}} = 54$$

と計算される。先に述べたように Q 値を高くしたい場合には誘導窓の幅を大きくし、より直方体空洞共振器の形状に近づければよいが、Q 値が高いほど設計においても実験においても調整が困難となる点に注意する。また被加熱物の誘電損失が大きければ、それは実質的には共振器内のコンダクタンス G が大きくなることを意味するので、必然的に Q 値は下がる。

なお、実際のシングルモードマイクロ波加熱装置においては誘電体棒が被加熱物の設置部分に対応するが、被加熱物が大きすぎるとシングルモードといえども電界あるいは磁界のみの印加とはならない点に注意する。特に、水は比誘電率が 80 程度と極めて大きい。よって、水をベースとした被加熱物の寸法が大きくなると直方体空洞共振器自体の共振モードが保たれても被加熱物内部で共振モードと異なる電磁界分布が発生する可能性がある点に注意する。

11-3 誘電率変化による直方体空洞共振器の共振周波数のずれ

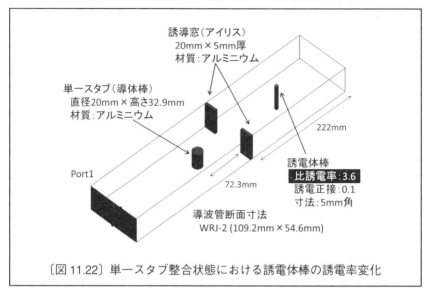

〔図 11.22〕単一スタブ整合状態における誘電体棒の誘電率変化

マイクロ波加熱において、被加熱物の誘電率は入射するマイクロ波周波数に依存するとともに被加熱物の温度にも依存する。よって、ある温度における被加熱物の誘電率を用いてマイクロ波加熱装置を設計したとしても、マイクロ波加熱時の温度上昇とともに誘電率が変化すると共振周波数の変化によりマイクロ波が共振器内に入射されない状況となる可能性がある。直方体空洞共振器を用いたマイクロ波加熱において、被加熱物がある温度までしか上昇せず、いくらマイクロ波電力を増大させても温度が上昇しなくなる主要因は誘電率の温度変化に起因する直方体空洞共振器の共振周波数のずれである。本節では実際にこの現象をシミュレーションで模擬する。

図 11.22 は前節の図 11.12 に示した直方体空洞共振器と同じものであり、図 11.12 の誘導窓およびスタブの位置・寸法をそのまま使用する。ただし、誘電体棒が加熱されて誘電率の温度変化することを想定し、図 11.12 では誘電体棒の比誘電率が 4 であったものが図 11.22 では 3.6 に変化したとする。

このときの $|S_{11}|$ の周波数特性を図11.23に示す。元々の整合状態であった図11.20と図11.23を比較すると、共振周波数は2.45GHzから2.452GHzと20MHzずれることがわかる。また、周波数2.45GHzにおける $|S_{11}|$ は−13dBから−3.6dBへと大きく上昇する。これは、整合状態では5%だった反射率が44%まで大きく悪化する結果となる。
　以上より、誘電率変化により共振器の整合条件が大きく変化し、共振器内にマイクロ波が入射されなくなることがシミュレーション上でも確認できる。実際の実験においては温度上昇に伴う誘電率変化は避けられないため、誘電率変化に対応するような何らかの対策がマイクロ波加熱装置側に必要となる。
　対策は大きく分けて二つあり、一つは短絡板やスタブ位置を可変にして、共振周波数が常に2.45GHzとなるような整合状態を保ち続ける方法である。この方法は、微調整であればスタブ（本章では単一スタブを採用したが実際には三重スタブを採用すれば良い）で調整できるものの、誘電率が大きく変化すると直方体空洞共振器の寸法そのものの調整が必要となる。よって、短絡板を可変短絡板に変更する必要があり、マイク

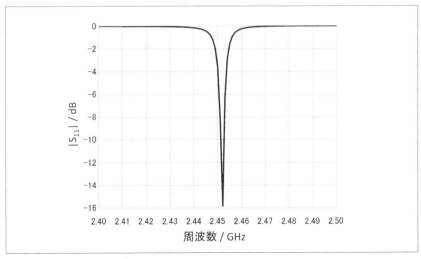

〔図11.23〕誘電率変化に伴う直方体空洞共振器の $|S_{11}|$ の周波数特性の変化

ロ波加熱装置にはスタブや可変短絡板を調整する機構が必要となる。

　もう一つの対策は入射するマイクロ波周波数を可変にする方法である。この方法は、電子レンジのマイクロ波源として利用されるマグネトロンの場合には適用困難である。なぜなら、使用者側で能動的にマグネトロンの周波数を調整することが原理的に難しいためである。よって、広帯域半導体増幅器を用いたマイクロ波源が必要となるが、マイクロ波帯において大出力かつ広帯域な半導体増幅器は非常に高価である。実際の装置設計では、これらの状況を鑑みながらどの方法を採用するかを判断することとなる。

付録A

A-1 指数関数・対数関数

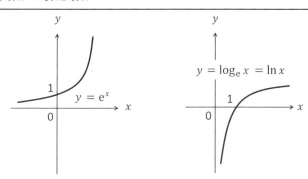

〔図 A.1〕指数関数（左図）と対数関数（右図）

指数関数と対数関数の対応（対数関数においては $X>0$、$X \neq 1$、$Y>0$）

$$Y = X^N \quad \Leftrightarrow \quad N = \log_X Y \quad \cdots\cdots\cdots\cdots\cdots\cdots\cdots\cdots \text{(A.1)}$$

指数関数と対数関数の特定の値

$$X^1 = X,\ X^0 = 1,\ 0^N = 0,\ 1^N = 1,\ \log_X X = 1,\ \log_X 1 = 0 \quad \text{(A.2)}$$

指数関数の演算

$$X^{-N} = \frac{1}{X^N},\ X^{\frac{1}{N}} = \sqrt[N]{X},\ X^{M+N} = X^M X^N,\ X^{MN} = (X^M)^N = (X^N)^M \quad \text{(A.3)}$$

対数関数の演算

$$-\log_X Y = \log_X \frac{1}{Y},\ M\log_X Y = \log_X Y^M,\ \log_X Y + \log_X Z = \log_X YZ \quad \text{(A.4)}$$

自然対数の底 e

$$\mathrm{e} \equiv \lim_{n \to \infty} \left(1 + \frac{1}{n}\right)^n = 2.71828\ldots \quad \cdots\cdots\cdots\cdots\cdots\cdots \text{(A.5)}$$

自然対数の底を用いた対数関数の表現

$$\log_\mathrm{e} Y \equiv \ln Y \quad \cdots\cdots\cdots\cdots\cdots\cdots\cdots\cdots\cdots\cdots\cdots\cdots \text{(A.6)}$$

▷付録 A

　指数関数は式 (A.1) の左の式に示すように「X の N 乗」で表される関数である。一方、対数関数は指数関数と対応関係にあり、log を用いて式 (A.1) の右の式で表される。log の右下に置かれる数字は「底」と呼び、底は 1 ではない正の実数とすることに注意する。つまり指数関数における X は負でも構わないが、対数関数における底 X は負となることを認めない。

　指数関数や対数関数には式 (A.2) に示すように 0 や 1 に対して特定の値をとる。また、指数関数や対数関数で頻繁に用いられる演算を式 (A.3) および式 (A.4) に示す。

　電磁波工学においては、特に式 (A.5) で定義される「自然対数の底(ネイピア数とも呼ぶ)」が極めて頻繁に用いられる。自然対数の底 e は円周率 π と同じく無限に続く数字 (無理数と呼ぶ) である。また、式 (A.6) で示すように自然対数の底を用いた対数関数を "log" ではなく特別に "ln" で表記することも多い。図 A.1 は指数関数 (左図) および対数関数 (右図) のグラフの概形である。

A-2 複素数

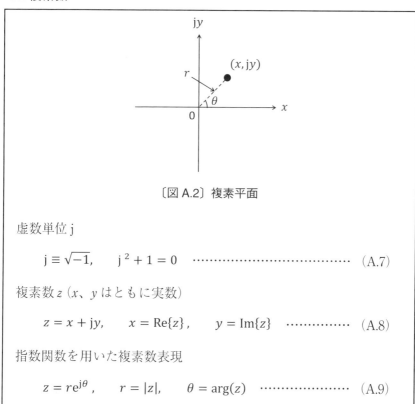

〔図 A.2〕複素平面

虚数単位 j

$$\mathrm{j} \equiv \sqrt{-1}, \quad \mathrm{j}^2 + 1 = 0 \quad \cdots\cdots\cdots\cdots\cdots\cdots\cdots\cdots \text{(A.7)}$$

複素数 z (x、y はともに実数)

$$z = x + \mathrm{j}y, \quad x = \mathrm{Re}\{z\}, \quad y = \mathrm{Im}\{z\} \quad \cdots\cdots\cdots \text{(A.8)}$$

指数関数を用いた複素数表現

$$z = r\mathrm{e}^{\mathrm{j}\theta}, \quad r = |z|, \quad \theta = \arg(z) \quad \cdots\cdots\cdots\cdots \text{(A.9)}$$

複素数は、虚数単位 j を含む数のことであり、j の定義は式 (A.7) に示すように「2 乗すると −1 となる数」である。複素数 z の一般表記は実数 x と y を用いて式 (A.8) のように表される。x を z の実部、y を z の虚部と呼び、式 (A.8) に示すように実部を "Re"、虚部を "Im" で表現する。なお、数学では虚数単位の文字は i を用いるが、電磁波工学や電気電子工学では電流との混同を避けるために j を用いるのが慣例である。

実部を横軸、虚部を縦軸にとった座標平面のことを複素平面と呼ぶ。図 A.2 に複素平面を示す。複素平面の横軸を実軸、縦軸を虚軸と呼ぶ。

複素平面を用いた複素数の表現として、式 (A.8) の他に指数関数を用

▷付録A

いて式 (A.9) のように表すこともできる。ここで、r は複素平面上の原点から複素数までの距離であり、r は z の絶対値を表す。θ は原点と複素数を結ぶ線分と実軸とのなす角であり、実軸から反時計回りに向かう方向を θ の正とする。θ を偏角と呼び、式 (A.9) に示すように "arg" で表現することもある。ここで、指数関数の指数に虚数単位 j が含まれいるが、これは次節で述べる三角関数と密接に関連しており、電磁波工学を学ぶ上では是非理解しておくべき表記である。

A-3 三角関数

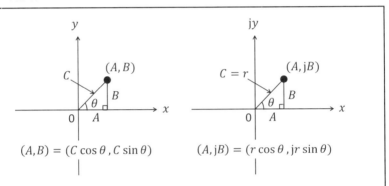

〔図 A.3〕三角関数と複素数

三角関数の定義 (図 A.3 に示す直角三角形)

$$\cos\theta \equiv \frac{A}{C}, \quad \sin\theta \equiv \frac{B}{C}, \quad \tan\theta \equiv \frac{B}{A} = \frac{\sin\theta}{\cos\theta}, \quad \cos^2\theta + \sin^2\theta = 1 \quad \cdots\cdots (A.10)$$

三角関数の逆数

$$\sec\theta \equiv \frac{1}{\cos\theta}, \quad \csc\theta \equiv \frac{1}{\sin\theta}, \quad \cot\theta \equiv \frac{1}{\tan\theta} \quad \cdots\cdots (A.11)$$

三角関数の逆関数

$$\theta = \cos^{-1}\frac{A}{C} = \sin^{-1}\frac{B}{C} = \tan^{-1}\frac{B}{A} \quad \cdots\cdots\cdots\cdots\cdots\cdots (A.12)$$

オイラーの式

$$e^{j\theta} = \cos\theta + j\sin\theta, \quad \cos\theta = \mathrm{Re}\{e^{j\theta}\}, \sin\alpha = \mathrm{Im}\{e^{j\theta}\} \quad (A.13)$$

指数関数を用いた三角関数の表現

$$\cos\theta = \frac{e^{j\theta} + e^{-j\theta}}{2}, \quad \sin\theta = \frac{e^{j\theta} - e^{-j\theta}}{2j}, \quad \tan\theta = \frac{e^{j\theta} - e^{-j\theta}}{e^{j\theta} + e^{-j\theta}}$$
$$\cdots\cdots (A.14)$$

双曲線関数

$$\cosh\theta \equiv \frac{e^{\theta} + e^{-\theta}}{2}, \quad \sinh\theta \equiv \frac{e^{\theta} - e^{-\theta}}{2}, \quad \tanh\theta \equiv \frac{e^{\theta} - e^{-\theta}}{e^{\theta} + e^{-\theta}}$$
$$\cdots\cdots (A.15)$$

　三角関数は、図A.3に示す直角三角形の斜辺とその他の2辺との関係を角度θで定義づけるものであり、式(A.10)で定義される。式(A.10)の最後の式は直角三角形に対するピタゴラスの定理$A^2+B^2=C^2$そのものである。また、利用頻度は少ないが三角関数の逆数についても式(A.11)に示す表記を用いて定義される。

　三角関数の逆関数は式(A.12)で表される。ただし三角関数は$\cos\theta$および$\sin\theta$については2πの周期性、$\tan\theta$についてはπの周期性をもつため、式(A.12)に示すθの解は一般的には無限に存在する。よって逆関数で求まるθを一義的に示したい場合には角度範囲を指定する必要がある。

　式(A.13)はオイラーの式と呼ばれ、三角関数と指数関数および複素数を結びつける極めて重要な公式である。ここで、指数関数のべき乗の指数が純虚数（実部が0の複素数）となっている点に注意する。オイラーの式によって正弦波の表記や計算が非常に簡単になる。また式(A.13)

▷付録A

を変形すると、三角関数は式(A.14)の形で指数関数を用いて表記できる。

式(A.14)に示した指数関数のべき乗の指数が実数の場合には、式(A.15)に示す双曲線関数という別の関数で定義される。数式としては三角関数の表記と非常に似通っているため、本節で併記しておく。

A-4 2×2行列

2×2 行列を用いた入力と出力の関係

$$\begin{bmatrix} y_1 \\ y_2 \end{bmatrix} = \begin{bmatrix} A & B \\ C & D \end{bmatrix} \begin{bmatrix} x_1 \\ x_2 \end{bmatrix}, \quad y_1 = Ax_1 + Bx_2, \quad y_2 = Cx_1 + Dx_2 \quad (A.16)$$

行列の和

$$\begin{bmatrix} A & B \\ C & D \end{bmatrix} + \begin{bmatrix} E & F \\ G & H \end{bmatrix} = \begin{bmatrix} A+E & B+F \\ C+G & D+H \end{bmatrix} = \begin{bmatrix} E & F \\ G & H \end{bmatrix} + \begin{bmatrix} A & B \\ C & D \end{bmatrix} \quad (A.17)$$

行列の積

$$\begin{bmatrix} A & B \\ C & D \end{bmatrix} \begin{bmatrix} E & F \\ G & H \end{bmatrix} = \begin{bmatrix} AE+BG & AF+BH \\ CE+DG & CF+DH \end{bmatrix} \neq \begin{bmatrix} E & F \\ G & H \end{bmatrix} \begin{bmatrix} A & B \\ C & D \end{bmatrix} (A.18)$$

逆行列

$$\begin{bmatrix} A & B \\ C & D \end{bmatrix}^{-1} = \frac{1}{AD - BC} \begin{bmatrix} D & -B \\ -C & A \end{bmatrix} \quad (AD - BC \neq 0) \quad \cdots (A.19)$$

逆行列の積

$$\begin{bmatrix} A & B \\ C & D \end{bmatrix} \begin{bmatrix} A & B \\ C & D \end{bmatrix}^{-1} = \begin{bmatrix} A & B \\ C & D \end{bmatrix}^{-1} \begin{bmatrix} A & B \\ C & D \end{bmatrix} = \begin{bmatrix} 1 & 0 \\ 0 & 1 \end{bmatrix} \equiv [I] \cdots (A.20)$$

行列とは一般的には M 行 N 列（M、N は正の整数）で表される 2 次元の配列であり、行列内の個々の値を要素あるいは成分と呼ぶ。電磁波工学や電気電子工学ではもっぱら 2 行 2 列の行列（2×2 行列と呼ぶ）を用いるため、ここでは 2×2 行列について記す。ただし第 10 章で述べた S パラメータに関してはポート数 N に応じて $N \times N$ 行列が構成される。

　電磁波工学や電気電子工学では、第 5 章、第 6 章、第 10 章で述べたように入力 x_1、x_2 と出力 y_1、y_2 の対応関係を式（A.16）の 2×2 行列で表すことが多い。これは、電気電子工学では電圧と電流という 2 つの要素を常に考慮する必要があるためであり、入力電圧、入力電流、出力電圧、出力電流という 4 つの要素に対して 2×2 行列を用いて表記すると極めて便利である。

　行列の和および積は式（A.17）および式（A.18）で表されるが、ここで注意すべき点は、行列の和は前後の交換が可能であるが、行列の積は前後の交換が原則不可となる点である（例外的に交換可能な行列も存在する）。よって、行列の積を計算するときには行列の並び順に注意する。

　式（A.19）は逆行列と呼ばれる。式（A.20）に示すように逆行列と元の行列の積は単位行列（行列の対角成分のみが 1 で他は 0。記号 $[I]$ で表す。）となる。ただし、$AD-BC=0$ となる行列には逆行列は存在しない。ちなみに、逆行列と元の行列の積は交換可能である。また、行列と単位行列の積も交換可能である。

▷付録 A

A-5 ベクトルおよびベクトルの内積・外積

〔図 A.4〕ベクトル

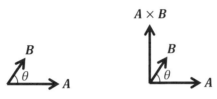

〔図 A.5〕ベクトルの内積と外積

ベクトルの内積

$$A \cdot B = |A||B| \cos \theta \quad \cdots\cdots (A.21)$$

ベクトルの外積（n は A、B がなす平面に対する単位法線ベクトル）

$$A \times B = |A||B| \sin \theta \, n \quad \cdots\cdots (A.22)$$

ベクトルの内積・外積の交換

$$A \cdot B = B \cdot A, \quad A \times B = -B \times A \quad \cdots\cdots (A.23)$$

同じベクトルの内積・外積

$$A \cdot A = |A|^2, \quad A \times A = 0 \quad \cdots\cdots (A.24)$$

ベクトルの公式

$$A \cdot (B \times C) = C \cdot (A \times B) = B \cdot (C \times A) \quad \cdots\cdots (A.25)$$

$$A \times (B \times C) = B(A \cdot C) - C(A \cdot B) \quad \cdots\cdots (A.26)$$

ベクトルは図 A.4 に示すように大きさと方向をもつ量のことである。電磁界はその大きさだけではなく方向が重要となるため、電磁界は基本的にはベクトルで表記する。なお大きさだけの量のことをスカラと呼ぶ。

　ベクトルの和は通常の和の計算と同じであり交換可能であるが、ベクトルの積については図 A.5 に示す二種類が存在する。一つは内積と呼ばれ、式 (A.21) で表記される。もう一つは外積と呼ばれ、式 (A.22) で表記される。ここで、ベクトルの内積はスカラとなるが、ベクトルの外積はベクトルとなる点に注意する。ベクトルの外積の方向はベクトル A と B で構成される平面に対する法線方向（垂直方向）であり、外積の順（式 (A.22) の場合 A から B の順）に対して右ねじの方向と定義する。

　式 (A.23) に示すように、ベクトルの内積は交換可能であるが、ベクトルの外積を交換した場合には符号が変わる。これは上述したようにベクトルの外積の方向が右ねじの方向で定義されるため、外積の順序を交換するとベクトルの向きが逆向き（左ねじの方向）になるからである。また、式 (A.24) に示すように同じベクトルの内積はベクトルの大きさの 2 乗となるが、同じベクトルの外積は 0 となる。これは式 (A.21) および式 (A.22) において $A=B$ および $\theta=0$ としたことに対応する。

　また、電磁波工学において良く用いられるベクトル公式を式 (A.25) および式 (A.26) に示す。

A-6　微分・積分

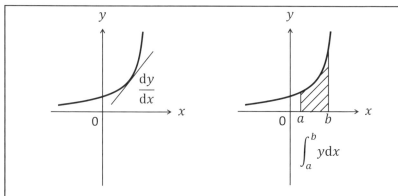

〔図 A.6〕微分（左図）および積分（右図）

微分係数

$$\frac{dy}{dx} \equiv \lim_{\Delta x \to 0} \frac{y(\Delta x + x) - y(x)}{\Delta x} \quad \cdots\cdots\cdots\cdots (A.27)$$

指数関数の微分

$$\frac{d}{dx}(e^{ax}) = ae^{ax} \quad \cdots\cdots\cdots\cdots (A.28)$$

偏微分

$$\frac{\partial y}{\partial x} = \lim_{\Delta x \to 0} \frac{y(\Delta x + x, t) - y(x, t)}{\Delta x} \quad \cdots\cdots\cdots\cdots (A.29)$$

　微分や積分は関数の振る舞い・特徴を表すものであり、電磁波工学のみならず他の工学分野や経済学の分野等でも頻繁に利用される。
　微分係数は式（A.27）で定義され、電磁波工学の範囲においては図 A.6 の左図に示すように関数の傾きを表すと考えて差し支えない。微分に関連する公式は多数存在するが、ここでは本書で多用する指数関数の

微分のみ式（A.28）に表記する。指数関数の微分はべき乗の定数部分を指数関数の前に出して指数関数との積を取ればよい。

　電磁波工学では偏微分と呼ばれる微分が多用される。これは式（A.29）に示すように、関数の変数が二つ以上存在したときに一つの変数のみに着目して微分を行う手法である。一方、式（A.27）や式（A.28）のように変数が一つしかない場合や全ての変数に対する微分を行う場合のことを全微分と呼ぶ。

　積分は、電磁波工学の範囲においては図A.6の右図に示すように関数のある区分内の面積（図中の斜線部分）を表すと考えて差し支えない。図A.6のように積分記号の上下に値がある場合を定積分と呼び、その上下の値で表される区間内を積分する。上下に値がない場合は不定積分と呼ぶ。また、関数の不定積分を行った場合には、積分定数と呼ばれる定数が発生する。この積分定数は初期値や境界条件等の取り決めをすることによって定まる定数のことである。

A-7　2階の微分方程式

2階の微分方程式

$$a\frac{d^2y}{dx^2} + b\frac{dy}{dx} + cx = 0 \quad \cdots\cdots\cdots\cdots\cdots\cdots\cdots\cdots\cdots\cdots\cdots (A.30)$$

特性方程式

$$aD^2 + bD + c = 0, \quad D_{1,2} = \frac{b \pm \sqrt{b^2 - 4ac}}{2a} \quad \cdots\cdots (A.31)$$

2階の微分方程式の一般解（ただし $D_1 \neq D_2$ のとき。A、B は定数）

$$y = Ae^{D_1x} + Be^{D_2x} \quad \cdots\cdots\cdots\cdots\cdots\cdots\cdots\cdots\cdots\cdots\cdots (A.32)$$

2階の微分方程式の一般解（ただし $D_1 = D_2$ のとき。A、B は定数）

$$y = (A + Bx)e^{D_1x} \quad \cdots\cdots\cdots\cdots\cdots\cdots\cdots\cdots\cdots\cdots\cdots (A.33)$$

▷付録A

　電磁波工学のみならず、様々な物理現象においては式 (A.30) で一般的に表される2階の微分方程式が頻繁に現れる。「2階の微分」とは関数 y に対する x の微分を2回実施したことを表す。式 (A.30) の a、b、c は定数である。

　式 (A.30) の微分方程式は、関数 y の一般解を求めることができる。まず式 (A.31) に示すように、変数 D を用いて2階の微分方程式をあたかも2次方程式であるかのように記述する。この方程式のことを特性方程式と呼ぶ。特性方程式の解 D_1、D_2 は式 (A.31) のように容易に求められるが、この解を用いて関数 y の一般解が式 (A.32) もしくは式 (A.33) の形で得られる。式 (A.32) は $D_1 \neq D_2$ のときの2階の微分方程式の一般解であり、式 (A.33) は $D_1 = D_2$ すなわち特性方程式が重解をもつときの2階の微分方程式の一般解である。A、B は定数であり、関数の初期値や境界条件等により定まる定数である。

　なお、特性方程式の解が複素数であっても、一般解は式 (A.32) で表すことができる。特に式 (A.30) において $b=0$ かつ a と c の符号が一致する場合、特性方程式の解が純虚数となる。したがって、式 (A.32) の一般解に含まれる指数関数の指数が純虚数となるので、この解は式 (A.13) のオイラーの式を用いて三角関数で表記することができる。

A-8　直交座標系と円柱座標系

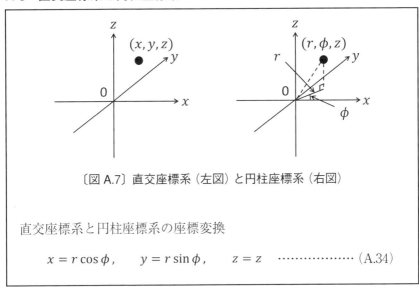

〔図 A.7〕直交座標系（左図）と円柱座標系（右図）

直交座標系と円柱座標系の座標変換

$$x = r\cos\phi, \quad y = r\sin\phi, \quad z = z \quad \cdots\cdots\cdots\cdots (A.34)$$

　三次元空間は一般的には図 A.7 の左図に示す直交座標系 (x,y,z) で表現することが直感的にわかりやすい。しかし、第 8 章で示した同軸線路や円形導波管のように円柱構造の要素が入る場合には、図 A.7 の右図で示した円柱座標系 (r,ϕ,z) で表した方が実際の構造に微分方程式を当てはめることができる。本書ではほとんどの場合において直交座標系で表記しているが、円柱座標系を用いる場合は式（A.34）の座標変換を用いることで諸現象を同様に扱うことができる。

A-9　スカラの勾配とベクトルの発散・回転

三次元直交座標系 (x,y,z) におけるベクトル微分演算子 $\boldsymbol{\nabla}$
($\boldsymbol{x}$、$\boldsymbol{y}$、$\boldsymbol{z}$ は x 軸、y 軸、z 軸に対応する基本単位ベクトル）

$$\boldsymbol{\nabla} = \frac{\partial}{\partial x}\boldsymbol{x} + \frac{\partial}{\partial y}\boldsymbol{y} + \frac{\partial}{\partial z}\boldsymbol{z} \quad \cdots\cdots (A.35)$$

スカラの勾配

$$\boldsymbol{\nabla} V = \mathrm{grad} V = \frac{\partial V}{\partial x}\boldsymbol{x} + \frac{\partial V}{\partial y}\boldsymbol{y} + \frac{\partial V}{\partial z}\boldsymbol{z} \quad \cdots\cdots (A.36)$$

ベクトルの発散

$$\boldsymbol{\nabla} \cdot \boldsymbol{A} = \mathrm{div} \boldsymbol{A} = \frac{\partial A_x}{\partial x} + \frac{\partial A_y}{\partial y} + \frac{\partial A_z}{\partial z} \quad (\boldsymbol{A} = A_x\boldsymbol{x} + A_y\boldsymbol{y} + A_z\boldsymbol{z})$$
$$\cdots\cdots (A.37)$$

ベクトルの回転

$$\boldsymbol{\nabla} \times \boldsymbol{A} = \mathrm{rot} \boldsymbol{A} = \left(\frac{\partial A_z}{\partial y} - \frac{\partial A_y}{\partial z}\right)\boldsymbol{x} + \left(\frac{\partial A_x}{\partial z} - \frac{\partial A_z}{\partial x}\right)\boldsymbol{y} + \left(\frac{\partial A_y}{\partial x} - \frac{\partial A_x}{\partial y}\right)\boldsymbol{z}$$
$$\cdots\cdots (A.38)$$

スカラ・ベクトルの微分公式

$$\boldsymbol{\nabla}(UV) = V\boldsymbol{\nabla} U + U\boldsymbol{\nabla} V \quad \cdots\cdots (A.39)$$

$$\boldsymbol{\nabla} \cdot (V\boldsymbol{A}) = \boldsymbol{A} \cdot \boldsymbol{\nabla} V + V\boldsymbol{\nabla} \cdot \boldsymbol{A} \quad \cdots\cdots (A.40)$$

$$\boldsymbol{\nabla} \times (V\boldsymbol{A}) = (\boldsymbol{\nabla} V) \times \boldsymbol{A} + V\boldsymbol{\nabla} \times \boldsymbol{A} \quad \cdots\cdots (A.41)$$

$$\boldsymbol{\nabla} \cdot (\boldsymbol{A} \times \boldsymbol{B}) = \boldsymbol{B} \cdot \boldsymbol{\nabla} \times \boldsymbol{A} - \boldsymbol{A} \cdot \boldsymbol{\nabla} \times \boldsymbol{B} \quad \cdots\cdots (A.42)$$

$$\boldsymbol{\nabla} \times (\boldsymbol{\nabla} V) = 0 \quad \cdots\cdots (A.43)$$

$$\boldsymbol{\nabla} \cdot (\boldsymbol{\nabla} \times \boldsymbol{A}) = 0 \quad \cdots\cdots (A.44)$$

$$\boldsymbol{\nabla} \times (\boldsymbol{\nabla} \times \boldsymbol{A}) = \boldsymbol{\nabla}(\boldsymbol{\nabla} \cdot \boldsymbol{A}) - \boldsymbol{\nabla}^2 \boldsymbol{A} \quad \cdots\cdots (A.45)$$

ベクトルの微分を行う場合、ベクトル微分の演算子 ∇ を用いる。∇ は「ナブラ」と呼び、直交座標系の場合には式 (A.35) で表される。$\boldsymbol{x}$、$\boldsymbol{y}$、$\boldsymbol{z}$ は x 軸、y 軸、z 軸に対応する基本単位ベクトルである。

　この ∇ を用いることにより、スカラの勾配、ベクトルの発散およびベクトルの回転がそれぞれ式 (A.36)、式 (A.37)、式 (A.38) で与えられる。スカラの勾配は、式 (A.36) で示すようにあるスカラに対する各方向の偏微分をベクトル表記したものであり、"grad" は「gradient（勾配）」と呼ばれる。ベクトルの発散は式 (A.37) で示すように ∇ とベクトルとの内積であり、"div" は「divergence（発散）」を表す。ベクトルの回転は式 (A.38) で示すように ∇ とベクトルとの外積であり、"rot" は「rotation（回転）」を表す。"rot" は "curl" と表記されることもある。スカラの勾配はベクトル、ベクトルの発散はスカラ、ベクトルの回転はベクトルになる。これらのスカラおよびベクトルの微分表記は、電磁波工学ではマクスウェル方程式で必要となるため、この微分表記を是非理解したい。

　式 (A.39)〜式 (A.45) はスカラやベクトルの微分演算で頻出する公式である。特に式 (A.45) 右辺第 2 項の ∇^2 は「ラプラシアン」と呼ばれ、電磁波工学では第 4 章で記したヘルムホルツ方程式として、一般的にはラプラス方程式として出現する。

A-10　ストークスの定理とガウスの発散定理

ストークスの定理

$$\oint_C \boldsymbol{A} \cdot \mathrm{d}\boldsymbol{s} = \int_S \nabla \times \boldsymbol{A} \cdot \mathrm{d}\boldsymbol{S} \quad \cdots\cdots\cdots\cdots\cdots\cdots\cdots\cdots\cdots\cdots\cdots (A.46)$$

ガウスの発散定理

$$\int_S \boldsymbol{A} \cdot \mathrm{d}\boldsymbol{S} = \int_v \nabla \cdot \boldsymbol{A} \mathrm{d}v \quad \cdots\cdots\cdots\cdots\cdots\cdots\cdots\cdots\cdots\cdots\cdots\cdots (A.47)$$

▷付録 A

　ストークスの定理は式 (A.46) に示すように線積分を面積積分に変換する公式であり、ガウスの発散定理は式 (A.47) に示すように面積積分を体積積分に変換する公式である。いずれも電磁波工学における物理現象を扱う上で重要な公式である。

著者紹介

三谷　友彦（みたに　ともひこ）

昭和52年生まれ
平成11年 京都大学工学部電気電子工学科卒
平成13年 京都大学大学院情報学研究科修士課程修了
平成15年 京都大学宙空電波科学研究センター助手
平成24年 京都大学生存圏研究所准教授となり現在に至る。

主として無線電力伝送、電磁波を用いた化学反応プロセスに関する研究に従事。京都大学博士（工学）。

設計技術シリーズ
はじめて学ぶ電磁波工学と実践設計法
マイクロ波加熱応用の基礎・設計

2015年1月24日　初版発行

著　者	三谷　友彦	ⓒ2015
発行者	松塚　晃医	
発行所	科学情報出版株式会社	
	〒300-2622　茨城県つくば市要443-14 研究学園	
	電話　029-877-0022	
	http://www.it-book.co.jp/	

ISBN 978-4-904774-18-2　C2054
※転写・転載・電子化は厳禁